全国技工院校公共基础课程教材配套用书

MATHS

数学（上 二册）（第二版）

教学参考书

朱文佳　徐娟珍　主编

中国劳动社会保障出版社

简介

本书是全国技工院校公共基础课程教材《数学（上 二册）》（第二版）的配套用书，供教师教学中参考。全书内容按教材顺序编写。每章均包括“概述”“教材分析与教学建议”“单元测验”“拓展知识”“知识巩固与习题册答案”等内容。其中，“概述”介绍全章的教学要求、主要内容、知识结构和课时分配；“教材分析与教学建议”分节编写，主要分析教学中应注意的关键问题并给出教学流程图；“单元测验”包含题目和答案，供教学评价环节使用；“拓展知识”补充数学文化知识，提供与本章内容相关的实用素材；“知识巩固与习题册答案”为组织课内外练习提供帮助。

本书由朱文佳、徐娟珍主编，潘琦、黄珍妹、陶彩栋参加编写。

图书在版编目(CIP)数据

数学（上 二册）（第二版）教学参考书/朱文佳，徐娟珍主编. -- 北京：中国劳动社会保障出版社，2024

ISBN 978-7-5167-6186-1

Ⅰ.①数… Ⅱ.①朱…②徐… Ⅲ.①高等数学-高等职业教育-教学参考资料 Ⅳ.①O13

中国国家版本馆 CIP 数据核字(2023)第 237450 号

中国劳动社会保障出版社出版发行

（北京市惠新东街 1 号 邮政编码：100029）

*

北京市艺辉印刷有限公司印刷装订 新华书店经销

787 毫米×1092 毫米 16 开本 16.25 印张 374 千字

2024 年 2 月第 1 版 2024 年 2 月第 1 次印刷

定价：45.00 元

营销中心电话：400-606-6496

出版社网址：http://www.class.com.cn

http://jg.class.com.cn

目　录

第5章 平面向量

Ⅰ. 概　述

一、教学目标和要求

1. 理解向量的概念，会用几何形式、坐标形式表示向量.

2. 掌握向量的加法、减法、数乘运算，并能够理解其运算的几何意义.

3. 了解平面向量坐标的概念，掌握用坐标进行向量的加法、减法及数乘运算，掌握向量的坐标与点的坐标之间的关系.

4. 掌握向量平行的判定条件.

5. 理解向量的数量积的概念及其基本性质，掌握用直角坐标计算向量数量积的公式.

6. 掌握两点间的距离公式和向量垂直的判定条件.

二、内容安排说明

本章知识结构：

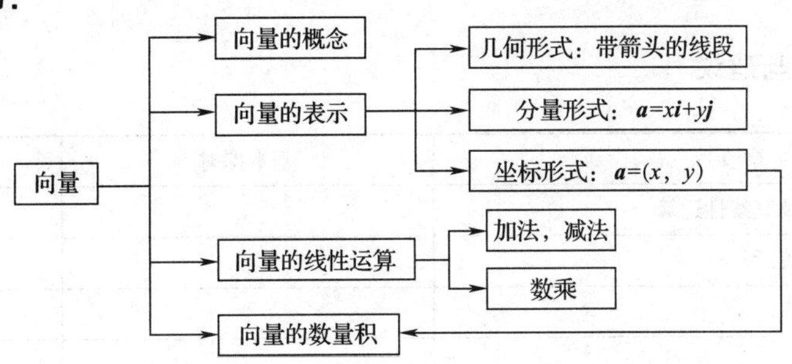

向量在数学、物理及科学技术中有着广泛的应用，向量方法便于研究空间里涉及直线和平面的各种问题. 从数学的发展史来看，在相当长的一段时间内，向量并未引起数学家的重视，直到19世纪末20世纪初，人们才开始对向量进行系统的研究，把空间的性质与向量的运算联系起来，使向量成为研究数学、物理等学科的有力工具.

向量不同于数量，数量的代数运算在向量范围内不都能施行. 所以，本章在介绍平面向量的概念时，说明了向量与数量的区别，给出了向量的相关运算法则，包括向量的加法、减法、实数与向量的乘法（数乘）、向量的数量积. 在直角坐标系内又将向量与点的坐标建立起了一一对应关系，把关于向量的运算与数量（向量的坐标）的代数运算联系起来，其中包括：向量的坐标表示，向量的加减法、数乘、向量的数量积的坐标表示等，并以向量为工具，推导出了平面内两点间距离公式.

向量是数形结合的载体. 教材坚持从形和数两个方面来构建和研究向量. 具体地说，向量的几何表示、向量的三角形运算法则等都是从几何的角度对向量的研究，而向量的线性运算、坐标运算就是用代数的方法来研究向量了. 这种数形结合的思想贯穿本章，在有关数量积的教学中有更集中的体现.

本章共分三个部分. 第一部分重点介绍向量的概念及线性运算. 通过实例引出向量的概念，给出向量的几何表示，介绍零向量、负向量、平面向量、相等向量等概念. 这是学习向量运算的基础. 然后介绍向量的线性运算. 包括向量的加法、减法和数乘向量三种运算概念及法则，介绍两个非零向量平行的条件. 第二部分重点介绍平面向量的坐标表示. 讨论平面向量在直角坐标系下的分解形式，给出向量的坐标表示形式、在坐标表示下向量的线性运算方法及两个非零向量平行条件的代数表示式. 第三部分重点介绍平面向量的数量积. 介绍向量数量积的主要性质及运算律、向量数量积的坐标表示、两个非零向量垂直的条件和两点间距离公式.

本章教学重点：

1. 向量的概念和表示方法.
2. 向量的加法、减法、数乘.
3. 向量的数量积和平面内两点间距离公式.

本章教学难点：

1. 向量的减法运算.
2. 两个向量平行的判定条件.
3. 向量的数量积概念.

三、课时分配与建议

章节	基本课时	拓展课时
5.1 平面向量的概念及其线性运算	4	
5.2 平面向量的坐标表示	2	
5.3 平面向量的数量积	2	
5.4 综合例题分析	2	

Ⅱ. 教材分析与教学建议

5.1 平面向量的概念及其线性运算

学习目标

1. 通过位移的描述和力的分析等实例，了解向量的实际背景，理解平面向量的含义，理解向量的几何表示.

2. 理解向量的模（长度）、零向量、平行向量（共线向量）、相等向量和负向量的概念.

3. 通过实例，掌握向量加法、减法的运算，并理解其几何意义.

4. 通过实例，掌握向量数乘的运算，并理解其几何意义，理解两个向量共线的含义.

教学重点与难点

重点：

1. 向量的相关概念.

2. 向量的加法、减法、数乘运算.

难点：

1. 向量的概念.

2. 向量的减法运算.

3. 向量平行的条件.

教学方法提示

向量的概念比较抽象，相对于数量它是一个新的量，初学者不易接受，应通过物理学中学生比较熟悉的一些量，引导学生理解向量和数量各自的含义，然后引导学生举出向量和数量的例子，通过实例分析区分向量和数量，使学生更好地掌握相关概念.

教学参考流程

第一次课：

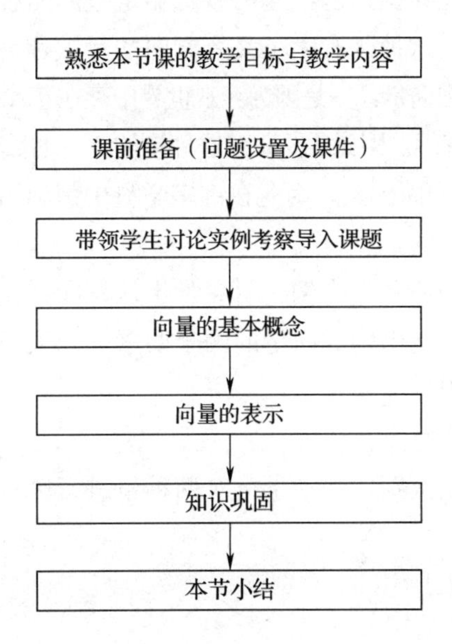

第二次课：

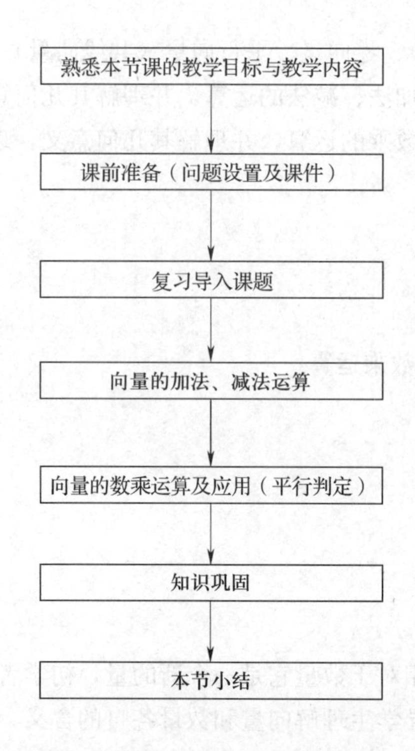

课程导入

可用一个简单的例子切入：一艘货船从港口甲向正北方向航行 150 n mile 到港口乙，另一艘货船从港口甲沿西偏北 30°方向航行 150 n mile 到港口丙．这两艘货船走过的路程相同吗？位移呢？根据学过的物理知识知道，这两艘货船走过的路程相同，但位移不同．因为位移不仅有大小，而且有方向．这种既有大小又有方向的量被称为向量．

接下来，阐述为什么要学习向量：一是因为客观世界中存在着大量这种既有大小又有方向的量，例如，物理中的力、速度、位移等，因此需要研究这种量的统一的数学模型——向量；二是由于向量兼具直观性强、易于计算两方面优点，因此在许多学科中都利用向量来研究问题、表述原理．

• “实例考察”的设置目的：

（1）以物理学中位移和物体受力为例，引导学生认识向量，展示向量的实用价值；

（2）通过实例引导学生归纳出构成向量的两个要素——大小和方向，锻炼学生理解、运用类比方法及归纳总结的能力．

• “实例考察”的教学注意点：

应强调向量与数量的本质区别，帮助学生对两种量进行区分．

知识讲授

1．平面向量的概念

平面向量的概念是本节的重点，也是难点．讲解时可参考以下几点：

(1) 通过学生熟悉的实例，如力、速度、位移等引入向量的概念.

(2) 要指出向量概念的两个要素——大小和方向. 大小是向量的数量特征，方向是向量的几何特征. 此时可再启发学生多举一些向量的例子.

(3) 数量是只有大小的量，它们之间可以比较大小，而向量是既有大小又有方向的量，不能比大小，因此"大于""小于"对向量来说是没有意义的.

向量的几何表示是有向线段，这可从"实例考察"关于力的实例中，重力、浮力的作图法——带箭头的线段表示引出. 这种图形表示既形象又直观，学生易于理解和接受. 此时要明确：线段的长度就是向量的大小，箭头的方向表示向量的方向，也就是起点到终点的方向.

向量的记法：

(1) 印刷体用一个黑体字母表示，如 $\boldsymbol{a}$，$\boldsymbol{b}$，$\boldsymbol{c}$，…，或用两个大写字母按起点到终点的顺序排列，字母上面加从左向右的箭头的方式表示，如 $\overrightarrow{AB}$.

(2) 手写体可用 $\vec{a}$ 表示，也可以用有向线段 $\overrightarrow{AB}$ 表示. 前者有利于向量的代数运算，而后者便于用向量解决几何问题，因此要求学生这两种记法都要掌握.

向量的大小、向量的模、向量的长度是同一个意思，只是称呼的区别，要会认、会写其记法：$|\boldsymbol{a}|$ 或 $|\overrightarrow{AB}|$ 或 $|\vec{a}|$.

给出平行向量的定义时，要提醒学生只需考虑它们的方向，而不用考虑它们的模是否相等. 平行向量可能方向相同，也可能方向相反，记作 $\boldsymbol{a}/\!/\boldsymbol{b}$，避免学生有同向向量才平行的误解.

两个向量 $\boldsymbol{a}$ 与 $\boldsymbol{b}$ 只有当它们的模相等且方向相同时，才能称为相等向量，记作 $\boldsymbol{a}=\boldsymbol{b}$，即 $\boldsymbol{a}=\boldsymbol{b}\Leftrightarrow|\boldsymbol{a}|=|\boldsymbol{b}|$ 且 $\boldsymbol{a}$ 与 $\boldsymbol{b}$ 方向相同.

负向量是指两个向量之间的关系为模相等而方向相反，这两个向量实际上是互为负向量，记作 $\boldsymbol{a}$ 和 $-\boldsymbol{a}$.

零向量在向量的代数运算中起着与数字 0 在实数运算中类似的作用，但要提醒学生注意区分，切不可把向量 $\boldsymbol{0}$ 与实数 0 混淆，虽然零向量的方向任意，但它是有方向的. 对于零向量的平行向量、相等向量、负向量一定要向学生讲解清楚，并要求学生记忆准确——零向量与任意向量平行；零向量的相等向量是它自己；零向量的负向量是它自己.

对于一个向量只要不改变其大小和方向，利用向量的平行和相等，是可以自由移动的，这就是所说的自由向量. 因此，用有向线段表示向量时，有向线段的起点可以任意选取. 可以把多个平行向量平移到同一条直线上，所以平行向量也叫共线向量. 这种向量的平移为今后用向量处理几何问题带来很大方便. 讲解时一定要结合例题及练习向学生说明这种思想.

教材中在本节未提到单位向量，但为了后续知识打基础，讲课时不妨补充单位向量的概念——模为 1 的向量.

教学时还要通过举例说明相等向量、平行向量、负向量等概念的区别与联系，以加深学生对概念的理解.

只要把向量的这些相关概念理解透彻，就可以回答教材本框的三处边栏“想一想”：

第一处：人的身高、体重都不是向量.

第二处：$\mathbf{0}$ 的负向量是 $\mathbf{0}$，$-\boldsymbol{a}$ 的负向量是 $-(-\boldsymbol{a})=\boldsymbol{a}$.

第三处：非零向量 $\boldsymbol{a}$ 的负向量 $-\boldsymbol{a}$ 的方向一定与 $\boldsymbol{a}$ 相反，但大小相等；非零向量 $\boldsymbol{a}$ 的平行向量与 $\boldsymbol{a}$ 方向相同或相反，大小是任意的；非零向量 $\boldsymbol{a}$ 的相等向量与 $\boldsymbol{a}$ 大小相等，方向相同. 由此可看出，非零向量 $\boldsymbol{a}$ 的负向量、相等向量一定是它的平行向量，但反之不然.

例题提示与补充

例 1、例 2 编写目的主要是考查学生对相等向量、负向量、共线向量等概念的理解情况. 处理时要时刻提醒学生向量的两个要素——大小和方向，并准确把握各概念的定义.

补充例题 1 下列各量中，哪些是向量？

面积、体积、重力、重力加速度、位移、长度、质量、角度.

本题编写目的是帮助学生理解向量和数量的概念，并使之能熟练地加以区分.

分析：此题考查向量与数量的本质区别：向量既有大小又有方向，而数量只有大小. 本题需清楚这里涉及的每一个量的意义，才能够熟练地把本节知识应用到这道题.

答：重力、重力加速度、位移、角度是向量.

补充例题 2 非零向量 $\overrightarrow{AB}$ 的长度怎样表示？非零向量 $\overrightarrow{BA}$ 的长度怎样表示？这两个向量的长度相等吗？这两个向量相等吗？

本题编写目的是帮助学生熟练掌握向量的模和向量相等两个概念.

答：非零向量 $\overrightarrow{AB}$ 的长度记为 $|\overrightarrow{AB}|$，非零向量 $\overrightarrow{BA}$ 的长度记为 $|\overrightarrow{BA}|$，这两个向量的长度相等，但这两个向量方向不同，所以这两个向量不相等.

补充例题 3 具有相同起点的有向线段，如果表示同一个向量，那么它们的终点是否相同？如果表示不同向量，那么它们的终点一定不同吗？

本题编写目的是促使学生熟练掌握向量的几何表示，并结合图形理解定义.

分析：向量的几何表示是用有向线段，有起点和终点. 起点与终点之间的长度即为向量的大小.

答：表示同一个向量时，起点相同，终点就一定相同；表示不同向量时，起点相同，终点就一定不同.

2. 平面向量的加减运算

由坐飞机从北京经上海飞到广州的例子，自然地引出向量的加法运算. 这种由学生熟悉的生活例子抽象出数学知识的方法，能使学生感到数学的实用性，也使其能受到数学思维方式的熏陶.

在讲授向量加法的三角形法则和平行四边形法则时，力求从一般到特殊，以下几方面要给学生解答清楚：

(1) 向量加法运算的三角形法则应用的要点是：以第一条有向线段的终点作为第二条有向线段的起点，则从第一条有向线段的起点到第二条有向线段的终点的有向线段就表示向量的和，即必须满足两个向量相加时首尾顺次连接的特点，否则不能用向量加法的三角形法则．此时，还要告诉学生：向量加法的三角形法则是可以推广的．如 $\overrightarrow{AB}+\overrightarrow{BC}+\overrightarrow{CD}+\overrightarrow{DE}=\overrightarrow{AE}$，即相加向量的个数可根据需要增加，但必须满足向量首尾顺次连接．

从向量加法的三角形法则得出的向量等式 $\overrightarrow{AC}=\overrightarrow{AB}+\overrightarrow{BC}$ 很有用．从右向左使用，可以求出向量和；从左向右使用，可以把一个向量分解成两个向量的和．

（2）应用向量加法的平行四边形法则时，一定要提醒学生：两个向量是不共线的；两个向量的起点相同；向量的和是以两个相加向量的起点为起点的平行四边形对角线表示的向量．

（3）当两个向量不平行时，向量加法的三角形法则和平行四边形法可任选其一解答题目．

对于两个向量共线的情况，应该阐明：当两个向量共线时，三角形法则原理——首尾顺次相接原理同样适用（当然此时三角形已不存在），而平行四边形法则就不适用了．详情说明如下：

1）两个向量同向时，和向量与这两个向量同向，并且和向量的长度等于这两个向量长度之和；

2）两个向量反向时，向量和与长度较大的向量同向，并且向量和的长度等于两个向量长度差的绝对值；

3）特殊地，若两个向量长度相等方向相反，则和为零向量．

（4）向量加法的交换律和结合律要求学生熟记，对于其验证，教材中未做要求，教学时不必做补充．但可留给学生做练习，教师进行辅导，以加深学生对向量加法的三角形法则和平行四边形法则的理解．

教材左侧“想一想”：向量加法的平行四边形法则的物理模型是力的合成法则．

向量的减法一般有两种定义方法：

第一种方法是将向量减法定义为向量加法的逆运算，即如果 $\boldsymbol{b}+\boldsymbol{x}=\boldsymbol{a}$，则 $\boldsymbol{x}$ 称为 $\boldsymbol{a}$ 与 $\boldsymbol{b}$ 的差，记作 $\boldsymbol{a}-\boldsymbol{b}$．这样在作 $\boldsymbol{a}-\boldsymbol{b}$ 时，可先在平面内选一点 O，作$\overrightarrow{OA}=\boldsymbol{a}$，$\overrightarrow{OB}=\boldsymbol{b}$，则 $\overrightarrow{BA}$ 就是 $\boldsymbol{a}-\boldsymbol{b}$，见图 5-1a.

第二种方法借助负向量的概念，通过向量的加法定义向量减法，即已知 $\boldsymbol{a}$，$\boldsymbol{b}$，定义 $\boldsymbol{a}-\boldsymbol{b}=\boldsymbol{a}+(-\boldsymbol{b})$．在这种情况下，作 $\boldsymbol{a}-\boldsymbol{b}$ 时，可先在平面内任取一点 O，作 $\overrightarrow{OB'}=\boldsymbol{b}$，$\overrightarrow{OB}=-\boldsymbol{b}$，$\overrightarrow{OA}=\boldsymbol{a}$，如图 5-1b 所示，则由向量加法的平行四边形法则可知，$\overrightarrow{OC}=\boldsymbol{a}+(-\boldsymbol{b})$，即 $\overrightarrow{OC}=\boldsymbol{a}-\boldsymbol{b}$.

为使学生易于接受，降低难度，教材中把 $\boldsymbol{a}-\boldsymbol{b}$ 定义为 $\boldsymbol{a}+(-\boldsymbol{b})$，作 $\boldsymbol{a}-\boldsymbol{b}$ 时，按教材中讲解即可．

向量减法的运算规律总结如下：

（1）不论两个向量是否平行，必须要求起点相同；

（2）向量的差等于从减向量终点指向被减向量终点的向量．

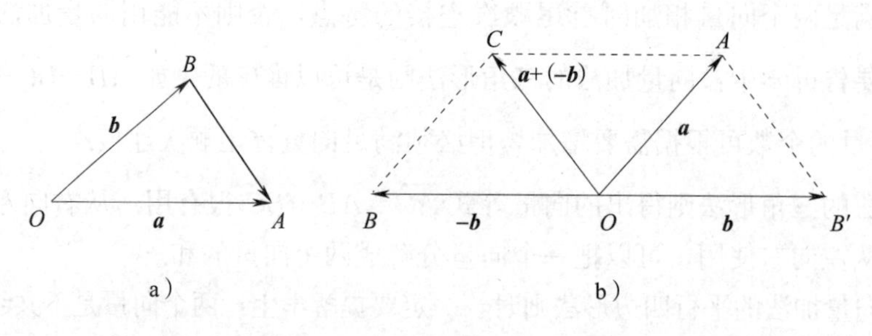

图 5-1

特别要注意：起点相同的两个向量的差等于从减向量的终点指向被减向量的终点的向量，在画图时不要出错.

说明：向量的和或差仍然是一个向量.

教材左侧“试一试”解答如下：

(1) 当非零向量 $\boldsymbol{a}$，$\boldsymbol{b}$ 同向时，$\boldsymbol{b}-\boldsymbol{a}=\overrightarrow{OB}-\overrightarrow{OA}=\overrightarrow{AB}$（图 5-2）.

(2) 当非零向量 $\boldsymbol{a}$，$\boldsymbol{b}$ 反向时，$\boldsymbol{b}-\boldsymbol{a}=\overrightarrow{OB}-\overrightarrow{OA}=\overrightarrow{AB}$（图 5-3）.

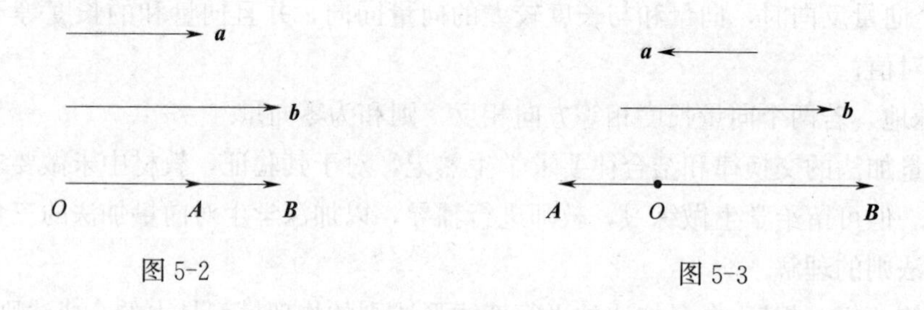

图 5-2　　图 5-3

教材左侧第一处“想一想”：$(\boldsymbol{a}-\boldsymbol{b})+(\boldsymbol{b}-\boldsymbol{c})+(\boldsymbol{c}-\boldsymbol{a})=0$，可运用向量的加减法运算法则得出.

教材左侧第二处“想一想”：例 5 图中任何一个向量都可用 $\overrightarrow{AB}$ 和 $\overrightarrow{AD}$ 表示.

例题提示与补充

例 1　编写目的是让学生会运用向量加法的平行四边形法则.

注意：处理时应强调作图要认真，要用起点与终点的两个字母表示向量.

例 2　编写目的是让学生体会、掌握两个平行向量的加法运算，达到活学活用的目的.

注意：提醒学生做此题要考虑全面，应分开讨论：两个向量同向或反向时，只能用首尾顺次相接原则——在表示和画图时都要把前一个向量的终点作为后一个向量的起点.

例 3　编写目的是让学生掌握多个向量求和仍用三角形法则的方法，即向量加法的三角形法则的推广.

分析：多个向量相加求和时适宜采用三角形法则，将向量首尾顺次相接，只需取第一个向量的起点指向最后一个向量的终点的向量即为向量和.

例 4　编写目的是让学生学会运用向量减法法则.

例 5 编写目的是考查向量加减法运算规律的掌握情况，熟悉向量的几何表示. 讲解时要求学生要记忆运算特点，把握好向量方向的判断.

补充例题 一艘轮船以 $4\sqrt{3}$ km/h 的速度向垂直于河对岸的方向行驶，河水的流速为 4 km/h，求船实际航行速度的大小与方向（用船的运动方向与水流方向的夹角表示）.

本题编写目的是让学生通过向量的知识解决一些实际问题.

分析：这道题是用向量加法的平行四边形法则求船实际航行速度的大小和方向. 做此题要把船速和水流速看作两个向量，船实际速度的大小为这两个向量和的模，船实际航行速度的方向可通过三角函数知识解决.

解： 如图 5-4 所示，设 $\overrightarrow{AD}$ 表示船垂直于对岸航行的速度，$\overrightarrow{AB}$ 表示河水的流速. 对以 $\overrightarrow{AD}$，$\overrightarrow{AB}$ 为邻边的平行四边形 $ABCD$，对角线表示的向量 $\overrightarrow{AC}$ 就是船实际的航行情况.

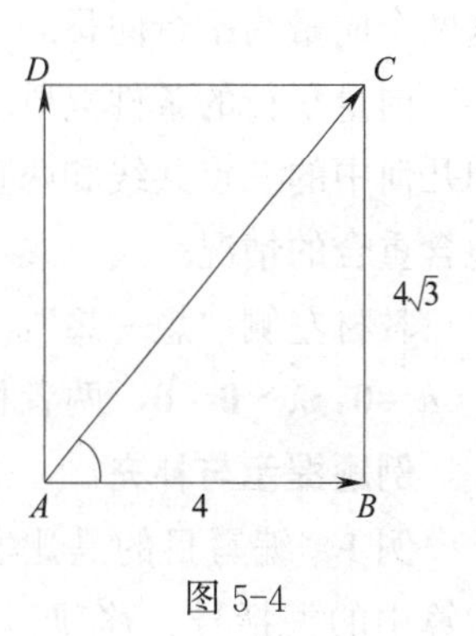

图 5-4

已知 $|\overrightarrow{AB}|=4$，$|\overrightarrow{AD}|=|\overrightarrow{BC}|=4\sqrt{3}$，且 $AD\perp AB$，即 $BC\perp AB$. 所以，在 Rt$\triangle ABC$ 中，$|\overrightarrow{AC}|=\sqrt{|\overrightarrow{AB}|^2+|\overrightarrow{BC}|^2}=\sqrt{16+48}=8$. 因为 $\tan\angle CAB=\dfrac{4\sqrt{3}}{4}=\sqrt{3}$，所以$\angle CAB=60°$.

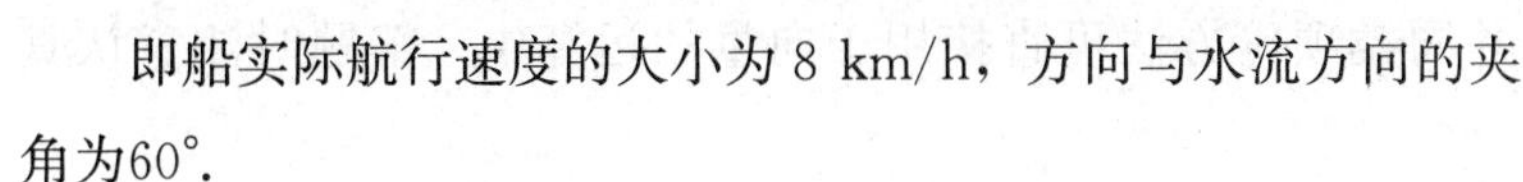

即船实际航行速度的大小为 8 km/h，方向与水流方向的夹角为60°.

多媒体应用提示

利用计算机展示向量加减法的三角形法则和平行四边形法则.

3. 向量的数乘运算

在学生掌握了向量加法、减法的基础上，学习数与向量的乘积并不困难. 教师先带领学生一起分析教材中大家都非常熟悉的简单物理问题，分析结果数据，从而对向量数乘有一个初步体会，再给出向量数乘的运算的定义. 这种由熟知的旧知识引出新知识的方法，衔接比较自然，学生乐于理解、接受、记忆. 在讲解时要配合举例，反复强调：

（1）$\lambda\boldsymbol{a}$ 是一个向量，所以 $\lambda\boldsymbol{a}$ 也有长度和方向.

（2）$\lambda\boldsymbol{a}$ 长度为$|\lambda||\boldsymbol{a}|$.

（3）$\lambda\boldsymbol{a}$ 的方向与λ 的符号有关——当$\lambda>0$ 时，$\lambda\boldsymbol{a}$ 与$\boldsymbol{a}$ 同向；当$\lambda<0$ 时，$\lambda\boldsymbol{a}$ 与$\boldsymbol{a}$ 反向；当 $\lambda=0$ 时，$\lambda\boldsymbol{a}=0$.

应指出任意非零向量 $\boldsymbol{a}$ 都可表示为$\boldsymbol{a}=|\boldsymbol{a}|\boldsymbol{a}_0$，其中 $\boldsymbol{a}_0$ 为与 $\boldsymbol{a}$ 同向的单位向量，为下一节讲授向量的坐标表示铺垫.

数乘向量的运算律与代数运算中实数乘法的运算律非常相似. 教材中未给出运算律的证明，只要求学生会用就可以，教师不必做补充.

下面证明$\lambda(\mu\boldsymbol{a})=(\lambda\mu)\boldsymbol{a}$，仅供教师参考.

证明：设λ，μ 为任意实数，$\boldsymbol{a}$ 为任意向量. 如果 $\boldsymbol{a}=\boldsymbol{0}$ 或 λ，μ 中有一个为零，那么结

论显然成立.

若设 λ，μ 都不为零，且 $\boldsymbol{a}\neq\boldsymbol{0}$，则有

$$|\lambda(\mu\boldsymbol{a})|=|\lambda||\mu\boldsymbol{a}|=|\lambda||\mu||\boldsymbol{a}|=|\lambda\mu||\boldsymbol{a}|=|(\lambda\mu)\boldsymbol{a}|.$$

如果 λ，μ 同号，则 $\lambda(\mu\boldsymbol{a})$，$(\lambda\mu)\boldsymbol{a}$ 与 $\boldsymbol{a}$ 同向；如果 λ，μ 异号，则 $\lambda(\mu\boldsymbol{a})$，$(\lambda\mu)\boldsymbol{a}$ 与 $\boldsymbol{a}$ 反向. 向量 $\lambda(\mu\boldsymbol{a})$ 与 $(\lambda\mu)\boldsymbol{a}$ 有相等的模和相同的方向，即 $\lambda(\mu\boldsymbol{a})=(\lambda\mu)\boldsymbol{a}$.

两个向量 $\boldsymbol{a}(\boldsymbol{a}\neq 0)$，$\boldsymbol{b}$ 平行是 $\boldsymbol{b}=\lambda\boldsymbol{a}(\boldsymbol{a}\neq\boldsymbol{0})$ 的充要条件. 因为如果两个向量平行，那么这两个向量就是共线向量，在一条直线上两条有向线段必存在某种等量关系，即通过一个实数使这两个向量联系起来；如果两个向量满足 $\boldsymbol{b}=\lambda\boldsymbol{a}$，那么这两个向量方向相同或相反，则这两个向量为平行向量.

向量平行的条件只要求学生掌握结论，不要求严格证明. 利用向量平行的条件很容易证明几何中的三点共线和两直线平行的问题，但向量平行与直线平行是有区别的，直线平行不包含重合的情况.

教材左侧“想一想”：实数 0 只有大小，而零向量 $\boldsymbol{0}$ 既有大小又有方向，运算意义不同；$0\cdot\boldsymbol{a}=\boldsymbol{0}$，$\lambda\cdot\boldsymbol{0}=\boldsymbol{0}$，两者相等.

例题提示与补充

例 1　编写目的是让学生知道向量的加法、减法、数乘与实数的运算规律类似，实数运算中的去括号、移项、合并同类项等方法可直接用于向量的运算中. 解题时注意认真计算.

例 2　编写目的是让学生练习前面学习过的向量加减运算和数乘运算.

分析：在表示 $\overrightarrow{AC}$ 时，一定要通过 $\overrightarrow{AM}$ 来过渡，虽然最后式子里没有向量 $\overrightarrow{AM}$，但 $\overrightarrow{AM}$ 却起着至关重要的作用，为了锻炼学生的动手能力及解题的灵活性，可启发学生用不同的方法解答.

例 3　编写目的是让学生熟练掌握判断向量平行的条件.

分析：通过向量加法的运算得出 $\overrightarrow{AC}=3\overrightarrow{AE}$，所以 $\overrightarrow{AC}$ 与 $\overrightarrow{AE}$ 平行. 此时一定要说明这两个向量有同一个起点，从而证明三点共线. 在证明这类三点共线的问题时，基本都是采用这一方法来解决.

补充例题 1　计算下列各式：

(1) $(\boldsymbol{a}+\boldsymbol{b})-(\boldsymbol{a}-\boldsymbol{b})-2\boldsymbol{b}$；

(2) $(\boldsymbol{a}+2\boldsymbol{b}-\boldsymbol{c})-(2\boldsymbol{a}+\boldsymbol{b}+\boldsymbol{c})$.

本题编写目的是让学生能熟练进行向量的加法、减法、数乘运算.

分析：向量的加法、减法、数乘运算与实数的有关运算规律完全一样，如去括号、合并同类项等.

解：(1) $(\boldsymbol{a}+\boldsymbol{b})-(\boldsymbol{a}-\boldsymbol{b})-2\boldsymbol{b}$

$=\boldsymbol{a}+\boldsymbol{b}-\boldsymbol{a}+\boldsymbol{b}-2\boldsymbol{b}$

$=\boldsymbol{0}$.

(2) $(\boldsymbol{a}+2\boldsymbol{b}-\boldsymbol{c})-(2\boldsymbol{a}+\boldsymbol{b}+\boldsymbol{c})$

$=\boldsymbol{a}+2\boldsymbol{b}-\boldsymbol{c}-2\boldsymbol{a}-\boldsymbol{b}-\boldsymbol{c}$

$=-\boldsymbol{a}+\boldsymbol{b}-2\boldsymbol{c}$.

补充例题 2 判断下列向量 $\boldsymbol{a}$ 与 $\boldsymbol{b}$ 是否平行：

(1) $\boldsymbol{a}=8\boldsymbol{e}$，$\boldsymbol{b}=-\boldsymbol{e}$；

(2) $\boldsymbol{a}=\boldsymbol{0}$，$\boldsymbol{b}=3\boldsymbol{e}$；

(3) $\boldsymbol{a}=9\boldsymbol{e}_1-3\boldsymbol{e}_2$，$\boldsymbol{b}=-3\boldsymbol{e}_1+\boldsymbol{e}_2$.

本题编写目的是让学生学会使用向量平行的判定条件.

分析：两个向量中的一个向量乘以一个实数后等于另一个向量，说明这两个向量平行.

解：(1) 因为 $\boldsymbol{a}=-8\boldsymbol{b}$，所以两者平行；

(2) 因为零向量与任意向量平行，所以两者平行；

(3) 因为 $\boldsymbol{a}=-3\boldsymbol{b}$，所以两者平行.

补充例题 3 已知 M，N 分别是△ABC 的边 AB，AC 上的点，并且 $|AM|=\frac{1}{3}|AB|$，$|AN|=\frac{1}{3}|AC|$，证明：$MN/\!/BC$.

本题编写目的是考查学生对向量加减法、向量共线的掌握情况及识图、认图能力.

分析：先用向量减法运算得到 $\overrightarrow{MN}$，再利用已知条件换算出 $\overrightarrow{MN}$ 与 $\overrightarrow{BC}$ 的关系式，从而得出 $MN/\!/BC$.

证明：由已知作图，如图 5-5 所示可知，

$$\overrightarrow{MN}=\overrightarrow{AN}-\overrightarrow{AM}.$$

因为 $\overrightarrow{AN}=\frac{1}{3}\overrightarrow{AC}$，$\overrightarrow{AM}=\frac{1}{3}\overrightarrow{AB}$，所以

$$\begin{aligned}\overrightarrow{MN}&=\frac{1}{3}\overrightarrow{AC}-\frac{1}{3}\overrightarrow{AB}\\&=\frac{1}{3}(\overrightarrow{AC}-\overrightarrow{AB})\\&=\frac{1}{3}\overrightarrow{BC}.\end{aligned}$$

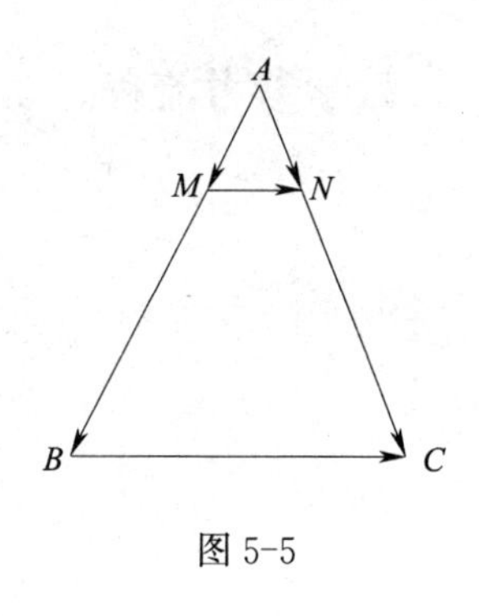

图 5-5

根据 $\boldsymbol{a}/\!/\boldsymbol{b}\Leftrightarrow\boldsymbol{b}=\lambda\boldsymbol{a}$，得 $\overrightarrow{MN}/\!/\overrightarrow{BC}$，因此 $MN/\!/BC$.

5.2 平面向量的坐标表示

学习目标

1. 通过物理学中求合力的例子，给出向量的代数形式，使学生了解数学中向量的分解形式.

2. 由向量的代数形式提炼出向量的坐标形式.

3. 通过教师演示推导的过程，理解并掌握向量线性运算的代数形式——向量的坐标运算.

4. 会通过任意向量的直角坐标形式，求任意向量的长度.

5. 会用两个向量坐标的关系来判定向量的平行，并熟练应用这一结论.

教学重点与难点

重点：

1. 平面向量的坐标表示.
2. 平面向量的坐标运算.

难点：

1. 向量的代数形式、坐标形式.
2. 用向量坐标的关系来判定向量的平行.

教学方法提示

在本节教学中，一定要先把“实例考察”分析透彻，使学生认可：直角坐标系中以原点为起点的向量终点坐标非常重要，积极探索向量的终点坐标与向量的关系，用坐标定义向量的方法. 当教师讲解向量坐标定义及向量的坐标运算时，学生就会带着需求和兴趣学习，课堂效果会更好.

教学参考流程

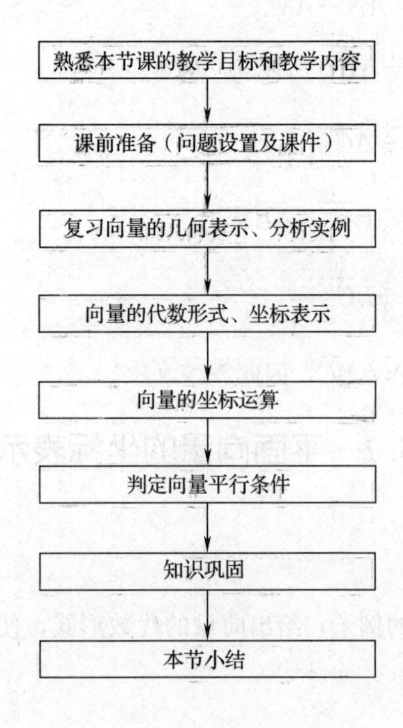

课程导入

向量的几何表示，即用有向线段表示向量，具有直观性强的特点．但是用有向线段进行向量的线性运算，不如数的运算简洁方便．由此提出利用数的运算来进行向量的运算的问题，从而引入向量的坐标表示．

本节正是在学习了向量的概念，向量的加法、减法及数乘运算之后，进一步寻求向量线性运算的代数形式．师生可共同探讨实例考察中的例子，让学生充分思考、积极探索，最终理解并掌握本节知识．

• “实例考察”的设置目的：

(1) 引导学生从物理学中求两个力合力的大小和方向问题得出向量在直角坐标系内的代数形式，这样有助于概念的理解．

(2) 引导学生通过平行四边形法则得出在平面直角坐标系内的和向量．

(3) 锻炼学生的逻辑思维能力．

• “实例考察”的教学注意点：

(1) 了解向量求和与向量分解互为逆运算．

(2) 实例中的力是相互垂直的两个向量，对于任意两个向量相加都可分解到两个坐标轴中然后求和．

知识讲授

1. 向量的坐标表示

平面向量基本定理：如果 $\boldsymbol{e}_1$，$\boldsymbol{e}_2$ 是同一平面内的两个不共线向量，那么对于这一平面内的任一向量 $\boldsymbol{a}$，有且只有一对实数 λ_1，λ_2，使

$$\boldsymbol{a}=\lambda_1\boldsymbol{e}_1+\lambda_2\boldsymbol{e}_2.$$

若 $\boldsymbol{e}_1$，$\boldsymbol{e}_2$ 不共线，我们把 $\boldsymbol{e}_1$，$\boldsymbol{e}_2$ 称为表示这一平面内所有向量的一个**基底**．

教材为了降低难度，便于学生理解，没有介绍此分解定理，也避开了线性组合一词，而是直接在直角坐标系中把任意的起点在原点、终点为 A 的向量 $\boldsymbol{a}$ 分解为

$$\boldsymbol{a}=\overrightarrow{OA}=x\boldsymbol{i}+y\boldsymbol{j}.$$

其中 $\boldsymbol{i}$ 和 $\boldsymbol{j}$ 分别是与 x 轴、y 轴正方向相同的单位向量，并指出了这种分解是唯一的．这样，向量与有序实数对之间建立起了一一对应关系：$\boldsymbol{a}=x\boldsymbol{i}+y\boldsymbol{j}\leftrightarrow(x,\ y)$，我们把 $x\boldsymbol{i}+y\boldsymbol{j}$ 称为向量 $\boldsymbol{a}$ 的**代数形式**，$(x,\ y)$称为向量 $\boldsymbol{a}$ 的**坐标表示**（也称**坐标形式**），也就是终点 A 的坐标，记作 $\boldsymbol{a}=\overrightarrow{OA}=(x,\ y)$．

讲解任意向量$\overrightarrow{AB}$ 的坐标表示时，可结合图 5-6，讲清向量坐标的意义．在图中，$\boldsymbol{a}$ 为平面内任一向量，设 A，B 分别为向量 $\boldsymbol{a}$ 的起点和终点，其坐标为 $A(x_1,\ y_1)$，$B(x_2,\ y_2)$．平移向量$\overrightarrow{AB}$ 到 $\overrightarrow{OB'}$，即$\overrightarrow{AB}=\overrightarrow{OB'}$．因为

$$a=\overrightarrow{AB}=\overrightarrow{OB}-\overrightarrow{OA}=(x_2\boldsymbol{i}+y_2\boldsymbol{j})-(x_1\boldsymbol{i}+y_1\boldsymbol{j})$$

$$=(x_2-x_1)\boldsymbol{i}+(y_2-y_1)\boldsymbol{j}=\overrightarrow{OB'},$$

则 $\boldsymbol{a}$ 的坐标为 $(x_2-x_1,\ y_2-y_1)$，这也正是 B' 点的坐标. 这就验证了：任意向量的横（纵）坐标等于它终点的横（纵）坐标减去起点的横（纵）坐标. 下面的例题就是用这一知识来解的.

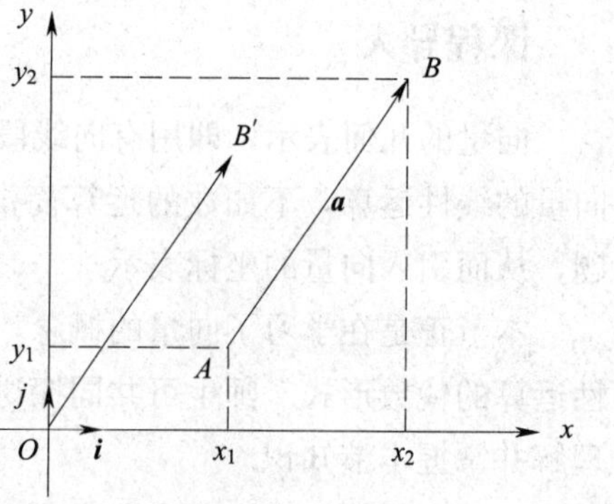

图 5-6

由此可知，向量 $\boldsymbol{a}$ 的坐标与表示该向量的起点、终点的具体位置没有关系，只与其相对位置有关.

例题提示与补充

例 1　编写目的是让学生进一步熟悉向量的代数形式运算，体会代数形式运算的便捷性，并验证：互为负向量的两个向量大小相等、方向相反.

例 2　编写目的是让学生进一步熟悉任意向量长度的求法，为下节推导两点之间距离公式做准备.

多媒体应用提示

利用计算机展示教材图 5-27（力的合成）和教材图 5-28（向量的正交分解）.

2. 向量的坐标运算

向量的坐标表示使得向量的加法、减法、数乘运算归结为数的运算，从而容易进行. 由向量的代数形式可以推出：两个向量的和与差的坐标等于它们相应坐标的和与差；数乘所得向量的坐标等于这个数乘以该向量相应的坐标. 向量的坐标求出后，这个向量也就唯一确定了.

由向量的坐标形式很容易推出向量长度的计算方法：

(1) $\boldsymbol{a}=\overrightarrow{OA}=(x,\ y)$，则 $|\boldsymbol{a}|=|\overrightarrow{OA}|=\sqrt{x^2+y^2}$；

(2) $\overrightarrow{AB}=(x_2-x_1,\ y_2-y_1)$，则 $|\overrightarrow{AB}|=\sqrt{(x_2-x_1)^2+(y_2-y_1)^2}$.

利用向量知识还可以推出线段中点坐标公式.

设 $A(x_1,\ y_1)$，$B(x_2,\ y_2)$ 是平面内任意两点，$M(x,\ y)$ 为线段 AB 的中点，如图 5-7 所示.

因为 M 是 AB 的中点，所以 $\overrightarrow{AM}=\overrightarrow{MB}$. 又因为

$$\overrightarrow{AM}=(x-x_1,\ y-y_1),$$

$$\overrightarrow{MB}=(x_2-x,\ y_2-y),$$

所以 $(x-x_1,\ y-y_1)=(x_2-x,\ y_2-y)$，由此得

$$\begin{cases}x-x_1=x_2-x,\\ y-y_1=y-y_1,\end{cases}\text{解得}\begin{cases}x=\dfrac{x_1+x_2}{2},\\ y=\dfrac{y_1+y_2}{2},\end{cases}$$

此式称为线段 AB 的中点坐标公式.

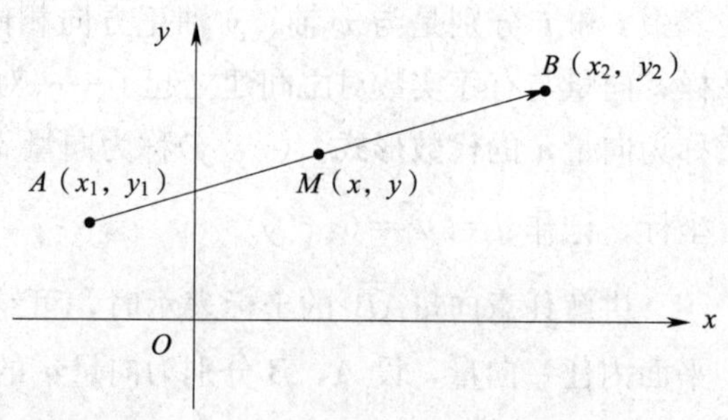

图 5-7

在上一节中已经学习过向量平行的判定条件，在这一节中可以根据这一结论推出由坐标表示的向量平行的判定条件：设 $\boldsymbol{a}=(x_1, y_1)$，$\boldsymbol{b}=(x_2, y_2)$，$\boldsymbol{a}/\!/\boldsymbol{b}\Leftrightarrow x_1y_2-x_2y_1=0$. 教材中给出了详细的推导过程，通过训练，学生应有能力独立完成推导并总结出这一结论.

向量的坐标表示，实际上就是向量的代数表示. 有了向量的坐标表示，向量的运算就可以代数化了. 将数和形有机地结合起来，很多几何问题的证明，就转化为代数运算. 在坐标表示下，向量的线性运算变得非常简单，教学时应结合例题与练习，一定让学生掌握运算方法.

例题提示与补充

例 1　编写目的是让学生熟练掌握向量的坐标运算，对于向量代数形式的线性运算，主要是用有序实数对进行加法、减法、数乘的运算.

注意：横、纵坐标要分开运算，这是有序实数对运算的特点.

例 2　编写目的是让学生进一步熟悉相等向量、向量加法的坐标运算.

教材左侧“想一想”：解法一利用相等向量，解法二利用平行四边形法则和三角形法则.

例 3　编写目的是让学生掌握利用向量坐标判断向量平行，在这里一定要注意坐标之间相乘是哪个量与哪个量对应相乘，这是容易出错的地方.

例 4　编写目的有二，一是让学生熟练掌握用几何图形作出向量及各向量间的位置关系，二是让学生掌握用直角坐标表示向量，及向量的坐标运算.

注意：求向量 $\overrightarrow{OB}$，$\overrightarrow{OC}$ 的坐标，就是求对应点 B，C 的坐标.

教材左侧“想一想”：根据已知条件，这里需要用到三角函数，此时要认准点所处的象限，确定对应角度，计算求值，还要强调运算的准确性，提高运算能力.

补充例题 1　已知 $\boldsymbol{a}=(2, 1)$，$\boldsymbol{b}=(-1, 3)$，求 $\boldsymbol{a}+\boldsymbol{b}$，$\boldsymbol{a}-\boldsymbol{b}$，$2\boldsymbol{a}+3\boldsymbol{b}$.

本题编写目的是让学生熟练掌握向量的坐标运算.

分析：在运算中要使横坐标与纵坐标运算同时进行，提高运算能力.

解：由已知得 $\boldsymbol{a}+\boldsymbol{b}=(2-1, 1+3)=(1, 4)$，$\boldsymbol{a}-\boldsymbol{b}=(2+1, 1-3)=(3, -2)$，$2\boldsymbol{a}+3\boldsymbol{b}=(4, 2)+(-3, 9)=(4-3, 2+9)=(1, 11)$.

补充例题 2　已知 $\boldsymbol{a}=(4, 8)$，$\boldsymbol{b}=(5, y)$，且 $\boldsymbol{a}/\!/\boldsymbol{b}$，求 y.

本题编写目的是让学生掌握坐标表示的向量平行的判定条件.

注意：讲解时要反复要求学生记忆判断平行的条件：$x_1y_2-x_2y_1=0$.

解：根据 $x_1y_2-x_2y_1=0$ 得 $4y-40=0$，所以 $y=10$.

5.3　平面向量的数量积

学习目标

1. 理解数量积的概念，会求向量的数量积.
2. 理解数量积的重要性质.

3. 掌握平面向量的数量积公式.

4. 会求两点间距离.

5. 理解并掌握向量垂直的判定方法.

教学重点与难点

重点:

1. 向量数量积的定义.

2. 用直角坐标计算向量的数量积的方法，即平面向量的数量积公式.

3. 向量垂直的判断方法.

难点:

1. 向量数量积的概念.

2. 向量数量积的性质.

教学方法提示

向量的数量积公式是学生难以理解的一个知识点，教师应在学生熟悉的物理知识基础上，通过对具体事例的分析，给出数量积的定义，进而整理出数量积的三个重要性质. 在介绍数量积概念引入的实例时，讲解要细，紧扣物理问题，充分运用物理学中的知识帮助学生理解数量积的概念.

教学参考流程

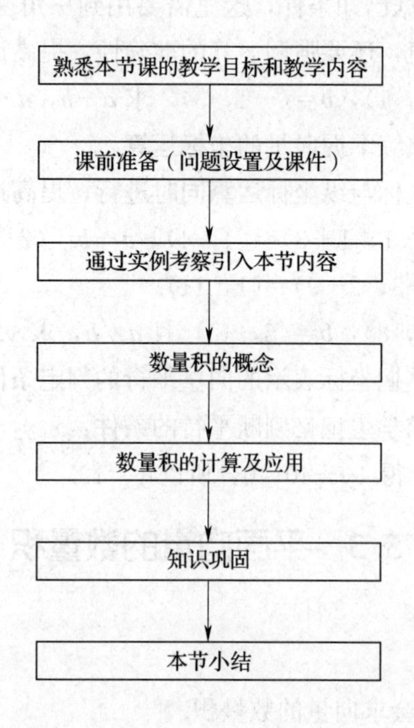

课程导入

回顾向量的坐标表示及代数形式的线性运算——向量的加法、减法与数乘运算，说明这些运算不能解决有关角度等度量问题，由此引入向量数量积的概念及运算.

- “实例考察”的设置目的：

让学生通过回顾物理学中功的计算问题，理解确实存在这样的数量——由两个向量的模及其夹角的余弦值相乘而得到，从而引入向量的数量积的定义，这样有助于学生对概念的理解.

- “实例考察”的教学注意点：

说明功是三个数量的乘积——两个向量的模以及这两个向量夹角的余弦的乘积，因此是功数量.

知识讲授

1. 平面向量的数量积

数量积是两个向量之间的一种乘法，是学生在之前的学习中从未遇到过的一种新的乘法. 它与实数的乘法不同，学生不易理解，所以讲解这一概念时，要先充分细致分析一个物理实例，再引出向量数量积的定义：$\boldsymbol{a}\cdot\boldsymbol{b}=|\boldsymbol{a}||\boldsymbol{b}|\cos\theta$.

对数量积的定义，教师还应说清以下几点：

(1) 教材中没有明确给出向量夹角的定义，教师应向学生解释两个向量夹角的含义——两个不为零的向量夹角是指这两个向量的方向所成的角，范围是$[0°, 180°]$. 特殊地，同向向量夹角为 0°，反向向量夹角为 180°，垂直向量夹角为 90°.

(2) 两个向量的数量积是一个数量，而不是向量.

(3) 数量积为两个向量的模与这两个向量夹角余弦值的乘积，其符号由夹角所决定，具体情况如下所示：

两个向量夹角 $\theta=0°$时，数量积为$|\boldsymbol{a}||\boldsymbol{b}|$；

两个向量夹角 $0°<\theta<90°$时，数量积为正数；

两个向量夹角 $\theta=90°$时，数量积为 0；

两个向量夹角 $90°<\theta<180°$时，数量积为负数；

两个向量夹角 $\theta=180°$时，数量积为$-|\boldsymbol{a}||\boldsymbol{b}|$.

可结合例题、习题结果验证.

(4) 零向量与任意向量的数量积为 0；

(5) 书写“$\boldsymbol{a}\cdot\boldsymbol{b}$”时，“·”不能省略. 数量积 $\boldsymbol{a}\cdot\boldsymbol{b}$ 与代数中两个实数 a，b 的积 ab（或 $a\cdot b$）是两个完全不同的概念，但形式上又相似，书写时一定要规范，不能混淆.

下面的内容供教师参考：

(1) 对于实数 a，b，若 $a\neq0$，由 $ab=0$ 必有 $b=0$. 对于向量则不同，当 $\boldsymbol{a}\neq\boldsymbol{0}$ 时，由

$\boldsymbol{a}\cdot\boldsymbol{b}=0$ 不能得出 $\boldsymbol{b}$ 一定是零向量. 这是因为对于任一与 $\boldsymbol{a}$ 垂直的非零向量 $\boldsymbol{b}$，都有 $\boldsymbol{a}\cdot\boldsymbol{b}=0$.

(2) 对于实数 a，b，c，由 $ab=bc(b\neq 0)$ 一定能得出 $a=c$. 对于向量 $\boldsymbol{a}$，$\boldsymbol{b}$，$\boldsymbol{c}$，消去律则不成立，即由 $\boldsymbol{a}\cdot\boldsymbol{b}=\boldsymbol{b}\cdot\boldsymbol{c}$ ($\boldsymbol{b}\neq\boldsymbol{0}$)，不能得出 $\boldsymbol{a}=\boldsymbol{c}$. 如图 5-8 所示，容易看出 $\boldsymbol{a}\neq\boldsymbol{c}$，但 $|\boldsymbol{a}|\cos\beta=|\boldsymbol{b}|$，$|\boldsymbol{c}|\cos\alpha=|\boldsymbol{b}|$，因此 $|\boldsymbol{a}|\cos\beta=|\boldsymbol{c}|\cos\alpha$，则 $|\boldsymbol{a}||\boldsymbol{b}|\cos\beta=|\boldsymbol{b}||\boldsymbol{c}|\cos\alpha$，于是有 $\boldsymbol{a}\cdot\boldsymbol{b}=\boldsymbol{b}\cdot\boldsymbol{c}$. 这是当 $\boldsymbol{a}\cdot\boldsymbol{b}=\boldsymbol{b}\cdot\boldsymbol{c}$ ($\boldsymbol{b}\neq\boldsymbol{0}$) 时，$\boldsymbol{a}\neq\boldsymbol{c}$ 的一个实例.

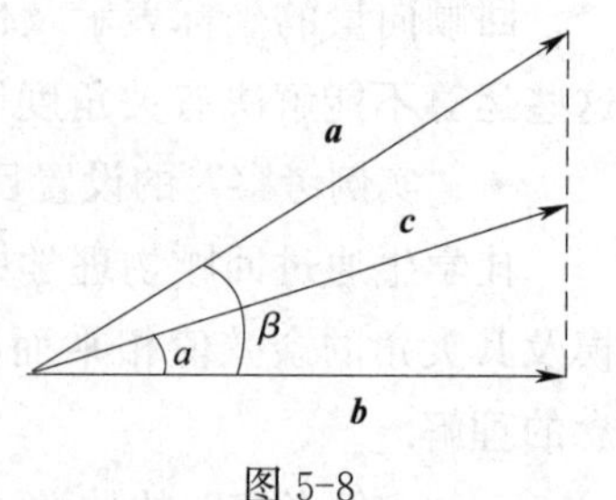

图 5-8

(3) 对于实数 a，b，c，有 $a(bc)=(ab)c$. 对于向量 $\boldsymbol{a}$，$\boldsymbol{b}$，$\boldsymbol{c}$，则不然. 因为 $\boldsymbol{a}\cdot(\boldsymbol{b}\cdot\boldsymbol{c})$ 表示一个与 $\boldsymbol{a}$ 平行的向量，$(\boldsymbol{a}\cdot\boldsymbol{b})\cdot\boldsymbol{c}$ 表示一个与 $\boldsymbol{c}$ 平行的向量，而 $\boldsymbol{c}$ 与 $\boldsymbol{a}$ 并不一定平行，所以 $\boldsymbol{a}\cdot(\boldsymbol{b}\cdot\boldsymbol{c})\neq(\boldsymbol{a}\cdot\boldsymbol{b})\cdot\boldsymbol{c}$ 不一定成立.

对于向量数量积的三条重要性质，要求学生牢固记忆并掌握. 为了帮助学生理解记忆，讲授时教师可运用数量积的定义解释说明，但要把握讲解尺度，不必过度延伸.

教材中给出了向量数量积的三条运算律，未做证明，要求学生会用就行，讲解时不必补充证明.

例题提示与补充

例 1 编写目的是让学生理解数量积的定义、性质、运算律，并熟练运用.

例 2 编写目的是让学生掌握两个非零向量垂直的判定条件.

本题直接利用实数平方差公式进行计算，再用两个非零向量垂直的判定条件，得到一个一元二次方程并求出结果. 直接进行多项式的化简也能得到同样的结果：

$$(\boldsymbol{a}+k\boldsymbol{b})\cdot(\boldsymbol{a}-k\boldsymbol{b})=\boldsymbol{a}\cdot\boldsymbol{a}-\boldsymbol{a}\cdot(k\boldsymbol{b})+(k\boldsymbol{b})\cdot\boldsymbol{a}-(k\boldsymbol{b})\cdot(k\boldsymbol{b})=|\boldsymbol{a}|^2-k^2|\boldsymbol{b}|^2.$$

补充例题 1 已知 $|\boldsymbol{a}|=3$，$|\boldsymbol{b}|=4$，$\boldsymbol{a}$ 与 $\boldsymbol{b}$ 的夹角为 $120°$，求 $\boldsymbol{a}\cdot\boldsymbol{b}$，$(\boldsymbol{a}-2\boldsymbol{b})\cdot(2\boldsymbol{a}+\boldsymbol{b})$.

本题编写目的是让学生理解数量积的定义，熟练应用数量积的运算律.

数量积的运算与实数多项式的运算规律存在相似之处，实数多项式运算中的去括号、合并同类项，可直接应用于向量数量积的运算，但要注意平面向量的数量积运算与多项式运算的意义是不同的.

解： $\boldsymbol{a}\cdot\boldsymbol{b}=|\boldsymbol{a}||\boldsymbol{b}|\cos 120°=3\times 4\times\left(-\frac{1}{2}\right)=-6.$

$$\begin{aligned}(\boldsymbol{a}-2\boldsymbol{b})\cdot(2\boldsymbol{a}+\boldsymbol{b})&=\boldsymbol{a}\cdot 2\boldsymbol{a}+\boldsymbol{a}\cdot\boldsymbol{b}-2\boldsymbol{b}\cdot 2\boldsymbol{a}-2\boldsymbol{b}\cdot\boldsymbol{b}\\&=2|\boldsymbol{a}|^2-3\boldsymbol{a}\cdot\boldsymbol{b}-2|\boldsymbol{b}|^2\\&=2\times 3^2-3\times(-6)-2\times 4^2=4.\end{aligned}$$

补充例题 2 已知 $|\boldsymbol{a}|=4$，$|\boldsymbol{b}|=5$，$\boldsymbol{a}$ 与 $\boldsymbol{b}$ 的夹角为 $\frac{\pi}{3}$，问 λ 为何值时，向量 $\boldsymbol{a}+\lambda\boldsymbol{b}$ 与 $\boldsymbol{a}-2\boldsymbol{b}$ 互相垂直?

本题编写目的是让学生学会灵活应用判断两个非零向量垂直的条件.

解：由条件可知

$$\begin{aligned}(\boldsymbol{a}+\lambda\boldsymbol{b})\cdot(\boldsymbol{a}-2\boldsymbol{b}) &= \boldsymbol{a}\cdot\boldsymbol{a}-2\boldsymbol{a}\cdot\boldsymbol{b}+\lambda\boldsymbol{b}\cdot\boldsymbol{a}-2\lambda\boldsymbol{b}\cdot\boldsymbol{b}\\ &=|\boldsymbol{a}|^2+(\lambda-2)\boldsymbol{a}\cdot\boldsymbol{b}-2\lambda|\boldsymbol{b}|^2\\ &=16+(\lambda-2)\times4\times5\times\cos\frac{\pi}{3}-50\lambda\\ &=-40\lambda-4.\end{aligned}$$

当 $(\boldsymbol{a}+\lambda\boldsymbol{b})\cdot(\boldsymbol{a}-2\boldsymbol{b})=0$，即 $-40\lambda-4=0$，$\lambda=-\dfrac{1}{10}$ 时，向量 $\boldsymbol{a}+\lambda\boldsymbol{b}$ 与 $\boldsymbol{a}-2\boldsymbol{b}$ 互相垂直.

2. 数量积的坐标表示

对于数量积公式，教师可辅导学生自己动手推导得出. 这不仅能记忆、练习、巩固刚刚学过的数量积的定义、性质、运算律，又可提高学生的个人动手能力、团队合作能力，更能在推导过程中增强学习积极性，体会数学学习的乐趣，更是记忆公式的最好方法.

引入坐标后，就把向量数量积的运算与向量坐标的运算联系起来，从而可以得到如下的重要公式：

(1) 设 $\boldsymbol{a}=(x_1, y_1)$，$\boldsymbol{b}=(x_2, y_2)$，则有

$$\boldsymbol{a}\cdot\boldsymbol{b}=x_1x_2+y_1y_2, \qquad ①$$

$$\boldsymbol{a}\cdot\boldsymbol{a}=|\boldsymbol{a}|^2=x_1^2+y_1^2, \qquad ②$$

$$|\boldsymbol{a}|=\sqrt{x_1^2+y_1^2}. \qquad ③$$

其中③可用于计算向量的模，或是平面上任一点到坐标原点的距离.

(2) 设 $A(x_1, y_1)$，$B(x_2, y_2)$，则 $\overrightarrow{AB}=(x_2-x_1, y_2-y_1)$.

由③可得

$$|\overrightarrow{AB}|=\sqrt{(x_2-x_1)^2+(y_2-y_1)^2}. \qquad ④$$

这就是平面内两点间距离公式.

(3) 设 $\boldsymbol{a}=(x_1, y_1)$，$\boldsymbol{b}=(x_2, y_2)$，有

$$\boldsymbol{a}\perp\boldsymbol{b}\Leftrightarrow x_1x_2+y_1y_2=0,$$

利用数量积能又快又准地判断两个向量垂直与否.

(4) 设非零向量 $\boldsymbol{a}=(x_1, y_1)$，$\boldsymbol{b}=(x_2, y_2)$，$\boldsymbol{a}$ 与 $\boldsymbol{b}$ 所成角为 θ，则由 $\boldsymbol{a}\cdot\boldsymbol{b}=|\boldsymbol{a}||\boldsymbol{b}|\cos\theta=x_1x_2+y_1y_2$ 得

$$\cos\theta=\frac{\boldsymbol{a}\cdot\boldsymbol{b}}{|\boldsymbol{a}||\boldsymbol{b}|}=\frac{x_1x_2+y_1y_2}{\sqrt{x_1^2+y_1^2}\times\sqrt{x_2^2+y_2^2}}.$$

由此可进一步求出 θ 的值.

由于向量的数量积涉及长度、角度，因此可以利用向量的数量积统一处理长度、角度、垂直等问题，这表明向量的数量积是非常有用的概念.

例题提示与补充

例 1　编写目的是让学生练习直接运用平面向量的数量积公式.

例 2　编写目的是让学生练习使用任意一点到坐标原点的距离公式.

例 3　编写目的是让学生掌握两点间距离公式.

例 4　编写目的是让学生巩固记忆向量垂直的判定条件.

注意：区分记忆两个向量平行或垂直的判定方法：

（1）两向量垂直等价于两向量同名坐标对应相乘的和为零；

（2）两向量平行等价于两向量同名坐标交叉乘积的差为零.

例 5　编写目的是让学生进一步掌握数量积的坐标表示，并学会通过数量积的相关知识处理求解两个向量夹角问题.

本题利用前面总结的求两个向量夹角的方法可以直接计算，但要强调数据代入准确，计算认真.

补充例题 1　已知 $\boldsymbol{a}=(\sqrt{3}, 1)$，$\boldsymbol{b}=(\sqrt{3}, 0)$，求 $2\boldsymbol{a}$ 与 $\boldsymbol{b}$ 的夹角.

本题编写目的是让学生熟练掌握求两个向量夹角的计算公式.

解　由已知得 $2\boldsymbol{a}=2(\sqrt{3}, 1)=(2\sqrt{3}, 2)$，设 $2\boldsymbol{a}$ 与 $\boldsymbol{b}$ 的夹角为 θ，则

$$\cos\theta=\frac{2\sqrt{3}\times\sqrt{3}+2\times0}{\sqrt{(2\sqrt{3})^2+2^2}\times\sqrt{(\sqrt{3})^2+0^2}}=\frac{2\times3}{4\times\sqrt{3}}=\frac{\sqrt{3}}{2},$$

所以 $\theta=30°$.

补充例题 2　已知 $A(1, 2)$，$B(2, 3)$，$C(-2, 5)$，求证：$\triangle ABC$ 是直角三角形.

分析：此题有两种证明方法.

第一种可用两点间距离公式，求出三角形的三条边长，然后根据勾股定理的逆定理判断 $\triangle ABC$ 为直角三角形，可让学生自己试证.

第二种就是利用本节知识——平面向量垂直的判定条件.

处理时可以先画出坐标系图，以便直观确定三点形成的哪两个向量垂直，减少运算量，快速解题.

证明（方法一）：由已知条件和两点间距离公式，得

$$|\overrightarrow{AB}|^2=(2-1)^2+(3-2)^2=2,$$

$$|\overrightarrow{AC}|^2=(-2-1)^2+(5-2)^2=18,$$

$$|\overrightarrow{BC}|^2=(-2-2)^2+(5-3)^2=20,$$

由此得到 $|\overrightarrow{AB}|^2+|\overrightarrow{AC}|^2=|\overrightarrow{BC}|^2$.

由勾股定理的逆定理可知，$\triangle ABC$ 为直角三角形.

证明（方法二）：由

$$\overrightarrow{AB}=(2-1, 3-2)=(1, 1),$$

$$\overrightarrow{AC}=(-2-1, 5-2)=(-3, 3),$$

得

$$\overrightarrow{AB}\cdot\overrightarrow{AC}=1\times(-3)+1\times3=-3+3=0,$$

所以$\overrightarrow{AB}\perp\overrightarrow{AC}$，即$\triangle ABC$是直角三角形.

5.4 综合例题分析

学习目标

1. 了解本章知识结构.
2. 掌握本章重点与难点.
3. 通过复习，培养学生的综合应用能力.

教学重点与难点

重点：

1. 平面向量的有关概念.
2. 平面向量的加法、减法、数乘及数量积的运算.
3. 平面向量的应用.

难点：

各知识点的综合应用.

教学方法提示

例题讲解与练习相结合．本节中所举例题均为历届全国成人高考数学试题，通过例题讲解，让学生了解全国成人高考试题所涉及的知识点、试题类型以及试题难度．知识巩固中的题目可用来检查学生对知识的掌握程度.

教学参考流程

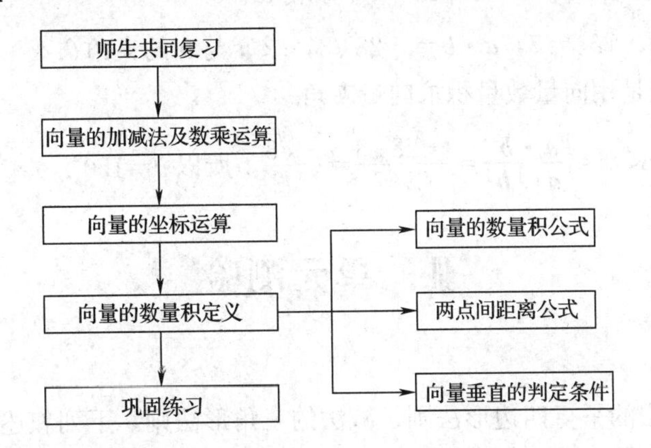

补充例题

例 1 已知点$O(0,0)$，$A(1,2)$，$B(-1,3)$，且$\overrightarrow{OA'}=2\overrightarrow{OA}$，$\overrightarrow{OB'}=3\overrightarrow{OB}$，求点$A'$，$B'$的坐标.

本题编写目的是考查向量的坐标表示、向量相等的坐标表示、数乘向量及其运算，要求各知识点记忆准确.

解：设$A'(x_1, y_1)$，$B'(x_2, y_2)$，则$\overrightarrow{OA'}=(x_1, y_1)$，$\overrightarrow{OB'}=(x_2, y_2)$.

由已知得$\overrightarrow{OA}=(1, 2)$，$\overrightarrow{OB}=(-1, 3)$，因为$\overrightarrow{OA'}=2\overrightarrow{OA}$，$\overrightarrow{OB'}=3\overrightarrow{OB}$，所以

$$(x_1, y_1)=2(1, 2)=(2, 4),$$

$$(x_2, y_2)=3(-1, 3)=(-3, 9),$$

即点A'，B'的坐标分别为$(2, 4)$，$(-3, 9)$.

例 2 已知$A(2, 1)$，$B(4, 5)$，$C(5, 7)$，求证：A，B，C三点共线.

本题编写目的是考查向量坐标、向量平行的判定条件的运用，注意选取起点相同的两个向量.

证明：由已知得$\overrightarrow{AB}=(2, 4)$，$\overrightarrow{AC}=(3, 6)$，由此得

$$\overrightarrow{AB}=\frac{2}{3}(3, 6)=\frac{2}{3}\overrightarrow{AC},$$

即$\overrightarrow{AB}/\!/\overrightarrow{AC}$. 又因为二者有共同的起点，所以$\overrightarrow{AB}$与$\overrightarrow{AC}$共线，即$A$，$B$，$C$三点共线.

例 3 已知点P的纵坐标为2，点P到点$A(1, 5)$的距离为5，求点P的坐标.

本题编写目的是熟悉两点间距离公式，培养计算能力.

解：设$P(x, 2)$，由两点间距离公式得

$$\sqrt{(x-1)^2+(2-5)^2}=5,$$

解得$x=5$或$x=-3$，即点P的坐标为$(5, 2)$或$(-3, 2)$.

例 4 已知$\boldsymbol{a}=(x, 8)$，$\boldsymbol{b}=(1, 2x)$，求满足下列条件的x值：

(1) $\boldsymbol{a}/\!/\boldsymbol{b}$； (2) $\boldsymbol{a}\perp\boldsymbol{b}$.

本题编写目的是考查学生是否能分清并熟练使用两个向量平行、垂直的判定条件.

解：(1) 因为$\boldsymbol{a}/\!/\boldsymbol{b}$，所以$x\times 2x-8\times 1=0$，解得$x=\pm 2$；

(2) 因为$\boldsymbol{a}\perp\boldsymbol{b}$，所以$x\times 1+8\times 2x=0$，解得$x=0$.

例 5 设$|\boldsymbol{a}|=8$，$|\boldsymbol{b}|=7$，$\boldsymbol{a}\cdot\boldsymbol{b}=-28\sqrt{3}$，求$\boldsymbol{a}$与$\boldsymbol{b}$的夹角$\theta$.

本题的基本思路是用向量数量积求向量夹角.

解：由已知得$\cos\theta=\dfrac{\boldsymbol{a}\cdot\boldsymbol{b}}{|\boldsymbol{a}||\boldsymbol{b}|}=\dfrac{-28\sqrt{3}}{8\times 7}=-\dfrac{\sqrt{3}}{2}$，所以$\theta=150°$.

Ⅲ. 单元测验

一、选择题

1. 关于向量加法的平行四边形法则、减法的三角形法则，下列叙述正确的是（ ）.

A. 两种作图法则的相同点之一：不可以让两个已知向量的起点重合

B. 两种作图法则的相同点之一：两个已知向量的终点可以放在一起

C. 两种作图法则的区别之一：用向量加法的平行四边形法则得到的两个非零向量的

和，是以它们的共同起点为起点，以它们为邻边所作平行四边形的第四个顶点为终点的向量；用减法的三角形法则求两个已知向量的差时，由减向量的终点指向被减向量的终点的有向线段表示它们的差

D. 两种作图法则的区别之一：向量加法的平行四边形法则将两个向量首尾相连，减法的三角形法则将两个向量起点重合

2. 若向量 $\boldsymbol{a}$ 与 $\boldsymbol{b}$ 不共线则（　　）.

A. $\boldsymbol{a}$ 与 $\boldsymbol{b}$ 均为非零向量　　B. $\boldsymbol{a}$ 与 $\boldsymbol{b}$ 均为零向量

C. $\boldsymbol{a}$ 为零向量，$\boldsymbol{b}$ 为非零向量　　D. $\boldsymbol{a}$ 为非零向量，$\boldsymbol{b}$ 为零向量

3. 下列命题中正确的是（　　）.

A. 凡单位向量均相等

B. 平面上任意两个不共线的向量都可以作为平面的基向量

C. 无论同一条数轴上的三点 A，B，C 怎样排列，总有$\overrightarrow{AB}+\overrightarrow{AC}=\overrightarrow{BC}$

D. 若 x_1，x_2 分别为数轴上点 A，B 的坐标，则$\overrightarrow{AB}=x_2+x_1$

4. 已知 $A(1, -2)$，$B(3, 0)$，$C(4, 3)$ 三点，则平行四边形 $ABCD$ 的顶点 D 的坐标是（　　）.

A. (2，1)　　B. (1，4)　　C. (3，2)　　D. (5，1)

5. 已知点 $A(2, 0)$，$B(8, 0)$，$C(5, 3)$，则$\triangle ABC$ 是（　　）.

A. 钝角三角形　　B. 锐角三角形　　C. 等边三角形　　D. 等腰直角三角形

6. 在$\triangle ABC$ 中，$\overrightarrow{AB}=\boldsymbol{a}$，$\overrightarrow{AC}=\boldsymbol{b}$，且 $\boldsymbol{a}\cdot\boldsymbol{b}=0$，则$\triangle ABC$ 是（　　）.

A. 钝角三角形　　B. 锐角三角形　　C. 直角三角形　　D. 等边三角形

7. 设 O 是正六边形 $ABCDEF$ 的中心，则此正六边形各条边所成向量与向量$\overrightarrow{BO}$相等的共有（　　）个.

A. 1　　B. 2　　C. 3　　D. 4

8. 下列运算正确的是（　　）.

A. $\overrightarrow{EF}+\overrightarrow{ED}=\overrightarrow{FD}$　　B. $\overrightarrow{DE}-\overrightarrow{DF}=\overrightarrow{FE}$

C. $(|\overrightarrow{AB}|-|\overrightarrow{BA}|)\cdot\overrightarrow{AB}=0$　　D. $\overrightarrow{DE}-\overrightarrow{DF}=\overrightarrow{EF}$

9. 已知向量 $\boldsymbol{a}=\left(1, \frac{1}{2}\right)$与 $\boldsymbol{b}=(-4, y_0)$ 互相垂直，则 $y_0=$（　　）.

A. 10　　B. -4　　C. 8　　D. -8

10. 以 $A(1, 0)$，$B(5, -2)$，$C(8, 4)$，$D(4, 6)$ 为顶点的四边形是（　　）.

A. 正方形　　B. 菱形　　C. 梯形　　D. 矩形

11. 设 $\boldsymbol{a}_0$ 为单位向量，①若 $\boldsymbol{a}$ 为平面内的某个向量，则有 $\boldsymbol{a}=|\boldsymbol{a}|\boldsymbol{a}_0$；②若 $\boldsymbol{a}$ 与 $\boldsymbol{a}_0$ 平行，则 $\boldsymbol{a}=|\boldsymbol{a}|\boldsymbol{a}_0$；③若 $\boldsymbol{a}$ 与 $\boldsymbol{a}_0$平行，且$|\boldsymbol{a}|=1$，则 $\boldsymbol{a}=\boldsymbol{a}_0$. 上述命题中，假命题个数是（　　）个.

A. 0　　B. 1　　C. 2　　D. 3

12. 已知 $\boldsymbol{a}=(-1, 2)$，$\boldsymbol{b}=(2, 1)$，θ 为 $\boldsymbol{a}$ 与 $\boldsymbol{b}$ 的夹角，则 $\sin\theta=$（　）.

A. 1　　　　B. -1　　　　C. 0　　　　D. $\frac{\pi}{2}$

二、填空题

1. 既有__________又有__________的量称为向量.

2. 每一个向量都可以用带有一个箭头的线段来表示，用箭头的方向表示该向量的__________，用线段的长度表示该向量的__________.

3. 方向__________或__________的非零向量必为共线向量.

4. 每一个向量被它的终点决定，因此，平面上所有向量组成的集合与平面上所有点组成的集合之间__________对应.

5. 已知 x 轴上的一点 B 与 $A(5, 12)$ 的距离等于 13，则点 B 的坐标为__________.

6. 利用向量的数量积可以计算向量的__________及两个非零向量的__________，并能判定两个向量是否__________.

7. 已知 $A(1, 2)$，$B(2, 3)$，$C(-2, 5)$，则 $\overrightarrow{AB}$__________$\overrightarrow{AC}$.

8. 已知两点 $A(3, -5)$，$B(1, -7)$，则线段 AB 的中点坐标是__________.

9. 已知 $A(5, -4)$，$B(-1, 4)$，则 $|\overrightarrow{AB}|=$__________.

10. 对两个非零向量 $\boldsymbol{a}$ 与 $\boldsymbol{b}$，若 $\boldsymbol{b}=\lambda\boldsymbol{a}$，则 $\boldsymbol{a}$ 与 $\boldsymbol{b}$ 的关系是__________，若 $\boldsymbol{a}\cdot\boldsymbol{b}=0$，则 $\boldsymbol{a}$ 与 $\boldsymbol{b}$ 的关系是__________.

11. 已知 $\boldsymbol{a}=(-1, 5)$，$\boldsymbol{b}=(8, 10)$，则 $\boldsymbol{a}\cdot\boldsymbol{b}=$__________，$|\boldsymbol{a}+\boldsymbol{b}|=$__________，$\cos\theta=$__________.

12. 已知 $\boldsymbol{a}=(x, 2)$ 的模为 4，则 $x=$__________.

三、解答题

1. 已知三点 $A(2, 1)$，$B(3, 5)$，$C(-6, 3)$，求证：$\triangle ABC$ 是直角三角形.

2. 一艘轮船从港口 A 出发向东航行 400 n mile 到达海岛 B，然后向正南航行 300 n mile 到达港口 C，求船两次位移和的模及船航行的路程.

3. m 为何值时，向量 $\boldsymbol{a}=(2, 4)$与 $\boldsymbol{b}=(m, -5)$平行？

4. 证明以 $A(-1, 2)$，$B(3, 1)$，$C(2, -3)$为顶点的三角形是等腰直角三角形.

5. 已知$|\boldsymbol{a}|=2$，$|\boldsymbol{b}|=3$，且 $\boldsymbol{a}$ 与 $\boldsymbol{b}$ 的夹角为$60°$，求 $\boldsymbol{a}\cdot\boldsymbol{b}$.

附参考答案

一、选择题

1. C 2. A 3. B 4. A 5. D 6. C 7. B 8. B 9. C 10. D 11. D 12. A

二、填空题

1. 大小　方向
2. 方向　大小
3. 相同　相反
4. 一一
5. (10，0)或(0，0)
6. 长度　夹角　垂直或共线
7. $\perp$
8. $(2, -6)$
9. 10
10. 平行　垂直
11. 42　$\sqrt{274}$　0.643 2
12. $\pm 2\sqrt{3}$

三、解答题

1. 提示：$\overrightarrow{AB}\cdot\overrightarrow{AC}=0$.

2. 500 n mile，700 n mile

3. $-\frac{5}{2}$

4. 提示：$|\overrightarrow{AB}|=|\overrightarrow{BC}|$，$\overrightarrow{AB}\cdot\overrightarrow{BC}=0$.

5. 3

Ⅳ. 拓展知识

向量的应用

向量（或矢量），最初被应用于物理学. 很多物理量如力、速度、位移、电场强度以及磁感应强度等都是向量. 约公元前 350 年，古希腊著名学者亚里士多德就知道了两个力的组合作用可用平行四边形法则来得到. 向量一词来自力学、解析几何中的有向线段，最先使用有向线段表示向量的是英国科学家牛顿.

从数学发展史来看，历史上很长一段时间，空间的向量结构并未被数学家们所认识，直到 19 世纪末 20 世纪初，人们才把空间的性质与向量运算联系起来，使向量成为具有一套优良运算通性的数学工具.

向量能够进入数学领域并得到发展，应先从复数的几何表示谈起. 18 世纪末，挪威测量学家威塞尔首次利用坐标平面上的点来表示复数 $a+bi$，并利用具有几何意义的复数运算来定义向量的运算. 把坐标平面上的点用向量表示出来，并把向量的几何表示用于研究几何问题. 人们逐步接受了复数，也学会了利用复数来表示和研究平面中的向量，向量就这样进入了数学领域. 但复数的利用是受限制的，因为它仅能用于表示平面，若有不在同一平面上的力作用于同一物体，则需要寻找所谓三维“复数”以及相应的运算体系. 19 世纪中期，英国数学家哈密顿发明了四元数（具有 4 个分量，包括数量部分和向量部分的数），以代表空间的向量. 他的工作为向量代数和向量分析的建立奠定了基础. 随后，电磁理论的发现者、英国的数学物理学家麦克斯韦把四元数的数量部分和向量部分分开处理，从而进行了大量的向量分析.

三维向量分析的开创，以及同四元数的正式分裂，是英国的居伯斯和海维塞德于 19 世纪 80 年代各自独立完成的. 他们提出，一个向量不过是四元数的向量部分，但不独立于任何四元数. 他们引进了两种类型的乘法，即数量积和向量积. 并把向量代数推广到向量微积分. 从此，向量的方法被引进到分析和解析几何中来，并逐步完善.

V. 知识巩固与习题册答案

教材知识巩固答案

5.1 平面向量的概念及共线性运算

知识巩固 1

1. 略.
2. (1) 相同

   (2) 不同，圆
3. 相等向量：$\overrightarrow{FC}$，$\overrightarrow{DE}$；

相反向量：$\overrightarrow{FB}$，$\overrightarrow{CF}$，$\overrightarrow{ED}$；

共线的非零向量：$\overrightarrow{FC}$，$\overrightarrow{DE}$，$\overrightarrow{BC}$，$\overrightarrow{CF}$，$\overrightarrow{ED}$，$\overrightarrow{CB}$，$\overrightarrow{FB}$.

知识巩固 2

1. $\overrightarrow{ML}$ $\overrightarrow{AB}$ $\overrightarrow{AB}$ $\overrightarrow{CB}$ $\overrightarrow{QP}$ $\overrightarrow{ED}$.
2. 略.
3. $\overrightarrow{BC}=\overrightarrow{AC}-\overrightarrow{AB}$，$\overrightarrow{CB}=\overrightarrow{AB}-\overrightarrow{AC}$.

知识巩固 3

1. (1) $3\boldsymbol{a}-2\boldsymbol{b}$

   (2) $\boldsymbol{a}-7\boldsymbol{b}-11\boldsymbol{c}$
2. $$\begin{aligned}\overrightarrow{AD}&=\overrightarrow{AC}+\overrightarrow{CD}\\&=\overrightarrow{AC}+\frac{1}{2}\overrightarrow{CB}\\&=\overrightarrow{AC}+\frac{1}{2}(\overrightarrow{AB}-\overrightarrow{AC})\\&=\overrightarrow{AC}+\frac{1}{2}\overrightarrow{AB}-\frac{1}{2}\overrightarrow{AC}\\&=\frac{1}{2}\overrightarrow{AB}+\frac{1}{2}\overrightarrow{AC}\end{aligned}$$
3. 均平行

5.2 平面向量的坐标表示

知识巩固 1

1. 坐标相等

2. （-2，4）（3，1）$2\sqrt{5}$（5，-3）（-5，3）$\sqrt{34}$

3. $A(5, -6)$

知识巩固 2

1. $\boldsymbol{a}=(-1, 2)$，$\boldsymbol{b}=(2, -4)$，$\boldsymbol{c}=(0, 3)$

2. $\boldsymbol{a}+\boldsymbol{b}=(1, 7)$，$\boldsymbol{a}-\boldsymbol{b}=(-5, -1)$，$2\boldsymbol{a}+3\boldsymbol{b}=(5, 18)$，$4\boldsymbol{a}-5\boldsymbol{b}=(-23, -8)$

3. （1，1）

4. $x=7$

探究

设点 P 的坐标为（x，y），由$\overrightarrow{P_1P}=\lambda\overrightarrow{PP_2}$可知

$$\begin{cases} x-x_1=\lambda(x_2-x), \\ y-y_1=\lambda(y_2-y), \end{cases}$$

解得

$$\begin{cases} x=\dfrac{x_1+\lambda x_2}{1+\lambda}, \\ y=\dfrac{y_1+\lambda y_2}{1+\lambda}. \end{cases}$$

5.3 平面向量的数量积

知识巩固 1

1. $15\sqrt{3}$

2. $\boldsymbol{a}\cdot\boldsymbol{b}=6$，$(\boldsymbol{a}+\boldsymbol{b})\cdot\boldsymbol{b}=22$，$(\boldsymbol{a}+2\boldsymbol{b})\cdot(\boldsymbol{a}-4\boldsymbol{b})=-131$

3. $(\boldsymbol{a}-\boldsymbol{b})\cdot(\boldsymbol{a}+2\boldsymbol{b})=\boldsymbol{a}\cdot\boldsymbol{a}+2\boldsymbol{a}\cdot\boldsymbol{b}-\boldsymbol{b}\cdot\boldsymbol{a}-2\boldsymbol{b}\cdot\boldsymbol{b}=2+\boldsymbol{a}\cdot\boldsymbol{b}-2=\boldsymbol{a}\cdot\boldsymbol{b}=0$，所以 $\boldsymbol{a}\perp\boldsymbol{b}$

知识巩固 2

1. $|\boldsymbol{a}|=2\sqrt{5}$，$|\boldsymbol{b}|=3\sqrt{2}$，$\boldsymbol{a}\cdot\boldsymbol{b}=18$

2. $\boldsymbol{a}\cdot\boldsymbol{b}=8$，$(\boldsymbol{a}+\boldsymbol{b})\cdot(\boldsymbol{a}-\boldsymbol{b})=-7$，$\boldsymbol{a}\cdot(\boldsymbol{b}+\boldsymbol{c})=0$，$(\boldsymbol{a}+\boldsymbol{b})\cdot(\boldsymbol{a}+\boldsymbol{b})=49$

3. （1）垂直

   （2）不垂直

4. 约为 88°

5.4 综合例题分析

知识巩固

一、选择题

1. A 2. B 3. C 4. B 5. A

二、填空题

1. （-5，2）

2. （3，-2）

3. 147

三、解答题

1. $|a+b|=\sqrt{23}$，$|a-b|=\sqrt{35}$

2. $x=4$，$y=2$

习题册答案

5.1 平面向量的概念及共线性运算

习题 5.1.1

A 组

1. A 2. D 3. B 4. C

5. 质量、路程、密度

6. 略.

7. $|\overrightarrow{AB}|=2$，$|\overrightarrow{CD}|=2.5$，$|\overrightarrow{EF}|=3$，$|\overrightarrow{GH}|=4\sqrt{2}$

8. (1) 与 $\overrightarrow{OA}$ 相等的向量：$\overrightarrow{CB}$，$\overrightarrow{EF}$，$\overrightarrow{DO}$；

与 $\overrightarrow{OB}$ 相等的向量：$\overrightarrow{DC}$，$\overrightarrow{FA}$，$\overrightarrow{EO}$；

与 $\overrightarrow{OC}$ 相等的向量：$\overrightarrow{ED}$，$\overrightarrow{AB}$，$\overrightarrow{FO}$.

(2) 与 $\overrightarrow{OA}$ 相反的向量：$\overrightarrow{OD}$，$\overrightarrow{FE}$，$\overrightarrow{BC}$，$\overrightarrow{AO}$；

与 $\overrightarrow{OB}$ 相反的向量：$\overrightarrow{OE}$，$\overrightarrow{AF}$，$\overrightarrow{CD}$，$\overrightarrow{BO}$；

与 $\overrightarrow{OC}$ 相反的向量：$\overrightarrow{OF}$，$\overrightarrow{BA}$，$\overrightarrow{DE}$，$\overrightarrow{CO}$.

9. 与 $\overrightarrow{DE}$ 共线的非零向量有：$\overrightarrow{ED}$，$\overrightarrow{AF}$，$\overrightarrow{FC}$，$\overrightarrow{AC}$，$\overrightarrow{FA}$，$\overrightarrow{CF}$，$\overrightarrow{CA}$.

B 组

1. 可以构成 18 个向量.

平行向量：

①$\overrightarrow{AD}$，$\overrightarrow{DA}$，$\overrightarrow{EF}$，$\overrightarrow{FE}$，$\overrightarrow{BC}$，$\overrightarrow{CB}$；

②$\overrightarrow{AE}$，$\overrightarrow{EA}$，$\overrightarrow{AB}$，$\overrightarrow{BA}$，$\overrightarrow{BE}$，$\overrightarrow{EB}$；

③$\overrightarrow{DF}$，$\overrightarrow{FD}$，$\overrightarrow{DC}$，$\overrightarrow{CD}$，$\overrightarrow{CF}$，$\overrightarrow{FC}$.

相反向量：$\overrightarrow{AE}+\overrightarrow{EA}=\vec{0}$，$\overrightarrow{AE}+\overrightarrow{BE}=\vec{0}$，$\overrightarrow{EB}+\overrightarrow{BE}=\vec{0}$，$\overrightarrow{EA}+\overrightarrow{EB}=\vec{0}$，$\overrightarrow{DF}+\overrightarrow{CF}=\vec{0}$，$\overrightarrow{DF}+\overrightarrow{FD}=\vec{0}$，$\overrightarrow{FD}+\overrightarrow{FC}=\vec{0}$，$\overrightarrow{CF}+\overrightarrow{FC}=\vec{0}$，$\overrightarrow{AD}+\overrightarrow{DA}=\vec{0}$，$\overrightarrow{EF}+\overrightarrow{FE}=\vec{0}$，$\overrightarrow{BC}+\overrightarrow{CB}=\vec{0}$，$\overrightarrow{AB}+\overrightarrow{BA}=\vec{0}$，$\overrightarrow{DC}+\overrightarrow{CD}=\vec{0}$.

相等向量：$\overrightarrow{AE}=\overrightarrow{EB}$，$\overrightarrow{EA}=\overrightarrow{BE}$，$\overrightarrow{FD}=\overrightarrow{CF}$，$\overrightarrow{DF}=\overrightarrow{FC}$.

2. 是平行四边形. 因为 $\vec{a}=\vec{b}$，那么$\overrightarrow{AA'}\parallel\overrightarrow{BB'}$且$\overrightarrow{AA'}=\overrightarrow{BB'}$；$\overrightarrow{AA'}=\overrightarrow{BB'}$相等.

3. 略.

习题 5.1.2

A 组

1. B 2. C 3. A 4. D

5. (1) $\overrightarrow{AC}$ (2) $\overrightarrow{AO}$ (3) $\vec{0}$ (4) $\overrightarrow{DB}$ (5) $\overrightarrow{AC}$ (6) $\overrightarrow{BA}$

6. (1) 平行四边形法：作$\overrightarrow{AB}=\vec{a}$，$\overrightarrow{AD}=\vec{b}$，以 AB，AD 为邻边作平行四边形$ABCD$，连接 AC，则 $\vec{a}+\vec{b}=\overrightarrow{AC}$，图略.

(2) 三角形法：作$\overrightarrow{AB}=\vec{a}$，$\overrightarrow{BC}=\vec{b}$，连接 AC，则 $\vec{a}+\vec{b}=\overrightarrow{AC}$，图略.

7. 作$\overrightarrow{OA}=\vec{a}$，$\overrightarrow{OB}=\vec{b}$，连接 BA，则 $\vec{a}-\vec{b}=\overrightarrow{BA}$，图略.

8. 路程 600 km，位移 $300\sqrt{2}$ km，方向为北偏西 45°.

B 组

1. $-\vec{c}$

2. 图略.

3. (1) $\vec{0}$ (2) $\overrightarrow{AB}$ (3) $\overrightarrow{BA}$ (4) $\overrightarrow{CB}$

4. 图略.

习题 5.1.3

A 组

1. D 2. C 3. D

4. $-\dfrac{1}{4}$

5. $-\dfrac{1}{2}$

6. $\vec{a}=-\dfrac{3}{4}\vec{b}$　3∶4

7. (1) $5\vec{b}$ (2) $-\vec{a}+5\vec{b}-2\vec{c}$

8. (1) $\vec{b}=2\vec{a}$ (2) $\vec{b}=-\dfrac{1}{2}\vec{a}$

9. (1) 共线 (2) 共线

10. $\overrightarrow{DE}=\dfrac{1}{2}(\overrightarrow{AC}-\overrightarrow{AB})$，$\overrightarrow{BC}=2\overrightarrow{DE}$

B 组

1. $4\vec{e_1}$，$-2\vec{e_1}+4\vec{e_2}$

2. $\overrightarrow{MN}=\overrightarrow{AN}-\overrightarrow{AM}=\dfrac{1}{3}\overrightarrow{AB}-\dfrac{1}{3}\overrightarrow{AC}=\dfrac{1}{3}(\overrightarrow{AB}-\overrightarrow{AC})=\dfrac{1}{3}\overrightarrow{BC}$

3. (1) 平行四边形 (2) 梯形

4. $\overrightarrow{OC}=-\vec{a}$，$\overrightarrow{OD}=-\vec{b}$，$\overrightarrow{DC}=\vec{b}-\vec{a}$，$\overrightarrow{BC}=-\vec{a}-\vec{b}$

5.2 平面向量的坐标表示

习题 5.2.1

A 组

1. $(-3, 5)$ $(-2, 4)$ $\left(-\frac{5}{2}\quad\frac{9}{2}\right)$

2. $\vec{a}=2\vec{i}+3\vec{j}=(2, 3)$，$\vec{b}=-2\vec{i}+3\vec{j}=(-2, 3)$，$\vec{c}=-2\vec{i}-3\vec{j}=(-2, -3)$，$\vec{d}=2\vec{i}-3\vec{j}=(2, -3)$

3. (1) $\overrightarrow{AB}=(0, 2)$，$\overrightarrow{BA}=(2, 0)$，$|\overrightarrow{AB}|=|\overrightarrow{BA}|=2$

(2) $\overrightarrow{AB}=(3, 4)$，$\overrightarrow{BA}=(4, 3)$，$|\overrightarrow{AB}|=|\overrightarrow{BA}|=5$

(3) $\overrightarrow{AB}=(9, -1)$，$\overrightarrow{BA}=(-1, 9)$，$|\overrightarrow{AB}|=|\overrightarrow{BA}|=\sqrt{82}$

(4) $\overrightarrow{AB}=(-5, -13)$，$\overrightarrow{BA}=(-13, -5)$，$|\overrightarrow{AB}|=|\overrightarrow{BA}|=\sqrt{194}$

(5) $\overrightarrow{AB}=(-4, 7)$，$\overrightarrow{BA}=(7, -4)$，$|\overrightarrow{AB}|=|\overrightarrow{BA}|=\sqrt{65}$

B 组

1. 证明：$|\overrightarrow{AB}|=\sqrt{2^2+2^2}=2\sqrt{2}$，$|\overrightarrow{BC}|=\sqrt{2^2+4^2}=2\sqrt{5}$，$|\overrightarrow{AC}|=\sqrt{4^2+2^2}=2\sqrt{5}$，所以$|\overrightarrow{BC}|=|\overrightarrow{AC}|$，从而得到$\triangle ABC$是等腰三角形.

2. (1) $(-2, 1)$ (2) $(0, 8)$ (3) $(1, 2)$

3. $(0, 0)$ 或 $(10, 0)$

习题 5.2.2

A 组

1. C 2. C

3. $\vec{a}+\vec{b}=(-1, 5)$，$\vec{a}-\vec{b}=(5, -3)$，$3\vec{a}+4\vec{b}=(-6, 19)$

4. 由$\overrightarrow{AB}=(1, -1)$，$\overrightarrow{CD}=(1, -1)$，得$\overrightarrow{AB}/\!/\overrightarrow{CD}$.

5. $y=3$

6. 由$\overrightarrow{AB}=(2, 4)$，$\overrightarrow{BC}=(1, 2)$，得$\overrightarrow{AB}=2\overrightarrow{BC}$，$\overrightarrow{AB}/\!/\overrightarrow{BC}$. 因为两向量有同一起点 B，所以 A，B，C 三点共线.

7. (1) 如图 5-9 所示，由向量的线性运算可知

$$\overrightarrow{OP}=\frac{1}{2}(\overrightarrow{OP_1}+\overrightarrow{OP_2})=\left(\frac{x_1+x_2}{2}, \frac{y_1+y_2}{2}\right).$$

所以，点 P 的坐标是$\left(\frac{x_1+x_2}{2}, \frac{y_1+y_2}{2}\right)$.

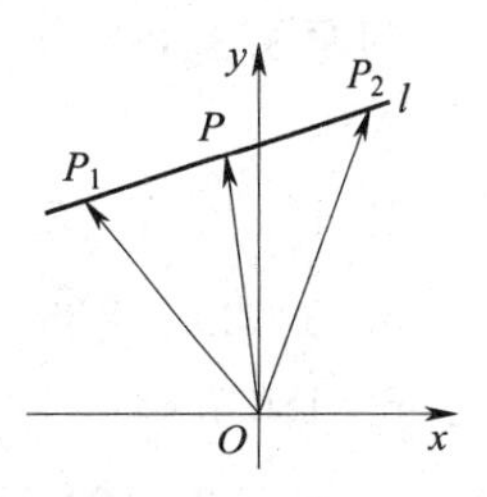

图 5-9

(2) 如图 5-10 所示，当点 P 是线段 P_1P_2 的一个三等分点时，有两种情况，即$\overrightarrow{P_1P}=\frac{1}{2}\overrightarrow{PP_2}$或$\overrightarrow{P_1P}=2\overrightarrow{PP_2}$.

如果$\overrightarrow{P_1P}=\frac{1}{2}\overrightarrow{PP_2}$（图 5-10a），那么

$$\begin{aligned}\overrightarrow{OP}&=\overrightarrow{OP_1}+\overrightarrow{P_1P}\\&=\overrightarrow{OP_1}+\frac{1}{3}\overrightarrow{P_1P_2}\\&=\overrightarrow{OP_1}+\frac{1}{3}(\overrightarrow{OP_2}-\overrightarrow{OP_1})\\&=\frac{2}{3}\overrightarrow{OP_1}+\frac{1}{3}\overrightarrow{OP_2}\\&=\left(\frac{2x_1+x_2}{3},\ \frac{2y_1+y_2}{3}\right).\end{aligned}$$

即点 P 的坐标是$\left(\frac{2x_1+x_2}{3},\ \frac{2y_1+y_2}{3}\right)$.

同理，如果$\overrightarrow{P_1P}=2\overrightarrow{PP_2}$（图 5-10b），那么点 P 的坐标是$\left(\frac{x_1+2x_2}{3},\ \frac{y_1+2y_2}{3}\right)$.

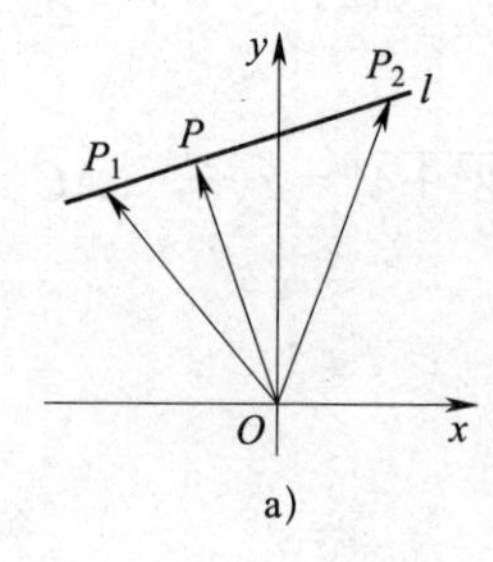

图 5-10

B 组

1. $A'(2,\ 4)$，$B'(-3,\ 9)$，$\overrightarrow{A'B'}=(-5,\ 5)$
2. $P\left(\frac{5}{4},\ \frac{9}{2}\right)$
3. $C(0,\ 3)$，$D(-3,\ 9)$，$E(2,\ -1)$

5.3 平面向量的数量积

习题 5.3.1

A 组

1. D 2. B 3. B 4. B
5. 5 39 $\sqrt{39}$
6. $180°$
7. (1) 3 (2) 12 (3) -76 (4) $\sqrt{5}$
8. 根据余弦定理有

$$|\overrightarrow{AC}|^2=|\overrightarrow{AB}|^2+|\overrightarrow{BC}|^2-2|\overrightarrow{AB}||\overrightarrow{BC}|\cos 60°$$

$=25+64-2\times5\times8\times\frac{1}{2}$

$=49.$

所以，$|\overrightarrow{AC}|=7$.

9.（1）$(\vec{a}+\vec{b})^2=(\vec{a}+\vec{b})\cdot(\vec{a}+\vec{b})$

$=\vec{a}\cdot\vec{a}+\vec{a}\cdot\vec{b}+b\cdot\vec{a}+\vec{b}\cdot\vec{b}$

$=|\vec{a}|^2+2\vec{a}\cdot\vec{b}+|\vec{b}|^2$.

（2）$(\vec{a}+\vec{b})\cdot(\vec{a}-\vec{b})=\vec{a}\cdot\vec{a}-\vec{a}\cdot\vec{b}+\vec{b}\cdot\vec{a}-\vec{b}\cdot\vec{b}$

$=|\vec{a}|^2-|\vec{b}|^2$.

因此，上述结论是成立的.

B组

1.（1）-24 （2）40 （3）0 （4）$2\sqrt{37}$

2. 分两种情况讨论：

当 $\theta=0$ 时，（1）30；（2）66；（3）-208；（4）1；

当 $\theta=\pi$ 时，（1）-30；（2）6；（3）92；（4）11.

3. $120°$

习题 5.3.2

A组

1. A 2. D 3. C 4. B

5. 25 5

6. -11 或 5

7.（1）4 （2）26 （3）13 （4）$\sqrt{10}$

8. $x=\frac{2}{5}$

9. 提示：$\overrightarrow{AB}=(-8, 6)$，$\overrightarrow{AC}=(3, 4)$，得 $\overrightarrow{AB}\cdot\overrightarrow{AC}=0$.

B组

1.（1）$-\frac{24}{25}$ （2）$90°$

2.（0，4）或（0，-2）

3. 设 $P(x, 7)$，则 $|AP|=\sqrt{(x+1)^2+(7-5)^2}=10$，解得 $x=-1\pm4\sqrt{6}$，所以 $P(-1\pm4\sqrt{6}, 7)$.

复习题

A组

一、填空题

1. 大小 方向 模 $|\vec{a}|$

2. 零向量　$\vec{0}$　任意　相同或相反　共线向量　相等　相同　相等　相反　$-\vec{a}$

3. $\overrightarrow{AC}$　三角形

4. (1) $\vec{a}+\vec{0}=\vec{0}+\vec{a}=\vec{a}$　$\vec{a}+(-\vec{a})=-\vec{a}+\vec{a}=\vec{0}$；

(2) $\vec{a}+\vec{b}=\vec{b}+\vec{a}$　$(\vec{a}+\vec{b})+\vec{c}=\vec{a}+(\vec{b}+\vec{c})$.

5. $\vec{a}+(-\vec{b})$　$\overrightarrow{BA}$

6. $\overrightarrow{AC}$　$\overrightarrow{AC}$　$\overrightarrow{DB}$　$\overrightarrow{CA}$　$\overrightarrow{AC}$　$\overrightarrow{DB}$

7. 向量　$|\lambda||\vec{a}|$　相同　相反　$\vec{0}$　共线

8. $\lambda\mu\vec{a}$　$\lambda\vec{a}+\mu\vec{a}$　$\lambda\vec{a}+\lambda\vec{b}$

9. (2，1)

10. (1) $\overrightarrow{AB}$　(2) $\overrightarrow{BA}$　(3) $\overrightarrow{CB}$　(4) $\vec{0}$

11. (−9，3)　(9，−14)

12. $[0,\pi]$　$|\vec{a}||\vec{b}|\cos\theta$　内积　$\vec{a}\cdot\vec{b}$

13. $\vec{b}\cdot\vec{a}$　$m(\vec{a}\cdot\vec{b})$　$\vec{a}\cdot\vec{b}+\vec{c}\cdot\vec{b}$

14. $x_1x_2+y_1y_2$

15. (x_2-x_1, y_2-y_1)　$\sqrt{(x_2-x_1)^2+(y_2-y_1)^2}$

二、选择题

1. A　2. D　3. B　4. A　5. A　6. C

三、解答题

1. 略.

2. (1) $\vec{0}$　(2) $-5\vec{a}-5\vec{b}$

3. $x=6$，$y=3$

4. (1) 当$x=\pm1$时，$\vec{a}/\!/\vec{b}$.

(2) 当$x=0$时，$\vec{a}\perp\vec{b}$.

5. (1) −3　(2) 18　(3) −85　(4) $\sqrt{19}$

B组

1. B　2. C

3. $2\vec{a}+\frac{3}{4}\vec{b}$

4. (1) $\overrightarrow{AD}$　(2) $\overrightarrow{AC}$　(3) $\overrightarrow{AB}$　(4) $\overrightarrow{BC}$

5. $x=3$　$y=2$

6. $\lambda=\pm1$

7. 提示：由$\overrightarrow{AB}=(3,-4)$，$\overrightarrow{CD}=\left(-1,\frac{4}{3}\right)=-\frac{1}{3}(3,-4)$得$\overrightarrow{AB}/\!/\overrightarrow{CD}$，且$\overrightarrow{AB}\cdot\overrightarrow{DA}=0$，则$\overrightarrow{AB}\perp\overrightarrow{DA}$，即$\angle A=90°$. 而$\overrightarrow{BC}\cdot\overrightarrow{CD}\neq0$，即$BC$与$CD$不垂直，因此四边形

$ABCD$ 是直角梯形.

测试题

一、选择题

1. B 2. B 3. C 4. C 5. D 6. D 7. A 8. D 9. D 10. D

二、填空题

1. 平行　垂直

2. 11　$\sqrt{73}$　$(-11, 9)$

3. $\pm 2\sqrt{3}$

4. $[0, \pi]$ 或 $[0°, 180°]$

5. 2　1

6. $\overrightarrow{FE}$

三、解答题

1. 略

2. 解法一：$\vec{a} /\!/ \vec{b} \Leftrightarrow \vec{b} = \lambda\vec{a} \Leftrightarrow (5, y) = \lambda(4, 3)$，解得 $\lambda = \frac{5}{4}$，$y = \frac{15}{4}$.

解法二：$\vec{a} /\!/ \vec{b} \Leftrightarrow x_1 y_2 - x_2 y_1 = 0 \Leftrightarrow 4y - 3 \times 5 = 0$，$y = \frac{15}{4}$.

3. (1) 6　(2) 22　(3) -131　(4) $\sqrt{13}$

第6章　平面解析几何

Ⅰ. 概　　述

一、教学目标和要求

1. 由一次函数、二元一次方程与直线之间的关系，理解直线方程的概念.

2. 理解直线的倾斜角和斜率的概念，经历用代数方法刻画直线斜率的过程，掌握过两点的直线（不垂直于x轴）的斜率的计算公式.

3. 在平面直角坐标系中，结合具体图形，探索确定直线位置的几何要素. 并在此基础上，探索并掌握直线方程的几种形式（点向式、点斜式、斜截式、截距式及一般式），体会斜截式与一次函数的关系.

4. 能根据直线的斜率判定两条直线的平行或垂直.

5. 理解两条直线的位置关系与二元一次方程组的解之间的对应关系，会求两条相交直线的交点坐标.

6. 探索并掌握点到直线的距离公式，会求两条平行直线间的距离，初步体会用代数方法研究几何图形的数学思想.

7. 了解曲线与方程的对应关系. 在平面直角坐标系中，以简单的几何轨迹问题为例，了解求曲线方程的基本思路与方法.

8. 回顾确定圆的几何要素，在平面直角坐标系中，探索并掌握圆的标准方程与一般方程，会写出圆的参数方程.

9. 能根据给定的直线与圆，判断直线与圆的位置关系. 初步形成用代数方法解决几何问题的能力.

10. 能用直线和圆的方程解决一些简单的问题.

11. 经历从具体情境中抽象出椭圆、双曲线、抛物线模型的过程，理解它们的定义，并会根据定义，在平面直角坐标系中建立它们的标准方程.

12. 会利用椭圆、双曲线、抛物线的标准方程讨论它们的几何性质，并会画出它们的草图.

13. 通过椭圆、双曲线、抛物线的定义及方程的学习，进一步体会数形结合的思想.

14. 了解椭圆、双曲线、抛物线在刻画现实世界和解决实际问题中的作用.

二、内容安排说明

本章知识结构图：

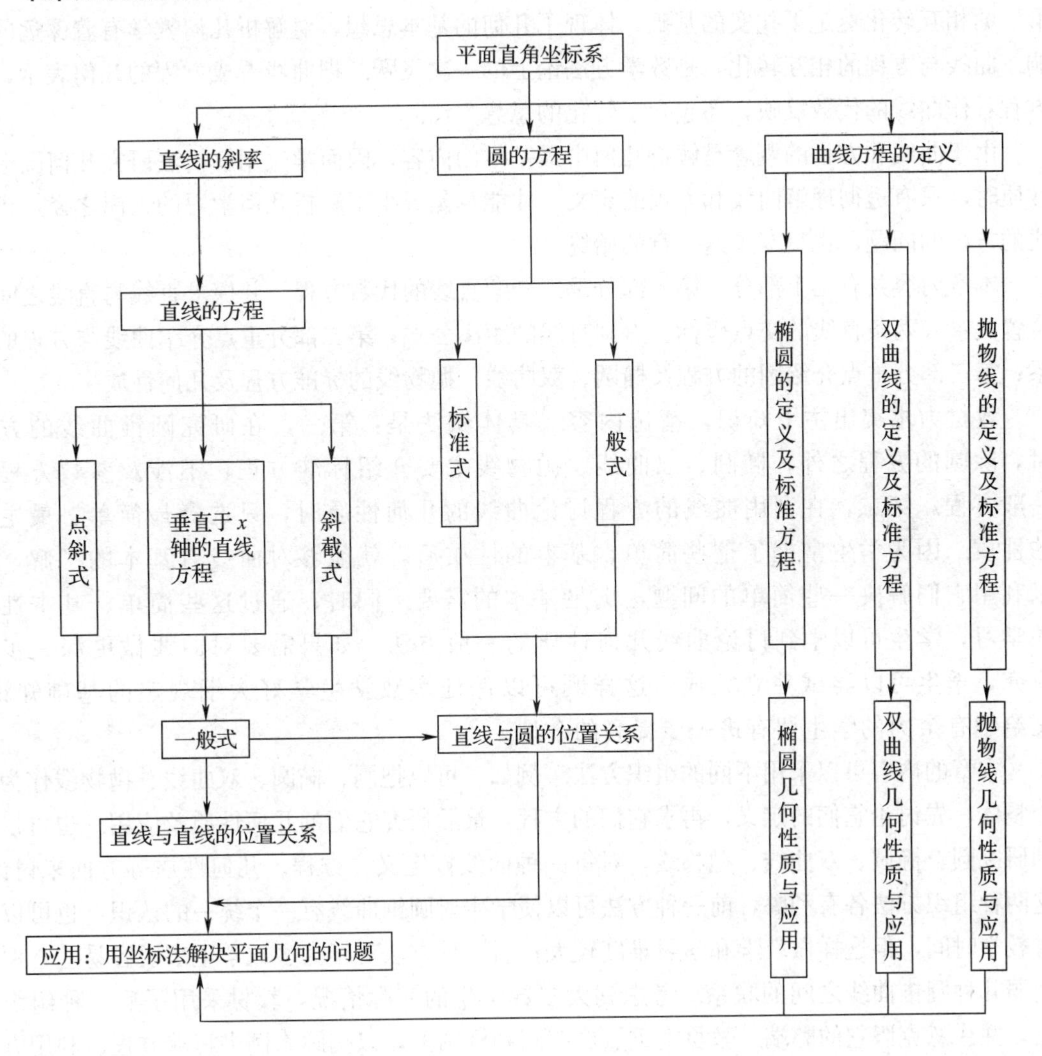

解析几何是17世纪数学发展的重大成果之一，其本质是用代数方法研究图形的几何性质，体现了数形结合的重要思想.

研究解析几何问题的主要方法是坐标法，也是解析几何中最基本的研究方法. 坐标法的基本特点是：先用代数语言（坐标、方程等）描述几何元素及其关系，将几何问题代数化；再解决代数问题，得到结果；分析代数结果的几何含义，最终解决几何问题.

在本章中，首先在平面直角坐标系中建立直线的方程，运用代数方法研究它们的几何性质及相互位置关系，学生在数学活动过程中，初步体会用代数方法解决几何问题的基本思想. 然后介绍曲线的方程和方程的曲线的概念，并讨论求曲线的方程的问题，由此总结出已知平面曲线求曲线方程的步骤. 在此基础上，利用定义分别得到圆的方程、椭圆、双曲线及抛物线的标准方程，并对它们的几何性质进行讨论.

曲线属于“形”的范畴，方程则属于“数”的范畴，它们通过坐标系联系在一起. “曲线和方程”揭示了几何中的“形”与代数中的“数”的统一，为“依形判数”和“就数论形”的相互转化奠定了扎实的基础，体现了几何的基本思想，对解析几何教学有着深远的影响. 曲线与方程的相互转化，是数学方法论上的一次飞跃. 把曲线看成方程的几何表示，把方程看作曲线的代数反映，还包含了转化的思想方法.

由于曲线和方程的概念是解析几何中最基本的内容，因而学生用解析法研究几何图形的性质时，只有透彻理解曲线和方程的意义，才能算是寻得了解析几何学习的入门之径. 求曲线的方程的问题，也贯穿了这一章的始终.

本章内容共有三个部分：第一部分重点介绍直线的代数方程，并探求直线与直线之间的位置关系、两条直线的交点坐标、点到直线的距离公式；第二部分重点介绍曲线与方程的关系；第三部分重点介绍圆的方程及椭圆、双曲线、抛物线的标准方程及几何性质.

教材力求突出主干知识，精选内容. 具体做法是：第一，在研究圆锥曲线的方程时，除圆的方程之外，椭圆、双曲线、抛物线主要介绍标准方程，不涉及参数方程及一般方程. 第二，在利用曲线的方程讨论曲线的几何性质时，只选择最简单、最主要的性质. 因为学生掌握了这些简单、基本的性质后，就能够对曲线有基本的了解，可以利用它们解决一些简单的问题，满足基本的需要. 同时，通过这些简单、基本性质的学习，学生可以学到讨论曲线几何性质的一般方法. 如果需要对曲线做更深一步的研究，学生可以尝试独立完成. 这样既可以保证多数学生学好大纲规定的基础知识，又给学有余力的学生留有进一步提高的余地.

本章的内容可以采用不同的组织方法. 例如：可以把圆、椭圆、双曲线、抛物线作为一个整体，先讨论它们的定义，再求它们的方程，最后研究它们的几何性质及应用. 也可以分别研究圆、椭圆、双曲线、抛物线，对每一种曲线按定义、方程、几何性质等方面来讨论. 这两种组织方法各有利弊，前一种方法可以使学生对圆锥曲线有一个统一的认识，也可以节省教学时间，但这样做教学和学习难度较大；后一种方法对于大多数学生来说容易些，但会削弱几种圆锥曲线之间的联系. 考虑到大多数学生的实际情况，教材采用了后一种组织方法，并注意克服它的弊端. 教材把重点放在圆和椭圆上，以椭圆为例讲解求方程、利用方程讨论几何性质的一般方法，在双曲线、抛物线的教学中应用和巩固. 在教学椭圆、双曲线、抛物线的定义、方程、几何性质时，应注意通过对比找出它们的共同点和不同点，可在小结与复习中把他们统一起来总结，主次有序，有分有合.

教材自始至终贯穿数形结合的思想，在图形的研究过程中，注重代数方法的使用，在代数方法的使用过程中，加强与图形的联系.

本章教学重点：

1. 直线的方程.
2. 平面内直线与直线的关系.
3. 圆的方程、直线与圆的位置关系.

4. 椭圆、双曲线、抛物线的定义及标准方程.

5. 椭圆、双曲线、抛物线的几何性质及简单应用.

本章教学难点：

1. 直线的方程.
2. 直线与直线位置关系的判断.
3. 直线与圆位置关系的判断.
4. 对曲线和方程的概念的理解.
5. 由椭圆、双曲线、抛物线的定义推导其标准方程.
6. 应用圆锥曲线的定义及性质解决一些简单的实际问题.

三、课时分配与建议

章节	基本课时	拓展课时
6.1 直线的倾斜角和斜率	2	
6.2 直线的方程	2	
6.3 两条直线的位置关系	2	2
6.4 曲线和方程	2	
6.5 圆	4	
6.6 椭圆	4	
6.7 双曲线	4	
6.8 抛物线	2	
6.9 综合例题分析	4	

Ⅱ. 教材分析与教学建议

6.1 直线的倾斜角和斜率

学习目标

1. 理解直线的倾斜角和斜率的概念.
2. 理解直线的方向向量.
3. 会根据已知条件，求出直线（不垂直于 y 轴）的斜率.

教学重点与难点

重点：

1. 直线的倾斜角和斜率的概念.

2. 过两点的直线（不垂直于 x 轴）斜率的计算公式.

难点：

倾斜角与斜率的关系.

教学方法提示

在直线倾斜角和斜率的教学过程中，要引导学生注重求倾斜角与斜率的相互联系，以及它们与三角函数知识的联系，在对倾斜角及斜率这两个概念进行辨析时，应以倾斜角与斜率的相互变化作为突破口.

教学中，教师应充分利用信息技术，运用多媒体演示，使学生通过数形结合的方法，理解直线的倾斜角与斜率的概念及它们的关系，学会斜率的计算．通过例题讲解与巩固练习，使学生达到掌握知识的目的.

教学参考流程

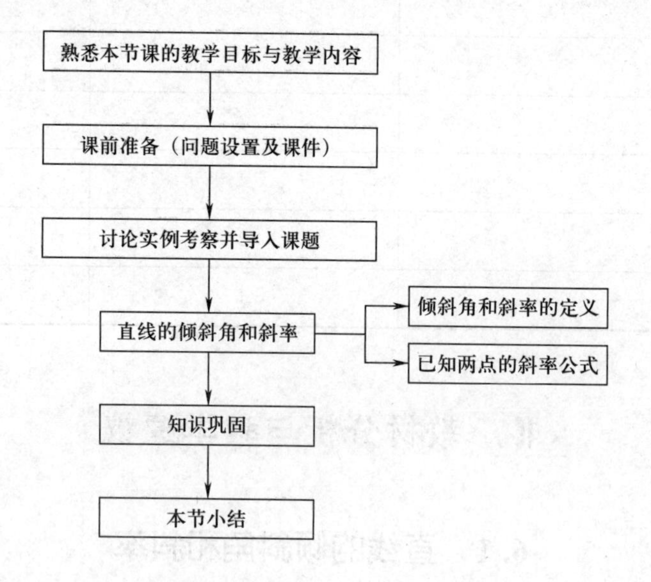

课程导入

在研究平面几何问题的过程中，常常直接依据几何图形的点、线关系，通过推理论证，研究几何图形的一些性质．本节开始，将采用另外一种研究方法：坐标法．坐标法就是把几何图形放置在确定的平面直角坐标系中，通过坐标、方程来表示点和线（直线或曲线），把几何问题转化为代数问题，运用代数运算来研究几何图形性质的方法．本节将讨论平面内直线的倾斜角与斜率的概念与计算.

- “实例考察”的设置目的：

（1）引导学生回顾确定直线的几何要素（两个不重合的点）；

（2）引导学生发现确定直线的新方法，激发学生的学习兴趣.

- “实例考察”的教学注意点：

（1）让学生了解两个不重合的点不是确定直线的唯一方法；

（2）让学生了解倾斜程度也是可以用来表示直线特征的一个量.

知识讲授

倾斜角与斜率是研究直线的倾斜程度时产生的概念，在引入倾斜角之前，教材“实例考察”中提出了“平面内直线 l 的位置由哪些因素确定?”学生容易观察到确定直线位置的几何要素可以是一个点与直线的方向，也可以是两个点，因为两个点可以确定直线的方向，这与“一个点和直线的方向确定一条直线”是相一致的.

由“实例考察”可知，通过一点 P 可以作无数条直线，这些直线的共同点是都经过点 P，不同点是它们的倾斜程度不同. 想要确定这些直线中某一条直线还需给出一个角，由此说明引入倾斜角的必要性.

在直角坐标系中讨论角，常常以 x 轴为基准，当直线 l 与 x 轴相交时，x 轴绕着交点按逆时针方向旋转到与直线重合时所形成的最小正角 α，称为直线 l 的倾斜角. 也可以用“x 轴正方向与直线 l 向上方向之间所形成的角 α 表示倾斜角”.

当直线 l 与 x 轴平行或重合时，规定它的倾斜角为 $0°$.

引导学生通过讨论倾斜角的范围，刻画直角坐标系中直线的倾斜程度，使学生自然地感受直线的倾斜角 α 的范围是 $0°\leqslant\alpha<180°$. 这样可以让学生感受数学是自然的，并不是强加的.

这样讨论的另一个作用是使学生感受平面直角坐标系中每一条直线都有确定的倾斜角 α，而且倾斜程度不同的直线有不同的倾斜角，倾斜程度相同的直线有相同的倾斜角.

倾斜程度相同的直线是一组平行线，只知道直线的倾斜角不能确定一条直线，还需要一个点，即直线上的一点和直线的倾斜角唯一确定一条直线. 因此确定一条直线的几何要素是：直线上的一个定点以及它的倾斜角.

教材把一条直线的倾斜角的正切值称为直线的斜率，用 k 表示. 给出斜率概念后，引导学生思考“倾斜角是 $90°$ 的直线有斜率吗?”在 $k=\tan\alpha$ 中，增加限制条件 $\alpha\neq90°$，从而得到直线斜率的完整概念.

教材左侧“想一想”：倾斜角是 $90°$ 的直线斜率不存在，因为 $\alpha=90°$ 时，$\tan\alpha$ 无意义.

由前面讨论可得，倾斜角是 $90°$ 的直线斜率不存在，而且，倾斜角相同的直线，其斜率相同；倾斜角不同的直线，其斜率不同. 因此，可以用斜率刻画直线的倾斜程度.

直线的倾斜角与斜率都是用来刻画直线的倾斜程度的，它们的本质是相同的.

为了深入研究直线的倾斜角与斜率的关系，教师可以提问：斜率为正和负时，直线分别处于怎样的位置？让学生思考、讨论.

通过信息技术工具演示或者让学生自己操作，获得直线的倾斜角 α 与斜率 k 的关系. 如图 6-1 所示，在单位圆上拖动点 P，改变直线的倾斜角 α，可以清楚地看到：

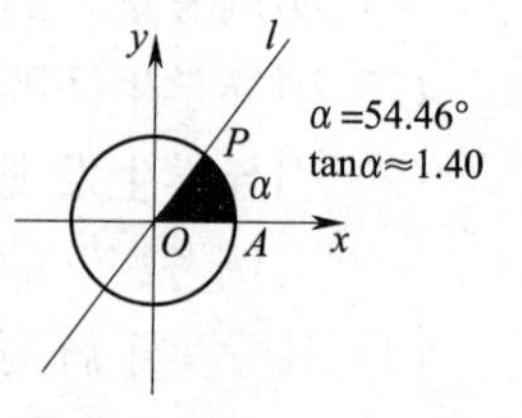

图 6-1

当 $0°<\alpha<90°$，即 α 是锐角时，直线的斜率是正数；

当 $90°<\alpha<180°$，即 α 是钝角时，直线的斜率是负数.

在缺乏信息技术工具演示的情况下，也可以借助科学计算器，让学生计算一些倾斜角的正切值，观察计算结果，得到结论.

教材左侧“想一想”：日常生活中的坡度与这里的倾斜程度是相同的概念，所以坡度越大，斜率越大.

教材通过具体的实例推导出经过两点的直线斜率公式. 因为两点确定一条直线，所以给定两点 $P_1(x_1, y_1)$，$P_2(x_2, y_2)$，当 $x_1 \neq x_2$ 时，我们可以求直线 P_1P_2 的斜率

$$k=\frac{y_2-y_1}{x_2-x_1}.$$

斜率公式 $k=\frac{y_2-y_1}{x_2-x_1}$，也可以写成 $k=\frac{y_1-y_2}{x_1-x_2}$. 当 $y_1=y_2$ 时，公式仍然成立且等于零；当 $x_1=x_2$ 时，公式不成立，直线的斜率不存在.

平面向量是典型的数形结合内容，教材介绍了直线的方向向量的概念及由直线的方向向量求斜率的公式. 实际上，若向量 $\overrightarrow{AB}=(v_1, v_2)$ 与直线 l 平行，已知直线 l 上的两点坐标 $P_1(x_1, y_1)$，$P_2(x_2, y_2)$，由平面向量知识可得

$$\overrightarrow{P_1P_2}=(x_2-x_1, y_2-y_1), \overrightarrow{AB}/\!/\overrightarrow{P_1P_2},$$

所以 $k=\frac{y_2-y_1}{x_2-x_1}=\frac{v_2}{v_1}(x_2 \neq x_1, v_1 \neq 0)$.

例题提示与补充

例 1 编写目的是引导学生推导经过两点的直线斜率公式，两个小题分别考虑了倾斜角在 $0°<\alpha<90°$ 和 $90°<\alpha<180°$ 的两种情形.

教材例题左侧“想一想”：(1) 因为 y_2-y_1 及 x_2-x_1 都大于零，所以 y_2-y_1 及 x_2-x_1 不加绝对值；(2) 因为 y_1-y_2 及 x_2-x_1 都大于零，所以 y_1-y_2 及 x_2-x_1 不加绝对值.

例 2 编写目的是让学生熟悉直线的斜率计算公式，并注意它的使用条件是 $x_1 \neq x_2$，同时学会由斜率求直线的倾斜角. 第 (1) 题属于一般情形，只要将对应点的坐标代入公式即可；第 (2) 题属于直线与 x 轴平行的情形，当 $y_1=y_2$ 时，公式仍然适用，此时 $k=0$；第 (3) 题属于直线与 x 轴垂直的情形，斜率不存在，倾斜角 $\alpha=90°$.

例 3 编写目的是让学生熟悉斜率公式的同时，能根据正切函数的特点明确倾斜角的取值范围.

例 4 编写目的是让学生熟悉由直线的一个方向向量求斜率的公式.

补充例题 根据直线的倾斜角写出直线的斜率：

（1）30°；（2）45°；（3）150°.

本题编写目的是让学生学会根据倾斜角求斜率.

解　（1）$k=\tan 30°=\frac{\sqrt{3}}{3}$.

（2）$k=\tan 45°=1$.

（3）$k=\tan 150°=-\frac{\sqrt{3}}{3}$.

6.2　直线的方程

学习目标

1. 掌握直线的点向式、点斜式、斜截式、截距式及一般式方程.
2. 了解几种直线方程之间的关系，会对几种方程之间相互转换.

教学重点与难点

重点：

1. 直线方程的概念.
2. 直线方程的五种形式.
3. 五种形式的方程之间的相互转换.

难点：

1. 直线方程的概念.
2. 直线方程几种形式之间的相互转换.

教学方法提示

教材通过讨论一次函数的图像与其函数解析式的关系，引入直线方程的概念，利用学过的向量知识、斜率计算方法导出直线的点向式、点斜式方程，延伸得到斜截式、截距式和一般式方程．对于直线方程的形式，选用何种形式、用何种方法来表示直线是学生掌握的难点，教学中应给予足够的重视．可以利用例题分析讨论几种直线方程之间的关系，并通过练习使学生达到掌握选择恰当的形式求解直线方程的方法.

教学参考流程

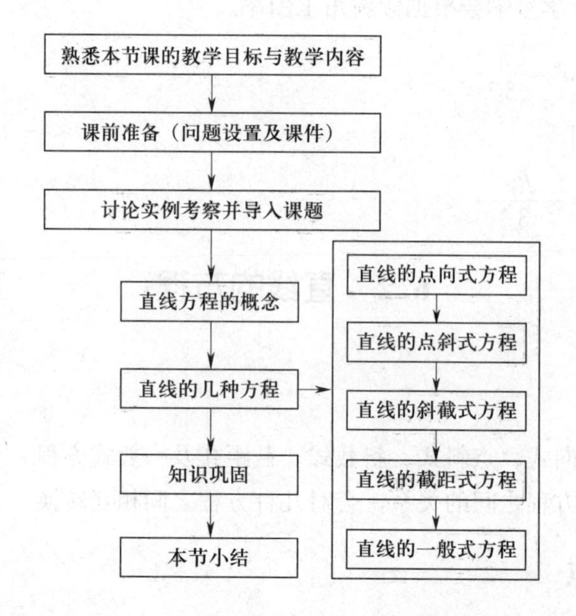

课程导入

前面学习了平面直线的倾斜角和斜率的概念，以及求直线斜率的方法，本节教学中，将探究用代数的方法表示平面内直线.

• “实例考察”的设置目的：

(1) 通过一次函数的解析式与图像之间的关系了解直线与代数方程之间的关系；

(2) 引导学生理解直线方程的概念，用二元一次方程表示直线.

• “实例考察”的教学注意点：

(1) 让学生了解任意一个函数均有对应的图像，但并不是任意一条直线都对应的函数解析式；

(2) 让学生了解函数解析式与二元一次方程是等价的；

(3) 直线的方程的概念包含两层含义：一是每个以二元一次方程的解为坐标的点都是某条直线上的点，二是这条直线上所有点的坐标都是这个方程的解.

知识讲授

为了介绍直线方程的概念，教材应用了学生非常熟悉的一次函数及其图像导入. 一次函数 $y=kx+b$ 的图像是一条直线，而 $y=kx+b$ 也可以看作是一个二元一次方程，所以图像上任意一点都是方程的解；而以方程 $y=kx+b$ 的解为坐标的点(x, y)都一定在直线上，这时，将 $y=kx+b$ 称为直线的方程.

教师在讲解直线的方程的概念时，应讲清作为直线的方程必须满足两个条件：

(1) 直线 l 上任意一点坐标(x, y)都是二元一次方程的解；

(2) 以二元一次方程的解为坐标的点(x, y)都在直线 l 上.

那么这个二元一次方程就称为直线 l 的方程.

1. 直线的点向式方程

教材讲解直线方程时，点向式、点斜式、斜截式、截距式直线方程都是在斜率存在的情况下求其方程的，斜率不存在时需另外给出.

已知一个点与直线的方向能确定一条直线，由一个已知点和一个方向向量求出的直线方程称为点向式方程.

在已知两点的情况下，可以先确定直线的一个方向向量，然后再利用其中一个点，直接代入点向式方程即求出的直线方程，此时的直线方程又称为两点式方程. 教学中，不要求学生记忆公式，掌握思路即可.

例题提示与补充

例 1 编写目的是引导学生学会利用点向式方程求出直线方程. 在求直线方程时，要求学生将直线方程化为二元一次方程的形式. 后面在不特别注明的情况下，通常都将直线方程化为二元一次方程，这是直线的一般式方程.

例 2 编写目的是让学生学会在已知直线上两点坐标的情况下求直线的点向式方程. 本题也可直接将两点坐标代入两点式方程即可求得直线方程，解法如下：

另解 将两点坐标代入两点式方程得

$$\frac{y-2}{4-2}=\frac{x-(-1)}{2-(-1)},$$

化简整理得所求直线方程为

$$2x-3y+8=0.$$

2. 直线的点斜式方程

由前面讨论可知，已知直线上一点与直线的斜率可以确定一条直线. 当直线 l 经过点 $P_0(x_0, y_0)$ 且斜率为 k 时，得到的直线方程称为点斜式方程，可用如下方法求得：

设点 $P(x, y)$是直线 l 上任意一点，根据斜率公式，不难得到，当 $x\neq x_0$ 时，

$$k=\frac{y-y_0}{x-x_0},$$

$$y-y_0=k(x-x_0).$$

当 $x=x_0$ 时，斜率不存在，此时直线垂直于 x 轴，直线方程为 $x=x_0$.

由此即得教材左侧“想一想”：过点 P_0 (x_0, y_0) 垂直于 x 轴的直线方程为 $x=x_0$. 当斜率 $k=0$ 时，直线平行于 x 轴，直线方程为 $y=y_0$.

例题提示与补充

例 编写目的是让学生熟悉直线的点斜式方程，并注意掌握直线方程的使用条件，5 个题包含了直线的所有的不同情形. 第 (1) 题直接代入点斜式公式即可，若要画直线图像，只要在直线上再任取一点，如 (0, −4)，然后连接两点即可 (图 6-2)；第 (2) 题注意原

点坐标为（0，0）；第（3）题是直线斜率为 0 的情形；第（4）题是直线斜率不存在的情形；第（5）题已知两点，先求斜率，再用其中任意一点作为已知点代入公式即可.

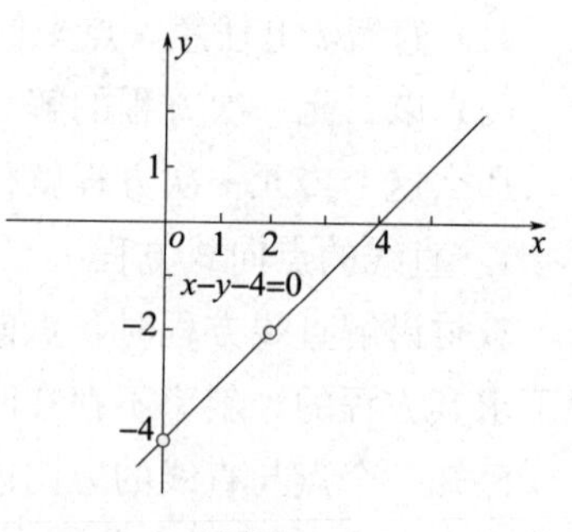

图 6-2

3. 直线的斜截式方程与截距式方程

直线的斜截式方程的教学可以从两个方面入手.

一方面，提出问题：如何求经过点 $B(0, b)$，斜率为 k 的直线 l 的方程. 根据直线的点斜式方程求法，容易得到 $y=kx+b$.

另一方面，学生已经学过一次函数，可以让学生回忆一次函数的定义及其图像，函数 $y=kx+b$（其中 $k\neq0$）称为一次函数，它的图像是一条直线，b 是直线与 y 轴交点的纵坐标，称为直线在 y 轴上的截距，k 是直线的斜率.

通过上述分析，让学生体会直线与一次函数的关系.

点 $B(0, b)$在 y 轴上，b 也叫纵截距，可大于 0，也可小于等于 0. 当 b 等于 0 时，直线过原点.

当直线经过点 $A(a, 0)$时，a 也叫直线的横截距.

当直线经过 $A(a, 0)$，$B(0, b)$两点时，可以推导直线方程为

$$\frac{x}{a}+\frac{y}{b}=1,$$

这个方程称为直线的截距式方程.

例题提示与补充

例 1　编写目的是让学生熟悉直线的斜截式方程的求法，三个题给出了三个不同的已知条件. 第（1）题直接给出了斜率和直线与 y 轴的交点，代入公式即可；第（2）题给出的是倾斜角和纵截距，先由公式 $k=\tan\alpha$ 求出斜率，再代入斜截式公式即可；第（3）题给出了横截距与纵截距，可以先求出斜率，再代入斜截式公式，也可以直接用截距式求出.

另解（3）由已知可得横截距为 3，纵截距为 -2，代入截距式方程得

$$\frac{x}{3}+\frac{y}{-2}=1,$$

去分母整理得直线方程为

$$2x-3y-6=0.$$

例 2　编写的目的是让学生熟悉直线截距式方程的推导过程.

4. 直线的一般式方程

分析直线的点斜式方程、斜截式方程的共同点，发现它们都是关于 x，y 的二元一次方程. 反过来，每一个关于 x，y 的二元一次方程是不是都表示直线呢？教学中可以引导学生思考两个问题：

（1）平面上每一条直线都可以用一个关于 x，y 的二元一次方程表示吗？

（2）每一个关于 x，y 的二元一次方程都表示直线吗？

问题（1）引导学生观察直线的点斜式方程、斜截式方程的共同点，加以归纳，而问题（2）正是本部分所要讨论的主要问题.

如何说明一个二元一次方程表示一条直线呢？只要说明它能够化为已经学过的几种形式的方程中的一种就可以了.

对于任意一个二元一次方程

$$Ax+By+C=0 \quad (A,B\text{ 不同时为 }0),$$

先考虑 $B\neq 0$ 的情形，因为这样就可以化为大家熟悉的斜截式方程.

当 $B\neq 0$ 时，方程 $Ax+By+C=0$ 变形为

$$y=-\frac{A}{B}x-\frac{C}{B}.$$

它表示经过点 $\left(0,-\frac{C}{B}\right)$，斜率为 $-\frac{A}{B}$ 的直线，也可以说是直线的斜截式方程，它表示一条直线. 其中当 $A=0$ 时，直线方程为 $y=-\frac{C}{B}$，它表示平行于 x 轴的一条直线.

当 $B=0$ 时，由于 A，B 不同时为 0，所以 $A\neq 0$，$Ax+By+C=0$ 变形为 $x=-\frac{C}{A}$，它表示垂直于 x 轴的一条直线.

因为关于 x，y 的二元一次方程只有以上两种情形，不论哪种情形，它都表示一条直线. 因此，任何一个二元一次方程都可以表示平面上的一条直线，称方程 $Ax+By+C=0$ 为直线的一般式. 与前面学习的其他形式直线方程的一个不同点是，直线的一般式方程能表示平面上所有直线，而点斜式、斜截式都不能表示与 x 轴垂直的直线.

教材左侧“试一试”：x 轴所在直线方程为 $y=0$，y 轴所在的直线方程为 $x=0$.

例题提示与补充

例 1 编写目的是让学生熟悉直线方程的点斜式、斜截式和一般式的三种形式，并能将它们相互转换.

例 2 编写目的是让学生掌握直线方程的一般式化成斜截式后，求出直线的斜率（斜率存在时）和纵截距的方法，同时让学生熟悉求直线横截距的方法.

求直线的横截距与纵截距，也可用如下方法：

令 $y=0$，解得 x 为横截距；令 $x=0$，解得 y 为纵截距.

6.3 两条直线的位置关系

学习目标

1. 掌握两条直线的位置关系.
2. 掌握两条直线平行、垂直的判定条件.
3. 会求两条相交直线的交点坐标.
4. 理解点到直线的距离的概念，会求点到直线的距离.

教学重点与难点

重点：

1. 两条直线平行或垂直的判定条件.
2. 点到直线的距离公式.

难点：

1. 两直线平行、垂直关系的应用.
2. 点到直线的距离公式的应用.

教学方法提示

教材通过两条平行直线的几何特征及两条平行直线方程的数字特征找到平行的判定方法，运用类比的方法探究垂直的判定方法. 进一步探讨两条直线相交的一般情形，并学会求交点，最后学习点到直线的距离及其应用，通过大量的例题和巩固练习使学生达到掌握知识的目的.

教学参考流程

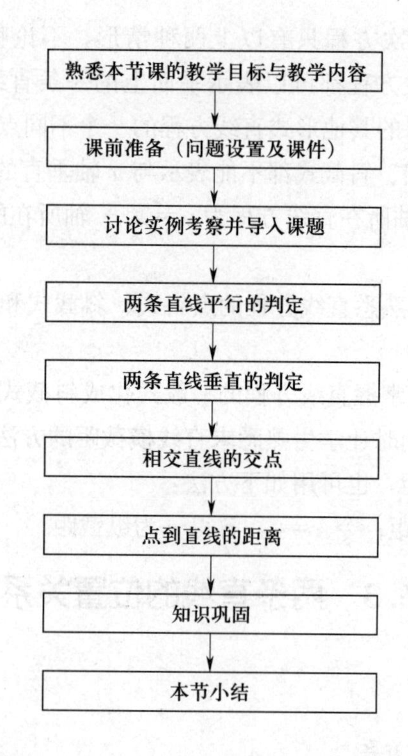

课程导入

初中的平面几何中，学生学过同一平面内两条直线的位置关系有相交、平行与重合，并用几何的方法进行判定与讨论. 那么，是否能用代数方法进行判定呢？本节中将学习如何用直线的代数方程来判定直线的位置关系，并求出相交直线的交点和点到直线的距离.

• “实例考察”的设置目的：

(1) 引导学生通过分析直线的倾斜角了解直线方程与图像之间的位置关系；

(2) 引导学生由具体实例推出一般规律，激发学生的兴趣.

• “实例考察”的教学注意点：

(1) 让学生学会快速作出直线图像；

(2) 让学生主动寻找直线的斜率、倾斜角与直线位置关系的规律.

知识讲授

1. 两条直线平行的判定

在学习了直线方程后，就能方便地把直线平行的几何关系转化为代数关系. 对于两条直线平行，可以通过斜率相等（斜率存在时）来判定，充分体现了用代数方法研究几何问题的思想.

根据平面几何知识可知，两条直线被第三条直线所截，同位角相等，两直线平行，从而判定 l_1 与 l_2 平行. 由 $k_1=k_2$，可得直线 l_1 与 l_2 的倾斜角相等，这样就把代数关系转化为几何关系. 需要注意结论

$$l_1 /\!/ l_2 \Leftrightarrow k_1=k_2$$

的前提条件是“设两条直线 l_1 与 l_2 的斜率分别为 k_1，k_2”，即在两条直线的斜率都存在的条件下研究问题. 此时，可以通过提问“两条直线平行，它们的斜率相等吗?”提醒学生不能忽视前提条件.

当两条直线的斜率不存在时，由于它们的倾斜角为 $90°$，两条直线同时垂直于 x 轴，所以也平行.

例题提示与补充

例 1 编写目的是让学生熟悉两条直线平行的判断方法，并复习已知两点坐标求斜率的公式.

因为一组对边平行且相等的四边形是平行四边形，所以，本题也可以分别求出四边形对边 AB，CD 的斜率和长度进行判断.

另解 由斜率公式可得，AB，CD 所在直线的斜率分别为

$$k_{AB}=\frac{-2-2}{0-(-1)}=-4,$$

$$k_{CD}=\frac{5-1}{2-3}=-4,$$

所以 $k_{AB}=k_{CD}$，得 $AB /\!/ CD$.

由两点之间的距离公式可得

$$|AB|=\sqrt{[0-(-1)]^2+(-2-2)^2}=\sqrt{17},$$

$$|CD|=\sqrt{(5-1)^2+(2-3)^2}=\sqrt{17},$$

所以 $AB \mathrel{\underline{\parallel}} CD$.

所以，四边形 $ABCD$ 是平行四边形.

例 2 编写目的是让学生熟悉两条直线平行的性质及其应用.

例题要求学生学会将直线的一般式方程化为斜截式，求出直线的斜率. 讲完例题后，可做适当延伸，引导学生观察，两条平行直线的一般式方程的特点，并得到以下结论.

已知直线 l_1：$A_1x+B_1y+C_1=0$，直线 l_2：$A_2x+B_2y+C_2=0$，则有

$$l_1 \parallel l_2 \Leftrightarrow \frac{A_1}{A_2}=\frac{B_1}{B_2}\neq\frac{C_1}{C_2}.$$

因此，与直线 l：$Ax+By+C_1=0$ 平行的直线方程通常设为

$$Ax+By+C_2=0\ (C_1\neq C_2).$$

教材左侧“试一试”的设置目的是让学生熟悉不同的解题方法.

另解 由已知可设直线方程为 $3x-2y+C=0$.

因为直线经过点 $(2,\ -3)$，将点的坐标代入方程，得

$$6+6+C=0,\ C=-12.$$

因此，所求直线的方程为 $3x-2y-12=0$.

多媒体应用提示

利用适当的软件或多媒体展示两条直线平行时它们斜率之间的关系.

2. 两条直线垂直的判定

可以借助于信息技术工具（如几何画板），如图 6-3 所示，让学生度量、计算 l_1 与 l_2 的斜率，并使直线 l_1（或者 l_2）转动起来，但仍保持 l_1 与 l_2 垂直，观察它们斜率之间的关系，得到猜想，然后进行验证，最后加以证明.

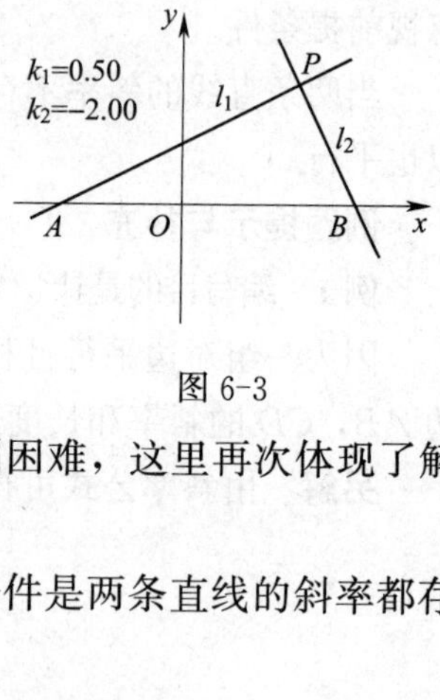

教材利用“三角形任意一个外角等于与其不相邻的两个内角之和”得到 $\alpha_2=90^\circ+\alpha_1$，并导出结论“$l_1 \perp l_2$ 时，$k_1 \cdot k_2=-1$.”

教材左侧“想一想”：由于 $180^\circ-\alpha_2+\alpha_1=90^\circ$，所以 $180^\circ-\alpha_2$ 与 α_1 互余，即

$$\tan\alpha_1=\frac{1}{\tan(180^\circ-\alpha_2)}=-\frac{1}{\tan\alpha_2}.$$

图 6-3

当 $k_1 \cdot k_2=-1$ 时，探究 l_1 与 l_2 的位置关系，学生不会感到困难，这里再次体现了解析几何的思想方法——通过代数关系获得几何结论.

同样需要注意的是，结论 $l_1 \perp l_2 \Leftrightarrow k_1 \cdot k_2=-1$ 成立的前提条件是两条直线的斜率都存在，并且都不等于零.

当两直线中有一个斜率为 0，另一个斜率不存在时，它们也是垂直的.

例题提示与补充

例 1 编写目的是让学生进一步掌握由两点求直线斜率的公式，并熟悉两条直线垂直的条件，能将几何问题用代数的方法解决.

例 2 编写目的是让学生熟悉两条直线垂直的应用.

讲完例题后，可适当进一步讨论两条垂直直线的方程之间的关系.

已知直线 l_1：$A_1x+B_1y+C_1=0$，直线 l_2：$A_2x+B_2y+C_2=0$，则有

$$l_1\perp l_2\Leftrightarrow A_1A_2+B_1B_2=0.$$

因此，与直线 l：$Ax+By+C_1=0$ 垂直的直线可设为

$$Bx-Ay+C_2=0.$$

教材左侧“试一试”的设置目的是要让学生熟悉不同的解题方法.

另解 由已知可设直线方程为 $2x+3y+C=0$.

因为直线经过点（2，−3），将点的坐标代入方程，得

$$4-9+C=0，C=5.$$

因此，所求直线的方程为 $2x+3y+5=0$.

多媒体应用提示

利用数学软件或多媒体展示两条直线垂直与斜率乘积之间的关系.

3. 相交直线的交点

两条直线交点位置的确定体现了坐标法的思想，两条直线的交点坐标就是由这两条直线方程组成的二元一次方程组的解. 因此，确定两条直线交点的位置就是求出方程组的解. 如果这个方程组只有一个解，说明两条直线只有一个交点，如果方程组没有解，说明两条直线没有交点，即这两条直线平行. 如果方程组有无数个解，即两个方程可化为同一个方程，则这两条直线重合.

例题提示与补充

例 1 编写目的是让学生理解并掌握两直线是否相交的判断方法，并能正确求出交点坐标.

例 2 编写的目的是让学生学会利用两直线相交知识解决有关实际问题.

补充例题 1 求下列各对直线的交点：

（1）l_1：$2x+3y=12$，l_2：$x-2y=4$；

（2）l_1：$x=2$，l_2：$3x+2y-12=0$.

本题编写目的是让学生熟悉并体会两直线交点坐标的求解方法.

解 （1）解方程组$\begin{cases}2x+3y=12,\\x-2y=4,\end{cases}$得$\begin{cases}x=\dfrac{36}{7},\\y=\dfrac{4}{7},\end{cases}$所以交点坐标为$\left(\dfrac{36}{7}，\dfrac{4}{7}\right)$.

（2）解方程组$\begin{cases}x=2,\\3x+2y-12=0,\end{cases}$得$\begin{cases}x=2,\\y=3,\end{cases}$交点坐标为（2，3）.

补充例题 2 当 k 为何值时，直线 $y-kr+3$ 过直线 $2x-y+1=0$ 与 $y=r+5$ 的交点？

本题编写目的是提高学生综合运用知识的能力.

解 解方程组$\begin{cases}2x-y+1=0,\\y=x+5,\end{cases}$得交点坐标为（4，9）.

将 $x=4$，$y=9$ 代入 $y=kx+3$ 得 $9=4k+3$，解得 $k=\dfrac{3}{2}$.

4. 点到直线的距离

这部分仍是直线方程的应用. 教材没有给出点到直线距离公式的推导，对于部分学有余力的学生，教师可以给出推导过程.

如图 6-4 所示，过点 $P_0(x_0, y_0)$ 作直线 l 的垂线，垂足为 Q.

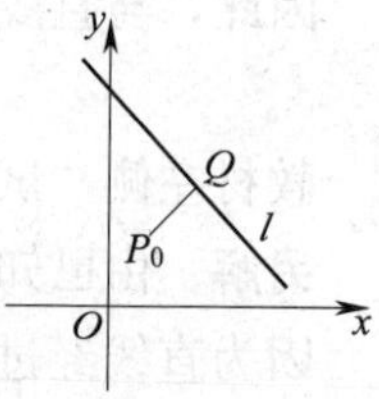

（1）若直线 l 平行于 x 轴，即 $A=0$. 直线 l 的方程 $Ax+By+C=0$ 变形为

$$y=-\frac{C}{B}\ (B\neq 0),$$

点 P_0 到直线 l 的距离

$$d=\left|y_0+\frac{C}{B}\right|.$$

图 6-4

（2）若直线 l 平行于 y 轴，即 $B=0$. 直线 l 的方程 $Ax+By+C=0$ 变形为

$$x=-\frac{C}{A}\ (A\neq 0),$$

点 P_0 到直线 l 的距离

$$d=\left|x_0+\frac{C}{A}\right|.$$

（3）若直线 l 既不垂直于 x 轴，又不平行于 x 轴，由直线 l 的方程 $Ax+By+C=0$ 可得，它的斜率是 $-\frac{A}{B}$.

直线 P_0Q 的方程为 $y-y_0=\frac{B}{A}(x-x_0)$，即

$$Bx-Ay=Bx_0-Ay_0.$$

与直线 l 的方程 $Ax+By+C=0$ 联立方程组，解得

$$\begin{cases} x=\dfrac{B^2x_0-ABy_0-AC}{A^2+B^2}, \\ y=\dfrac{A^2y_0-ABx_0-BC}{A^2+B^2}, \end{cases}$$

即 $Q\left(\frac{B^2x_0-ABy_0-AC}{A^2+B^2}, \frac{A^2y_0-ABx_0-BC}{A^2+B^2}\right)$，所以

$$|P_0Q|=\sqrt{\left(x_0-\frac{B^2x_0-ABy_0-AC}{A^2+B^2}\right)^2+\left(y_0-\frac{A^2y_0-ABx_0-BC}{A^2+B^2}\right)^2}$$

$$=\frac{|Ax_0+By_0+C|}{\sqrt{A^2+B^2}}.$$

以上计算虽然烦琐，但思路清晰，在推导过程中，学生能体会数形结合的思想.

可证明，当 $A=0$ 或 $B=0$ 时，以上公式仍适用，教学时可说明，由于是直线，方程中 A，B 不可能同时为零.

教材左侧“试一试”的设置目的是为学有余力的学生提供探究的机会，教师也可以按照

上述方法引导学生去完成探究.

教材左侧“想一想”的设置目的是让学生尝试由一般到特殊的分析方法.

例题提示与补充

例 1 编写目的是让学生熟悉点到直线的距离公式的应用，第（2）题要注意应先将直线方程化为一般式，再应用公式计算.

例 2 编写目的是让学生提高对点到直线距离公式的应用能力，可在两条平行线中的任意一条上任取一点，求出点到直线的距离即为两条平行线之间的距离，因为平行线之间的距离处处相等.

可以推导出平行线 l_1：$Ax+By+C_1=0$ 与 l_2：$Ax+By+C_2=0$ 之间的距离公式为

$$d=\frac{|C_2-C_1|}{\sqrt{A^2+B^2}}.$$

直接用距离公式可得

$$d=\frac{|8-(-6)|}{\sqrt{2^2+(-7)^2}}=\frac{14\sqrt{53}}{53}.$$

例 3 本例题是一道综合应用题，编写目的是让学生复习本章已学内容，包括斜率的计算公式、点斜式直线方程、两点间的距离公式、点到直线的距离以及三角形的面积公式. 本题解题过程中是将 AB 边当作三角形底边，教学中提示学生三角形的任意一边都可以当作底边，如：将 BC 边当作底边，只要求出点 A 到 BC 的距离与 BC 的长度即可.

补充例题 求点 P（3，-2）到下列直线的距离：

（1）$y=6$；（2）y 轴.

解 （1）因为直线 $y=6$ 平行于 x 轴，所以 $d=|6-(-2)|=8$.

（2）$d=|3|=3$.

本题编写目的是让学生体会当 $A=0$ 或 $B=0$ 时，点到直线的距离公式的应用. 对于与坐标轴平行的直线 $x=a$ 或 $y=b$，求点到它们的距离，既可用点到直线的距离公式也可以直接写成 $d=|x_0-a|$ 或 $d=|y_0-b|$.

6.4 曲线和方程

学习目标

1. 理解曲线的方程与方程的曲线的概念.
2. 熟悉求曲线方程的方法与步骤，能根据已知平面曲线求出相应的曲线方程.

教学重点与难点

重点：

求曲线方程的方法与步骤，会求已知曲线的方程.

难点：

对曲线的方程与方程的曲线概念的理解.

教学方法提示

由于本节涉及的内容比较抽象，针对其概念强、思维量大、例题及习题不多的特点，应结合“实例考察”，以启发学生观察思考、分析讨论为主. 也可以利用特殊直线或圆上的几个点的坐标做检验，遵循“从特殊到一般”的方法；或引导学生看图，这就是“从具体（直观）到抽象”的方法；或引导学生从最简单的情形讨论曲线的特点，这就是以简驭繁；或引导学生看（举）反例，这就是正反对比. 总之，要使启发方法符合学生的认知规律.

教学参考流程

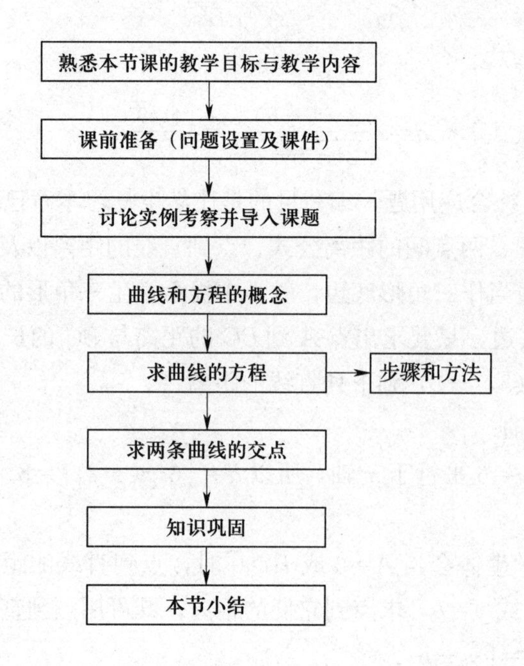

课程导入

通过“实例考察”，也可以利用特殊的直线 $x-y+1=0$ 或抛物线 $y=x^2$，在复习以前知识的基础上，提出问题让学生思考，创设问题情境，激发学生学习的欲望和要求.

• “实例考察”的设置目的：

让学生通过对已学知识的复习与回顾，为新知识的学习做铺垫.

• “实例考察”的教学注意点：

(1) 让学生了解直线是一种特殊的曲线；

(2) 通过函数作图过程寻找方程与图像之间的关系.

知识讲授

1. 曲线和方程的概念

教材以学生熟悉的二次函数 $y=x^2$ 图像（关于 y 轴对称的一条抛物线）为例，通过分析得出“这条抛物线上的点的坐标一定是方程 $x^2-y=0$ 的解”和“以方程 $x^2-y=0$ 的解为坐标的点一定在这条抛物线上”. 然后由特殊到一般，对“曲线的方程”和“方程的曲线”给出如下定义.

在直角坐标系中，如果某曲线 C 上的点与一个二元方程 $f(x, y)=0$ 的实数解建立了如下关系：

（1）曲线上点的坐标都是这个方程的解；（纯粹性）

（2）以这个方程的解为坐标的点都是曲线上的点.（完备性）

那么，这个方程称为曲线的方程；这条曲线称为方程的曲线.

例题提示与补充

例 1、例 2 编写目的是让学生加深对“曲线的方程”和“方程的曲线”概念的理解与掌握.

教材左侧“想一想”设置目的是让学生通过思考理解“以方程的解为坐标的点不一定都在曲线上”，从而更好地掌握“曲线的方程”和“方程的曲线”的概念.

以方程 $|y|=1$ 的解为坐标的点$(-1, 1)$，$(0, 1)$，$(1, 1)$，$(2, 1)$等，都不在例 2 中的直线 l 上.

2. 求曲线的方程

从“方程 $F(x, y)=0$ 是曲线 C 的方程”与“曲线 C 是方程 $F(x, y)=0$ 的曲线”中可以得出曲线 C 和方程 $F(x, y)=0$ 有着非常密切的关系：曲线上每一个点的坐标都是方程的一个实数解；反之，方程的每一个实数解对应的点都在曲线上. 这就是说，曲线上的点集合与方程的实数解集具有一一对应的关系. 这个“一一对应”的关系使得对曲线的研究也可以转化成对方程的研究. 这种通过研究方程的性质，间接地研究曲线性质的方法称为坐标法(就是借助于坐标系研究几何图形的方法). 根据几何图形的特点，可以建立不同的坐标系，最常用的坐标系是直角坐标系和极坐标，在目前学习阶段只采用直角坐标系.

教材通过求满足条件的动点 P 的轨迹方程，总结出一般求简单的曲线方程的步骤：

（1）建立适当的平面直角坐标系；

（2）设曲线上任意一点 P(或动点)的坐标为(x, y)；

（3）写出点 P 的限制条件，即列出等式；

（4）将点 P 的限制条件代入等式，得方程 $F(x, y)=0$；

（5）化方程 $F(x, y)=0$ 为最简形式；

（6）证明以化简后的方程的解为坐标的点都是曲线上的点.

由于化简过程是同解变形，所以一般可以省略第（6）步.

教材左侧“想一想”设置目的是要让学生知道要检验所得方程是否为所求轨迹的方程，即是否为“曲线的方程”. 由于当 $x=\pm a$ 时，点 P 与点 A，B 重合，不符合已知条件，故应舍去.

例题提示与补充

例 1 编写目的是让学生熟悉求曲线方程的步骤与方法.

教材左侧“想一想”设置目的是让学生回顾并巩固前面已学的知识，同时熟悉解题思路与方法.

另解 设 AB 中点为 C，由中点坐标公式得点 C 坐标为(1，3)，

由斜率公式得直线 AB 的斜率为

$$k=\frac{7-(-1)}{3-(-1)}=2,$$

由于直线 l 与 AB 垂直，所以 l 的斜率为 $k=-\frac{1}{2}$.

由点斜式方程得直线 l 的方程为

$$y-3=-\frac{1}{2}(x-1),$$

即

$$x+2y-7=0.$$

例 2 编写目的是让学生进一步熟悉用轨迹法求曲线方程的步骤和方法.

3. 求两条曲线的交点

求两条直线的交点就是解二元一次方程组，而直线是曲线的一种特殊情形，因此，求两条曲线的交点就是解二元方程组. 有时方程组中有一次方程，有时是特殊的二元二次方程（如椭圆、双曲线、抛物线），求交点用消元法或变量代换法，教学时要把握好要求，切不要增加难度.

例题提示与补充

例 1 编写目的是让学生掌握求解二元二次方程组的一般方法，进一步理解曲线的交点与方程组的解之间的关系.

例 2 编写目的是让学生了解两条曲线的位置关系（有无交点）与它们所对应的方程组的解之间的关系.

6.5 圆（一）

学习目标

1. 能根据圆的定义求出圆的方程，掌握圆的标准方程的特点.

2. 能运用圆的标准方程正确地求出其圆心和半径，并能解决一些简单的实际问题.

3. 能够根据圆上三个点的坐标求出圆的一般方程，并能根据圆的方程在坐标系中画出这个圆.

4. 能够准确判断方程表示的图形是否为圆.

教学重点与难点

重点：

1. 能根据具体条件正确写出圆的标准方程.

2. 根据圆的一般方程确定圆心及半径.

难点：

1. 对圆的一般方程的认识与掌握，根据已知条件求出圆的标准方程或一般方程，并能运用圆的方程解决一些简单的实际问题.

2. 选用适当的方法判定直线与圆的位置关系.

教学方法提示

为了激发学生的学习主动性，培养正确的学习方法以及创新和应用意识，本节内容可采用“引导探究”型教学模式进行教学设计. 所谓引导探究是教师把教学内容设计为若干问题，从而引导学生进行探究的课堂教学模式，教师在教学过程中，主要着眼于“引”，启发学生“探”，把“引”和“探”有机结合起来. 教师的每项教学措施，都是给学生创造一种思维情景，一种动脑、动手、动口并主动参与的学习机会，激发学生的求知欲，促使学生主动解决问题. 其基本教学模式是：

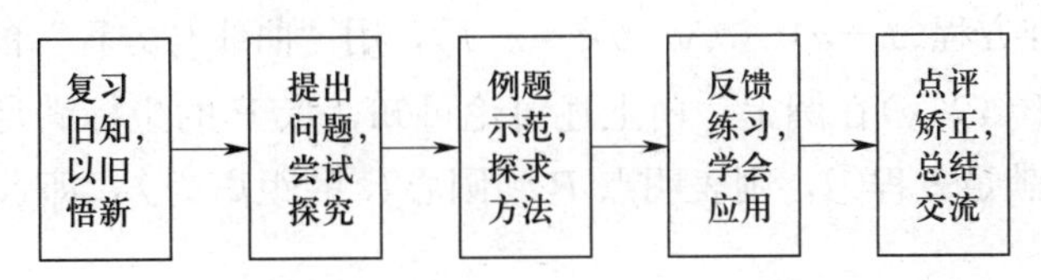

教学参考流程

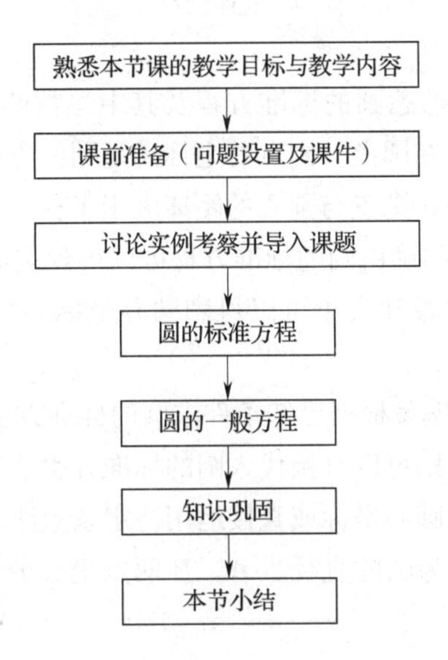

课程导入

在平面直角坐标系中，两点确定一条直线，一点和倾斜角也能确定一条直线．那么，在平面直角坐标系中，该如何确定一个圆呢？由初中平面几何知识可知，当圆心位置与半径确定后，圆就确定了．因此，确定圆最基本的要素是圆心和半径．本节中，将根据已知条件探求圆的方程．

知识讲授

1．圆的标准方程

由初中平面几何知识中圆的定义可知，确定一个圆的两大要素是圆心与半径．

在平面直角坐标系中，圆心坐标可以用（a，b）表示，半径 r 表示圆上任意一点与圆心之间的距离，根据两点之间的距离公式，得到圆上任意一点 M 的坐标(x, y)满足关系式

$$\sqrt{(x-a)^2+(y-b)^2}=r,$$

经过化简，得到圆的标准方程

$$(x-a)^2+(y-b)^2=r^2, \quad ①$$

其中(a, b)为圆心，r 为半径．

教材在得到标准方程$(x-a)^2+(y-b)^2=r^2$后，用“曲线与方程”的思想解释了方程与圆的关系．即若点 $P(x, y)$在圆上，由上述讨论可知，点 P 的坐标满足方程①；反之，若点 P 的坐标(x, y)满足方程①，则表明点 P 到圆心 C 的距离为 r，即点 P 在以 C 为圆心 r 为半径的圆上．

当圆心坐标为坐标原点时，得到圆的标准方程为

$$x^2+y^2=r^2.$$

例题提示与补充

例 1　编写目的是让学生熟悉圆的标准方程及其中参数的含义，其中第（2）题是让学生理解圆的方程的概念．若点在圆上，则点的坐标满足圆的方程；若点在圆内，则点与圆心的距离小于半径；若点在圆外，则点与圆心的距离大于半径．

例 2　编写目的是让学生明确由圆的标准方程可以得到圆心坐标和半径，从而确定圆的位置和大小；反之，由圆的位置和大小可以得到圆心坐标和半径，从而直接写出圆的标准方程．

例 3　编写目的是让学生熟悉根据已知条件求圆的标准方程的过程和方法．

若已知圆心坐标与半径，则可以直接代入圆的标准方程求得．本例没有直接给出圆心坐标，则应先根据已知条件求出圆心坐标或直接运用待定系数法求解．

补充例题　已知线段 AB 为圆的直径且 A，B 两点坐标分别为（1，5），（-3，1），求圆的方程．

本题编写目的是让学生掌握求圆的标准方程的方法.

解　由已知得圆心坐标为 AB 中点 $(-1, 3)$，圆直径为 $|AB|=\sqrt{4^2+4^2}=4\sqrt{2}$，所以，半径为 $2\sqrt{2}$.

因此，圆的方程为

$$(x+1)^2+(y-3)^2=8.$$

2. 圆的一般方程

教材应用了由特殊到一般，由具体到抽象的认知方式介绍圆的一般方程，先将一个具体的圆的标准方程进行整理、变形后得到一个二元二次方程，然后给出圆的一般方程的形式并探求二元二次方程是圆的方程的条件.

教学中可以采用让学生自主探究或小组合作交流的方式.

将方程

$$x^2+y^2+Dx+Ey+F=0 \quad ①$$

的左边配方，并将常数项移到右边，得

$$\left(x+\frac{D}{2}\right)^2+\left(y+\frac{E}{2}\right)^2=\frac{D^2+E^2-4F}{4}. \quad ②$$

(1) 当 $D^2+E^2-4F>0$ 时，比较②和圆的标准方程，可以看出 $x^2+y^2+Dx+Ey+F=0$ 表示以 $\left(-\frac{D}{2}, -\frac{E}{2}\right)$ 为圆心，$\frac{\sqrt{D^2+E^2-4F}}{2}$ 为半径的圆. 如方程 $x^2+y^2+4x-6y=0$ 表示以 $(-2, 3)$ 为圆心，$\sqrt{13}$ 为半径的圆.

(2) 当 $D^2+E^2-4F=0$ 时，方程①只有一个解，$x=-\frac{D}{2}$，$y=-\frac{E}{2}$，表示一个点 $\left(-\frac{D}{2}, -\frac{E}{2}\right)$. 如方程 $x^2+y^2-4x-2y+5=0$ 表示点 $(2, 1)$.

(3) 当 $D^2+E^2-4F<0$ 时，方程①没有实数解，它不表示任何图形. 如方程 $x^2+y^2-4x+y+8=0$ 不表示任何图形.

因此，当 $D^2+E^2-4F>0$ 时，方程①表示一个圆. 方程 $x^2+y^2+Dx+Ey+F=0$ 称为圆的一般方程.

注意圆的一般方程的完整表述，必须包含约束条件，即圆的一般方程是 $x^2+y^2+Dx+Ey+F=0$ $(D^2+E^2-4F>0)$，而不是 $x^2+y^2+Dx+Ey+F=0$.

在学习中，学生容易忽视约束条件 $D^2+E^2-4F>0$.

例题提示与补充

例 1　编写目的是要让学生掌握通过配方来判断方程 $x^2+y^2+Dx+Ey+F=0$ 表示的图形.

教材左侧“试一试”的设置目的是让学生尝试利用 D^2+E^2-4F 的值来判断圆的一般方程所表示的图形.

另解　(1) 由于 $D^2+E^2-4F=4+16+16=36$，所以原方程的图形是圆心 $(-1, 2)$、半径为 3 的圆；

(2) 由于 $D^2+E^2-4F=4+16-20=0$，所以原方程的图形是一个点，这个点的坐标为 $(-1, 2)$；

(3) 由于 $D^2+E^2-4F=4+16-36=-16$，所以原方程不表示任何图形.

例 2 编写目的是要让学生熟悉已知圆上三个点求解圆方程的方法.

教材左侧“试一试”的设置目的是让学生拓展解题思路，并通过实践，寻求合理的解题方法.

解法一 设所求圆的标准方程为 $(x-a)^2+(y-b)^2=r^2$，则

$$\begin{cases}(0-a)^2+(0-b)^2=r^2,\\(1-a)^2+(1-b)^2=r^2,\\(4-a)^2+(2-b)^2=r^2,\end{cases}\text{解得}\begin{cases}a=4,\\b=-3,\\r=5,\end{cases}$$

故所求圆的标准方程为 $(x-4)^2+(y+3)^2=25$.

解法二 设 BO 中点为 C，则点 C 坐标为 $(2, 1)$，直线 BO 的斜率 $k=\frac{1}{2}$. 所以经过点 C 与 BO 垂直的直线斜率为 -2，从而得到垂线 l_1 方程为

$$y-1=-2(x-2).$$

设 AO 中点为 D，所以点 D 的坐标为 $\left(\frac{1}{2}, \frac{1}{2}\right)$，直线 AO 的斜率 $k=1$. 所以经过点 D 与 AO 垂直的直线斜率为 -1，从而得到垂线 l_2 方程为

$$y-\frac{1}{2}=-\left(x-\frac{1}{2}\right).$$

联立方程组

$$\begin{cases}y-1=-2(x-2),\\y-\frac{1}{2}=-\left(x-\frac{1}{2}\right),\end{cases}$$

解得交点的坐标 $(4, -3)$，即为圆心 M 坐标.

$$r=|OM|=\sqrt{(4-0)^2+(-3-0)^2}=5.$$

所以，所求圆的方程为

$$(x-4)^2+(y+3)^2=25.$$

以上两种方法与教材中的方法相比较，要复杂一些. 在求圆的方程时，要根据已知条件确定采用不同的方法求圆的方程.

6.5 圆（二）

学习目标

1. 理解直线与圆的三种位置关系.
2. 能够根据圆心到直线的距离判断直线与圆的位置关系.

3. 能利用直线与圆的位置关系解决一些简单的实际问题.

4. 了解参数方程的概念，知道直线的参数方程和圆的参数方程.

5. 能把曲线的参数方程化为普通方程.

教学重点与难点

重点：

判断直线与圆的位置关系.

难点：

利用直线与圆的位置关系解决一些简单的实际问题.

教学方法提示

应充分利用图形的几何关系，形象地让学生分辨直线与圆的三种位置关系，并通过观察、讨论等，总结得到“圆心与直线的距离和圆半径大小的数量关系等价于直线和圆的位置关系”，从而实现图形的位置关系与数量关系的转化. 直线与圆的位置关系的判定方法有多种方法，选用适当的方法也是学生掌握的一个难点，教学中应充分利用数形结合的方法来讲解.

教学参考流程

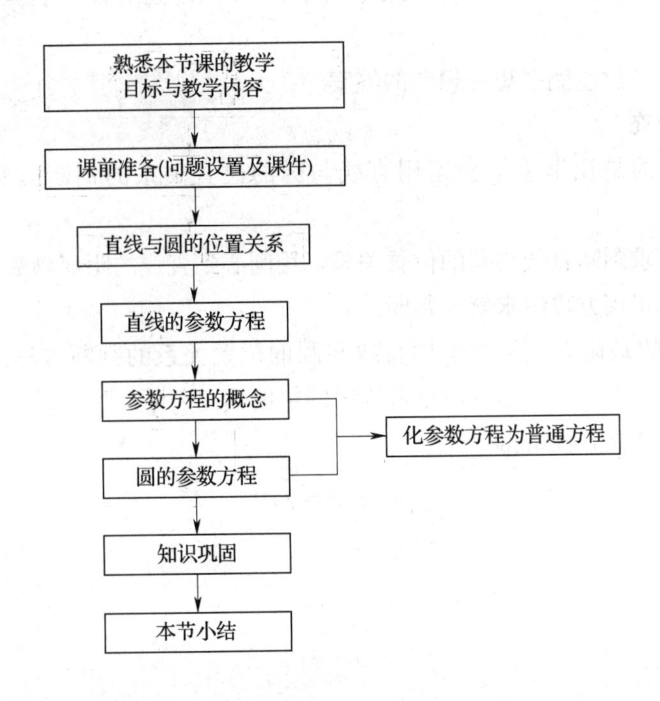

课程导入

结合教材图 6-22 直线与圆的三种位置关系，引导学生分析三种情况的图形特点，营造探索问题的氛围，激励学生积极参与、观察，发现其知识的内在联系，使每个学生都能积极思考.

知识讲授

1. 直线与圆的位置关系

由平面几何知识可知，在同一平面内，直线与圆的位置关系有三种：

(1) 相交：有两个公共点.

(2) 相切：只有一个公共点.

(3) 相离：没有公共点.

其划分的标准是直线与圆的公共点的个数.

教学中可先让学生回忆如何判断三种位置关系. 在初中平面几何中，用圆心到直线的距离与圆的半径的关系判断. 在平面直角坐标系中，若已知圆心坐标与直线方程，则可用点到直线的距离公式进行计算判断. 以上方法通常称为几何方法，主要是用坐标思想解决问题.

若已知圆的方程与直线方程，也可联立方程组，用方程组的解的个数判断它们的位置关系. 这种方法称为代数法，更是突出坐标法的思想，方程组有两个解，则表示直线与圆相交；有一个解，则表示直线与圆相切；无解表示直线与圆相离. 由于方程组是二元二次方程组，在消元过程中，会出现一元二次方程，所以解的个数与一元二次方程的判别式有关：判别式的值大于 0，方程组有两个解；判别式的值等于 0，方程组有一个解；判别式的值小于 0，方程组无解.

以上内容也是教材左侧“想一想”的答案.

例题提示与补充

例 1 编写目的是让学生学会运用直线与圆的位置关系的判断方法，并学会求曲线交点.

本题中若只要求判断直线与圆的位置关系，用圆心到直线的距离判断更方便. 但由于还要求交点，因此直接用方程组求解并判断.

例 2 编写目的是让学生学会运用直线与圆的位置关系的判断方法. 本题除教材方法外，也可以通过联立方程组，通过讨论方程组的解的情况判断.

另解 由题意联立方程组得

$$\begin{cases} x^2+y^2=2, & ① \\ y=x+b, & ② \end{cases}$$

将②代入①得

$$x^2+(x+b)^2=2,$$

整理化简得

$$2x^2+2bx+b^2-2=0,$$

$$\Delta=4b^2-8(b^2-2)=-4(b^2-4).$$

当 $\Delta>0$，即 $-2<b<2$ 时，相交；

当 $\Delta=0$，即 $b=\pm2$ 时，相切；

当 $\Delta<0$，即 $b<-2$ 或 $b>2$ 时，相离.

教材左侧“想一想”：在判断直线与圆的位置关系而不求交点时，应用几何法的思想求解会更加简单方便.

例 3 编写目的是让学生了解直线与圆的位置关系在生活中的简单应用. 同时让学生掌握坐标法在解决具体问题时的步骤：（1）建立平面直角坐标系，（2）列出对应关系式，（3）分析判断.

教材左侧“想一想”：若不用坐标法求解，利用三角形知识求解如下：

因为$\triangle ABC$ 为直角三角形，且 $OA=70$，$OB=40$，所以

$$AB=\sqrt{70^2+40^2}\approx80.6,$$

则 AB 边上的高 $h=\frac{70\times40}{80.6}\approx34.7>30$.

所以，这艘轮船不会受到暗礁的影响.

多媒体应用提示

利用适当软件和多媒体手段展示直线与圆的三种位置关系.

2. 圆的参数方程

参数方程是曲线方程的另一种表现形式，学生没有接触过，这是教学中的一个难点，教师应讲清：

（1）参数方程仍然是表示两个变量 x，y 之间的关系，不过是通过第三个变量（参数）来表示的.

（2）参数的具体含义不要求学生掌握，因为不同参数方程中的参数含义不同.

（3）通过分析圆心在原点、半径为 r 的圆的形成过程，确定参数的选取方法，从而得到圆心为点 C（a，b）、半径为 r 的圆的参数方程为

$$\begin{cases}x=a+r\cos\theta,\\ y=b+r\sin\theta.\end{cases}(\theta\text{ 为参数})$$

（4）不是所有曲线的参数方程都能化为普通方程，我们能把一些简单的参数方程化为普通方程，将参数方程化为普通方程时要消去参数，常用的方法是代入消元法和加减消元法，其中加减消元法中经常使用三角变换. 将曲线的参数方程化为普通方程时，一般不要求讨论变量的取值范围.

例题提示与补充

例 1 编写目的是让学生熟悉把曲线的普通方程化为参数方程的方法，教学时. 可再取两三种不同的参数，让学生充分理解参数方程的含义.

教材左侧“想一想”设置目的是让学生理解曲线的参数方程不是唯一的，但对于选定的

参数，曲线的参数方程是唯一的.

通过分析，过点 $P_0(x_0, y_0)$，倾斜角为 α 的直线的参数方程为

$$\begin{cases} x=x_0+t\cos\alpha, \\ y=y_0+t\sin\alpha. \end{cases} \quad (t \text{ 为参数})$$

例 2 编写目的是让学生进一步熟悉圆的一般方程与标准方程的转换，并能将标准方程转换成参数方程的形式.

例 3 编写目的是让学生熟悉把曲线的参数方程利用代入消元法和加减消元法化为普通方程的过程。

多媒体应用提示

教学中要应用多媒体课件或教具，使学生对直线与圆的位置关系有直观的认识.

6.6 椭圆（一）

学习目标

1. 理解椭圆的定义，明确焦点、焦距的概念.

2. 熟练掌握椭圆的标准方程，会根据所给的条件画出椭圆的草图并确定椭圆的标准方程.

3. 能由椭圆定义推导椭圆的标准方程.

教学重点与难点

重点：

椭圆的定义及标准方程.

难点：

椭圆标准方程的推导.

教学方法提示

通过求椭圆的标准方程，使学生掌握这一类轨迹方程的一般规律、化简的常用办法. 这样，在之后求双曲线、抛物线方程的时候，学生就可以独立地，或在教师的指导下顺利地完成.

由于带根式的方程的化简对学生较为困难，特别是由点 P 满足的条件所列出的方程中两个根式和等于一个非零常数，化简时要进行两次平方，且方程中未知量次数高、项数多. 教学时要注意说明这类方程化简的方法，即（1）方程中只有一个根式时，需将它单独留在方程的一边，把其他各项移至另一边；（2）方程中有两个根式时，需将他们分别放在方程的两边，并使其中一边只有一项. 教学时可在教师引导下让学生一起参与，共同完成，并注意控制好节奏，及时纠正学生出现的错误.

教学参考流程

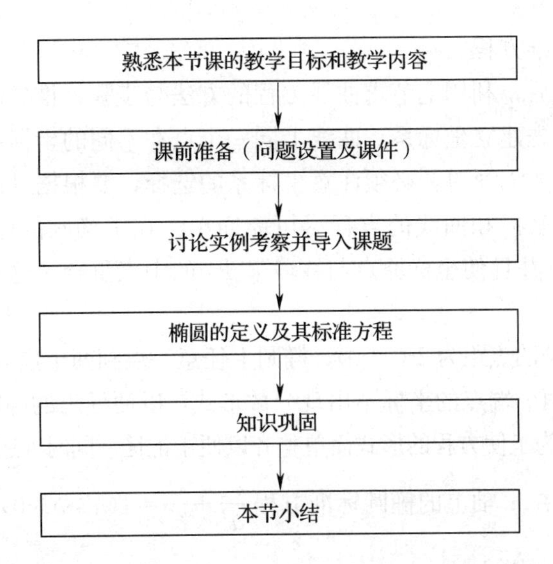

课程导入

除了“实例考察”中的例子，教师还可以利用海尔—波普彗星运行的轨道（图 6-5）是椭圆这一例子：天文学家通过观察这颗彗星运行中的一些有关数据，可以推算出它运行轨道的方程，从而算出它的运行周期及轨道的周长. 由此说明椭圆在天文学应用，指出研究椭圆的重要性和必要性，从而导入本节课的主题.

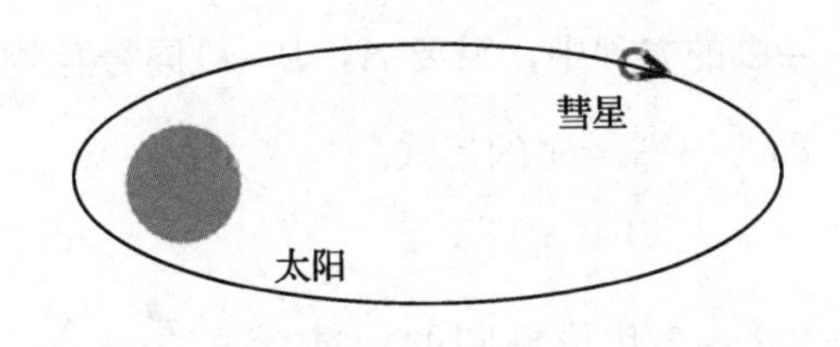

图 6-5

为了使学生掌握椭圆的本质特征，以便得出椭圆的定义，教材利用图示介绍了一种画椭圆的方法，通过画图过程，揭示椭圆上的点所满足的条件. 教师引导学生分析：(1) 轨迹上的点是怎么来的？(2) 在这个运动过程中，什么是不变的？由此概括出椭圆的定义.

- “实例考察”的设置目的：

增强学生对椭圆的认识，激发学生的求知欲，培养学习的兴趣.

- “实例考察”的教学注意点：

(1) 细绳没有伸缩性；

(2) 两定点的距离要小于细绳的长度.

知识讲授

椭圆的定义及其标准方程

在给出椭圆的定义后，利用上节求曲线方程的方法与步骤，推导出椭圆的标准方程.

求椭圆的方程，要先建立坐标系. 曲线上同一个点在不同的坐标系中的坐标不同，曲线的方程也不同，为了使方程简单，必须注意坐标系的选择，要根据具体情况确定. 一般情况下，应注意使已知点的坐标和曲线的方程尽可能简单. 在求椭圆的标准方程时，选择 x 轴经过两个焦点 F_1，F_2，并且使坐标原点与线段 F_1F_2 的中点重合，这样，两个焦点的坐标比较简单，便于推导方程.

在求方程时，设椭圆的焦距为 $2c(c>0)$，椭圆上任意一点到两个焦点的距离和为 $2a\ (a>c)$，这是为了使焦点及长轴两个端点的坐标不出现分数形式，以便导出的椭圆方程形式更简单. 令 $a^2-c^2=b^2\ (b>0)$ 也是为了使方程的形式简单整齐以便于记忆，同时 b 还有特定的几何意义.

教材在得到了焦点在 x 轴上的椭圆标准方程 $\frac{x^2}{a^2}+\frac{y^2}{b^2}=1(a>b>0)$ 后，直接给出了焦点在 y 轴上的椭圆标准方程 $\frac{y^2}{a^2}+\frac{x^2}{b^2}=1(a>b>0)$. 为此，应做如下说明：

（1）在椭圆的两个标准方程中，总有 $a>b>0$.

（2）椭圆的焦点总是在长轴上.

（3）a，b，c 始终满足关系式 $c^2=a^2-b^2$（不要与 $a^2+b^2=c^2$ 混淆）. 如果焦点在 x 轴上，则焦点坐标为 $(c,\ 0)$，$(-c,\ 0)$；如果焦点在 y 轴上，则焦点坐标为 $(0,\ c)$，$(0,\ -c)$.

（4）在形如 $Ax^2+By^2=C$ 的方程中，只要 A，B，C 同号且均不为零，就是椭圆方程，可以化成 $\frac{A}{C}x^2+\frac{B}{C}y^2=1$，即 $\frac{x^2}{\frac{C}{A}}+\frac{y^2}{\frac{C}{B}}=1$ 的形式.

例如，可将方程 $3x^2+4y^2=5$ 化成椭圆的标准形式 $\frac{x^2}{\frac{5}{3}}+\frac{y^2}{\frac{5}{4}}=1$，这时 $a=\sqrt{\frac{5}{3}}$，$b=\sqrt{\frac{5}{4}}$.

例题提示与补充

例 编写目的是让学生熟悉并掌握椭圆的标准方程，能根据不同的条件求出相应椭圆的标准方程.

6.6 椭圆（二）

学习目标

1. 熟练掌握椭圆的范围、对称性、顶点等简单的几何性质.

2. 掌握标准方程中 a，b，c 的几何意义.

3. 理解并掌握椭圆的参数方程.

4. 理解并掌握坐标法中根据曲线的方程研究曲线的几何性质的一般方法.

教学重点与难点

重点：

椭圆的几何性质.

难点：

如何贯彻数形结合思想，运用曲线方程研究图形的几何性质.

教学方法提示

根据曲线的方程，研究曲线的几何性质，并正确地画出它的图形，是解析几何的基本问题之一. 如果说根据曲线的条件列出方程是解析几何的手段，那么根据曲线的方程研究它的性质、画出它的图像就可说是解析几何的目的.

通过对椭圆标准方程的讨论，一方面要使学生掌握椭圆的几个性质，掌握标准方程中 a，b，c 的几何意义以及 a，b，c 之间的相互关系；另一方面，要通过对椭圆标准方程的讨论，使学生知道在解析几何中是怎样用代数方法研究曲线的性质的.

教学参考流程

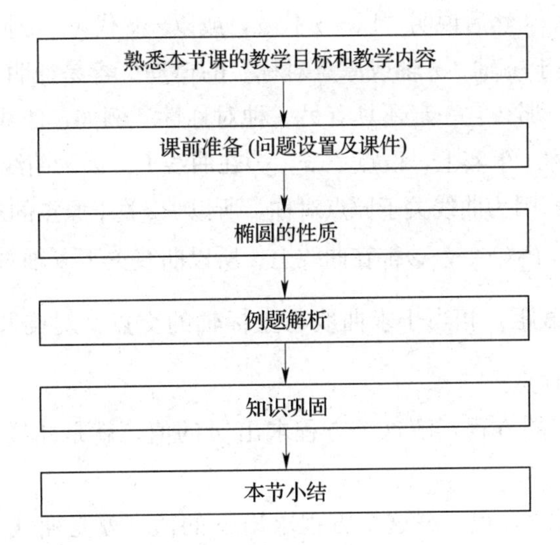

课程导入

通过复习椭圆的定义、标准方程以及对应的图形，设置如下问题：

(1)“范围”是方程中变量的取值范围，是曲线所在位置的范围，椭圆的标准方程中 x，y 取值范围是什么？其图形位置是怎样的？

(2) 标准方程所表示的椭圆，其对称性是怎样的？

(3) 椭圆的顶点是怎样的点？椭圆的长轴与短轴是如何定义的？长轴长、短轴长各是多少？a，b，c 的几何意义各是什么？

(4) 怎样可以方便地画出椭圆的草图？

带着这些问题系统地按照方程来研究曲线的几何性质.

知识讲授

1. 椭圆的几何性质

教材将焦点在 x 轴上椭圆的性质采用列表的形式进行了归纳，教师应结合表中所列内容，并根据上述设置的问题，分析如下：

(1) 在解析几何中讨论曲线的范围，就是确定方程中两个变量的取值范围，教材是利用解不等式的方式来讨论的.

如果将椭圆的标准方程变形为 $y=\pm\frac{b}{a}\sqrt{a^2-x^2}$，则该椭圆的方程可以分成 $y=\frac{b}{a}\sqrt{a^2-x^2}$ 与 $y=-\frac{b}{a}\sqrt{a^2-x^2}$ 两个函数式，讨论椭圆的范围就是讨论这两个函数的定义域和值域. 这个问题学生不难解决，这也是讨论椭圆范围的一种方法.

确定了曲线的范围后，用描点法画曲线的图形时就可以不取曲线范围以外的点了.

(2) 在讨论椭圆的对称性时，可先复习以前学过的对称的概念和关于 x 轴、y 轴、原点对称的点的坐标之间的关系，然后说明“以 $-x$ 代 x，或以 $-y$ 代 y，或同时以 $-x$ 代 x、$-y$ 代 y，方程不变，则图形关于 y 轴、x 轴或原点对称”的道理. 容易证明，如果曲线具有上述三种对称性中的任意两种，那么它一定还具有另一种对称性. 例如，曲线关于 x 轴和原点对称，那么它一定关于 y 轴对称. 事实上，设点 $P(x, y)$在曲线上. 因为曲线关于 x 轴对称，所以点 $P_1(x, -y)$必在曲线上；因为曲线关于原点对称，所以 P_1 关于原点的对称点 $P_2(-x, y)$必在曲线上；因为 $P(x, y)$，$P_2(-x, y)$都在曲线上，所以曲线关于 y 轴对称.

(3) 关于求曲线的截距，相当于求曲线与坐标轴的交点. 对椭圆 $\frac{x^2}{a^2}+\frac{y^2}{b^2}=1$ 来说，与坐标轴的交点就是它的顶点.

令 $y=0$，得关于 x 的方程，解这个方程求出 x 的值，就是曲线与 x 轴交点的横坐标，即曲线在 y 轴上的截距.

令 $x=0$，得关于 y 的方程，解这个方程求出 y 的值，就是曲线与 y 轴交点的纵坐标，即曲线在 y 轴上的截距.

通过求椭圆的顶点，可以得到 a，b 的几何意义：a 是长半轴的长，b 是短半轴的长. 由 $c^2=a^2-b^2$，可得“已知椭圆的四个顶点，求焦点”的几何作法. 只要以点 $B_1(0, b)$ 或 $B_2(0, -b)$ 为圆心、a 为半径作弧，交长轴于两点，这两点就是焦点.

讨论了曲线的范围、对称性和顶点以后，再进行描点画图，只要描出较少的点，就能得到较准确的图形. 用这种方法徒手画椭圆的草图比较实用，并且非常方便，应让学生体会并掌握这一方法.

教材左侧“想一想”的设置目的是让学生通过类比的方法得到焦点在 y 轴上的椭圆的性质. 教师可引导学生完成下表.

标准方程	$\frac{x^2}{a^2}+\frac{y^2}{b^2}=1\ (a>b>0)$	$\frac{x^2}{b^2}+\frac{y^2}{a^2}=1\ (a>b>0)$
图像		
顶点	$A_1(-a,\ 0)$，$A_2(a,\ 0)$，$B_1(0,\ -b)$，$B_2(0,\ b)$	$A_1(0,\ -a)$，$A_2(0,\ a)$，$B_1(-b,\ 0)$，$B_2(b,\ 0)$
对称轴	x 轴，y 轴	
焦点	$F_1(-c,\ 0)$，$F_2(c,\ 0)$	$F_1(0,\ -c)$，$F_2(0,\ c)$
焦距	$\|F_1F_2\|=2c\ (c>0)$，$c^2=a^2-b^2$	

例题提示与补充

例 1 编写目的是让学生根据椭圆的方程，利用椭圆的有关性质，求出相关参数.

例 2 编写目的是让学生根据椭圆的方程，求出相关参数，并利用其几何性质画出草图.

例 3、例4 编写目的是让学生进一步熟悉椭圆的几何性质，会根据已知条件和椭圆性质求出椭圆的标准方程. 其中例 4 要注意有两种满足条件的椭圆.

2. 椭圆的参数方程

利用同角三角函数基本关系可推出椭圆的标准方程对应的参数方程. 不要求学生理解角度参数的含义，主要应掌握：

（1）根据标准方程会写出参数方程；

（2）根据椭圆的参数方程会写出标准方程.

教材左侧“想一想”：椭圆$\frac{y^2}{a^2}+\frac{x^2}{b^2}=1$ 的参数方程是

$$\begin{cases} x=b\cos\theta, \\ y=a\sin\theta. \end{cases}\quad (\theta \text{ 为参数})$$

例题提示与补充

例 1 编写目的是让学生熟悉如何将椭圆的标准方程化为参数方程.

例 2 编写目的是让学生了解椭圆参数方程的应用. 本题可作为选学内容，给学有余力的同学讲解.

探究 编写目的是让学生了解椭圆的光学性质以及应用，培养他们的求知欲，以提高学习的兴趣.

6.7 双曲线（一）

学习目标

1. 理解双曲线的定义，会求双曲线的标准方程.
2. 通过对双曲线标准方程的推导，提高学生求动点轨迹方程的能力.
3. 了解双曲线与椭圆的关系与区别.

教学重点与难点

重点：

双曲线的定义及标准方程.

难点：

双曲线标准方程的推导.

教学方法提示

由于双曲线的定义、标准方程与椭圆类似，教材的处理也相仿，也就是说，本节在教学思想和方法上没有新内容. 因此，这一节的教学可以参照上节进行. 教学中要着重对比椭圆与双曲线的相同点和不同点，特别是它们的不同点.

教学参考流程

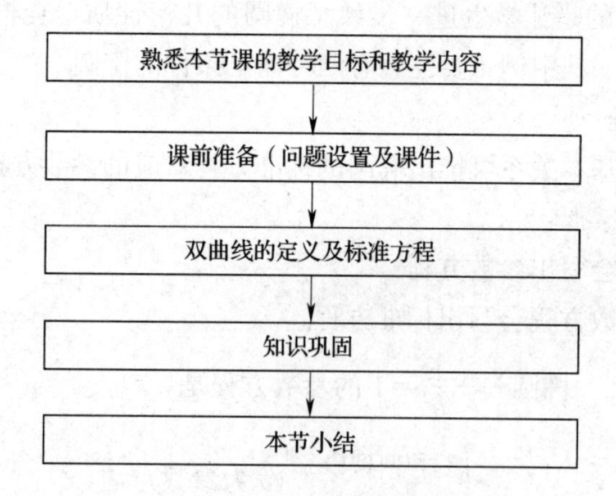

课程导入

结合“实例考察”，为了使学生掌握双曲线的本质特性，以便得出双曲线的定义，教材利用图示介绍了一种画双曲线的方法. 通过画图过程，加深学生对双曲线上点的特征的认识，以便在教师引导下概括出双曲线的定义.

- “实例考察”的设置目的：

增强学生对双曲线的认识，培养他们的求知欲，提高学习的兴趣.

- “实例考察”的教学注意点：

（1）细绳没有伸缩性；

（2）两定点的距离要大于两段细绳的长度差；

（3）双曲线图形分两步完成.

知识讲授

在给出了双曲线的定义后，利用上节推导椭圆标准方程的方法与步骤，推导出双曲线的标准方程.

与建立椭圆的标准方程类似，建立双曲线的标准方程是从双曲线的定义出发的. 推导过程说明，双曲线上任意一点的坐标都适合方程 $\frac{x^2}{a^2}-\frac{y^2}{b^2}=1$；但关于坐标适合方程 $\frac{x^2}{a^2}-\frac{y^2}{b^2}=1$ 的点都在双曲线上，与椭圆一样，教材中未给出证明.

讲解双曲线的标准方程时，可与椭圆比较如下：

（1）如教材图 6-38 所示，设 $P(x, y)$为双曲线上任意一点，若点 P 在双曲线右支上，则 $|PF_1|>|PF_2|$，$|PF_1|-|PF_2|=2a$（$a>0$）；若点 P 在双曲线左支上，则$|PF_1|<|PF_2|$，$|PF_1|-|PF_2|=-2a$，因此得$|PF_1|-|PF_2|=\pm 2a$. 这是与椭圆不同的地方.

（2）当得到（$(c^2-a^2)x^2-a^2y^2=a^2(c^2-a^2)$）后，可以与椭圆类似处理，因为 $a<c$，所以 $c^2-a^2>0$，令 $c^2-a^2=b^2$，则 $c=\sqrt{a^2+b^2}$，这与椭圆不同.

（3）通过比较两种不同类型的双曲线方程 $\frac{x^2}{a^2}-\frac{y^2}{b^2}=1$，$\frac{y^2}{a^2}-\frac{x^2}{b^2}=1$（$a>0$，$b>0$）向学生说明，如果 x^2 项的系数是正的，那么焦点在 x 轴上；如果 y^2 项的系数是正的，那么焦点在 y 轴上. 对于双曲线，a 不一定大于 b，因此不能像椭圆那样通过比较大小来判定焦点在哪一条坐标轴上.

（4）在讲授过程中，可与椭圆标准方程对比，在教师指导下由学生列表进行对比，使学生掌握椭圆、双曲线的标准方程以及它们之间的区别和联系.

椭圆	双曲线
根据 $\lvert PF_1\rvert+\lvert PF_2\rvert=2a$	根据 $\lvert PF_1\rvert\pm\lvert PF_2\rvert=2a$
因为 $a>c>0$， 所以 $a^2-c^2=b^2$（$b>0$）	因为 $c>a>0$， 所以 $c^2-a^2=b^2$（$b>0$）
$\frac{x^2}{a^2}+\frac{y^2}{b^2}=1$，$\frac{y^2}{a^2}+\frac{x^2}{b^2}=1$ （$a>b>0$）	$\frac{x^2}{a^2}-\frac{y^2}{b^2}=1$，$\frac{y^2}{a^2}-\frac{x^2}{b^2}=1$ （$a>0$，$b>0$，且 a 不一定大于 b）

教材左侧“想一想”的设置目的是要让学生分清这两种不同类型双曲线方程的特点.

例题提示与补充

例编写目的是让学生掌握双曲线的定义与标准方程，并能根据不同的条件求出相应的双曲线的标准方程.

6.7 双曲线（二）

学习目标

1. 掌握双曲线的范围、对称性、顶点、渐近线等几何性质.
2. 掌握标准方程中 a，b，c 的几何意义.
3. 能利用双曲线的几何性质进行计算、作双曲线的草图以及解决简单的实际问题.

教育重点与难点

重点：

双曲线的几何性质.

难点：

双曲线几何性质的实际应用.

教学方法提示

本节内容类似于“椭圆的几何性质”部分，教学中也可以与其类比讲解. 结合椭圆几何性质的分析讨论，并注意双曲线方程的特点，指出它们的联系与区别. 对圆锥曲线来说，渐近线是双曲线特有的性质，人们常利用它作双曲线的草图，为说明这一点，教学时可以适当补充一些例题和习题.

教学参考流程

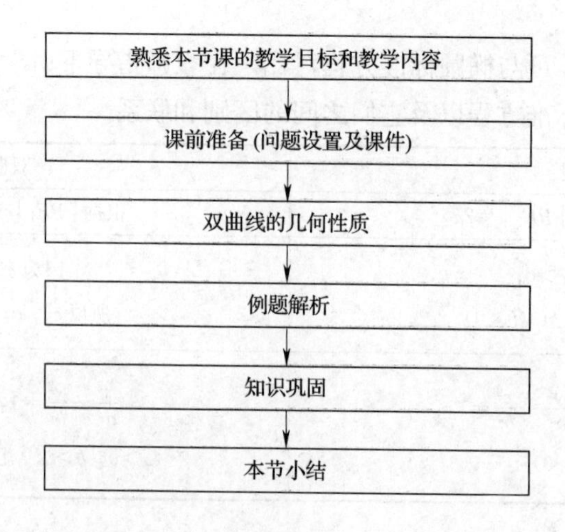

课程导入

通过复习双曲线的定义、标准方程以及对应的图像，并结合椭圆性质的分析讨论，根据双曲线方程的特点展开讨论.

知识讲授

双曲线的几何性质（以$\frac{x^2}{a^2}-\frac{y^2}{b^2}=1$为例）

（1）范围：由标准方程$\frac{x^2}{a^2}-\frac{y^2}{b^2}=1$可得$x^2 \geqslant a^2$. 当$|x| \geqslant a$，$y$才有实数值；对于$y$取任何值，$x$都有实数值. 要讲清双曲线在直线$x=-a$与$x=a$之间没有图像，当$x$的绝对值无限增大时，$y$的绝对值也无限增大，所以曲线是无限伸展的，不像椭圆那样是封闭曲线.

（2）对称性：双曲线的对称性与椭圆完全相同，可逐一提问，让学生回答双曲线具有的对称性，并说明原因.

（3）顶点：双曲线有两个顶点$(a,\ 0)$，$(-a,\ 0)$. 令$x=0$时，方程$y^2=-b^2$无实数根，所以它与y轴无交点，这与椭圆不同，椭圆有四个顶点.

（4）实轴、虚轴：双曲线与y轴无交点，$2b$是双曲线虚轴的长. 学生对虚轴不好理解，往往把虚轴与椭圆的短轴混淆，教学中要提醒学生注意.

（5）渐近线：这是双曲线特有的性质，利用双曲线的渐近线可以便捷地画出双曲线，而且较为精确，只要作出双曲线的两个顶点和两条渐近线，就能画出它的近似图形. 对于渐近线的严格定义教材中没有给出，也不需证明，学生了解即可.

教材左侧“想一想”的设置目的是让学生通过类比的方法得到焦点在y轴上的双曲线的性质，教师可引导学生完成下表.

标准方程	$\frac{x^2}{a^2}-\frac{y^2}{b^2}=1\ (a>0,\ b>0)$	$\frac{y^2}{a^2}-\frac{x^2}{b^2}=1\ (a>0,\ b>0)$
图像		
顶点	$A_1(-a,\ 0)$，$A_2(a,\ 0)$	$A_1(0,\ -a)$，$A_2(0,\ a)$
对称轴	x轴，y轴	
焦点	$F_1(-c,\ 0)$，$F_2(c,\ 0)$	$F_1(0,\ -c)$，$F_2(0,\ c)$
焦距	$\lvert F_1F_2 \rvert=2c\ (c>0)$，$c^2=a^2+b^2$	
渐近线	$y=\pm\frac{b}{a}x$	$x=\pm\frac{a}{b}y$

在双曲线方程 $\frac{y^2}{a^2}-\frac{x^2}{b^2}=1$（$a>0$，$b>0$）中，如果 $a=b$，那么双曲线的标准方程就可化为：$x^2-y^2=a^2$，这个方程所表示的双曲线实轴长和虚轴长相等，称为等轴双曲线. 等轴双曲线的两条渐近线为 $y=\pm x$，它们互相垂直.

例题提示与补充

例 1 编写目的是让学生掌握由双曲线的标准方程写出双曲线的焦点、顶点、实轴长、虚轴长及渐近线方程，并能画出双曲线的草图.

例 2 编写目的是让学生能根据双曲线方程写出它的离心率，注意本题为等轴双曲线，它的离心率为固定常数，学生应牢记.

例 3 编写目的是让学生能根据已知条件和双曲线的性质写出双曲线的标准方程.

6.8 抛 物 线

学习目标

1. 理解抛物线的定义，会求抛物线的标准方程及其推导过程.
2. 掌握抛物线的性质.
3. 能熟练地运用坐标法，进一步提高数学应用水平.

教学重点与难点

重点：

抛物线的定义及标准方程的四种形式.

难点：

抛物线标准方程的不同形式.

教学方法提示

本节与前面的内容和结构都有相似之处，结合“实例考察”，利用教学演示引出抛物线定义. 这种直观形象的过程类似于椭圆、双曲线定义的引出过程，同学们已有一定的经验，但这三者毕竟有着各自的特征，尤其是抛物线形成中依赖于一点一线而非两点，所以演示操作时要适当与前面的椭圆、双曲线相关内容进行对比说明.

与椭圆和双曲线一样，抛物线的标准方程不止一种形式，而是共有四种形式之多. 为此，注意两点：一是要对四种形式进行列表对比，对其中的图形特征（如开口方向、顶点、对称轴等）也需做特别说明；二是要指出，不能把抛物线当成双曲线的一支，曲线形状不同，抛物线没有渐近线，而双曲线有.

研究抛物线的几何性质和研究椭圆、双曲线的几何性质一样，按范围、对称性、顶点顺序来研究，学生完全可以独立探索得出结论. 已知抛物线的标准方程，求它的焦点坐标和准线方程时，要先判断抛物线的对称轴和开口方向. 一次项的变量如果为 x（或 y），则 x 轴（或 y 轴）是抛物线的对称轴，一次项的符号决定开口方向. 由已知条件求抛物线的标准方程时，要先根据已知条件确定抛物线标准方程的类型，再求出方程中的参数 p.

教学参考流程

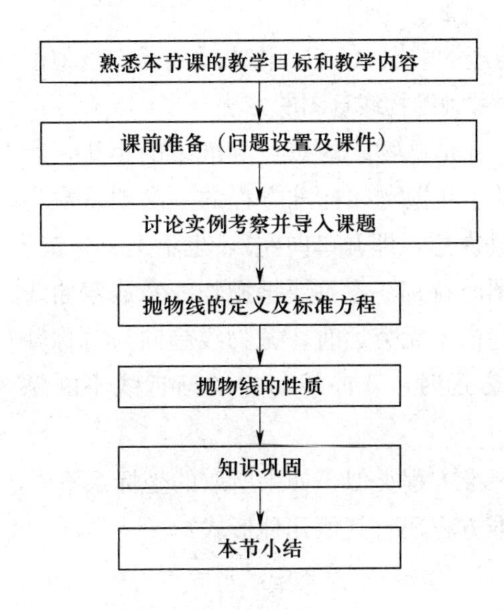

课程导入

结合“实例考察”，为了使学生掌握抛物线的本质特征，以便得出抛物线的定义，教材利用图示介绍了一种画抛物线的方法. 通过画图，加深学生对抛物线上的点的特征认识，在教师的引导下概括出抛物线的定义.

- “实例考察”的设置目的：

增强学生对抛物线的认识，培养他们的求知欲，提高学习的兴趣.

- “实例考察”的教学注意点：

保持直尺不动，三角尺沿直尺上下移动，以保证 $PF=PC$.

知识讲授

1. 抛物线的定义及其标准方程

引入抛物线的定义时，也像椭圆、双曲线一样从画图开始，便于学生理解与掌握.

在由抛物线的定义导出它的标准方程时，可先让学生考虑怎样选择坐标系. 由定义可推断直线 HF 是曲线的对称轴. 把对称轴作为 x 轴可以使方程不出现 y 的一次项. 因为线段 HF 的中点在抛物线上，以其为原点，就不会出现常数项. 这样建立坐标系，得出的方程形式比较简单.

在导出标准方程的过程中，设焦点到准线的距离 $HF=p$（$p>0$），这就是抛物线方程中参数 p 的几何意义．因为抛物线的顶点是 HF 的中点，所以焦点 $F\left(\frac{p}{2},\ 0\right)$和准线 $x=-\frac{p}{2}$ 都可根据 p 求出．

通过抛物线的焦点作垂直于 x 轴而交抛物线于 A，B 两点的线段 AB，称为抛物线的通径（图 6-6）．由 $A\left(\frac{p}{2},\ p\right)$，$B\left(\frac{p}{2},\ -p\right)$可得，通径的长 AB 等于 $2p$．这样可以根据顶点和通经的端点 A，B，作出抛物线的近似图形．教学中要使学生掌握这种画抛物线草图的方法．

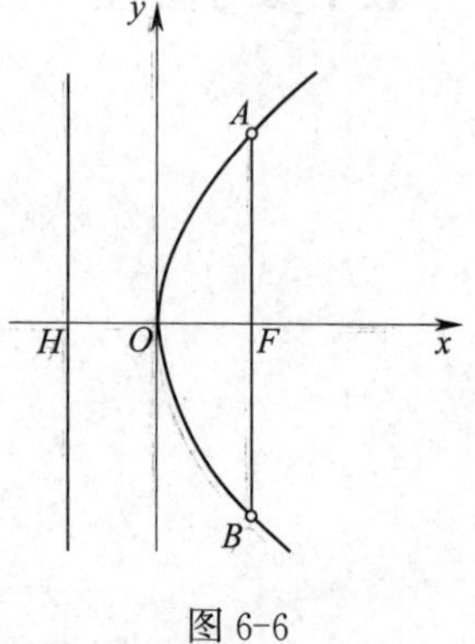

图 6-6

必须向学生着重指出，p 是抛物线的焦点到准线的距离，所以 p 的值永远大于 0，使学生在抛物线标准方程的一次项系数为负数时（这时抛物线在 y 轴左边，即开口向左），也不至于弄错．

还应向学生指出，画图时特别注意不要把抛物线看成双曲线的一支．当抛物线上的点趋向于无穷远时，抛物线趋向与对称轴平行；而双曲线趋向于无穷远时，双曲线与它的渐近线不断贴近，但不重合．

与求椭圆和双曲线的标准方程类似，如果所取的坐标系不同，或者抛物线在坐标平面内的位置不同，抛物线的标准方程还有其他几种形式：

$$y^2=-2px,\ x^2=2py,\ x^2=-2py\quad (p>0).$$

对于抛物线的四种标准方程、图形、焦点坐标及准线方程，教材已列表归纳，要求学生熟练掌握．教学时可以让学生多做些填空题．

例题提示与补充

例　编写目的是让学生熟练掌握不同形式抛物线的标准方程、焦点坐标及准线方程．

2．抛物线的几何性质

抛物线的性质和椭圆、双曲线比较起来，差别较大．它只有一个焦点、一个顶点、一条对称轴，它有一条准线，但没有对称中心．通常称抛物线为无心圆锥曲线，而称椭圆和双曲线为有心圆锥曲线．

已知抛物线的标准方程，求它的焦点坐标和准线方程时，要先判断抛物线的对称轴和开口方向．一次项的变量如果为 x（或 y），则 x 轴（或 y 轴）是抛物线的对称轴，一次项系数的符号则决定开口方向．例如，抛物线方程为 $x^2=-2y$，则 y 轴为对称轴，开口方向为 y 轴的负方向．

由已知条件求抛物线的标准方程时，也要先根据已知条件确定抛物线标准方程的类型，再求出方程中的参数 p．

例题提示与补充

例 1　编写目的是让学生掌握利用抛物线的已知条件求出抛物线的标准方程．

例 2　编写目的是让学生根据条件与几何性质写出抛物线的标准方程，并画出草图．

例 3 编写目的是提高学生的综合运用能力. 在本例题中，为了求点 A，B 的中点坐标，通常的解法是先求出 A，B 两点坐标，再用中点坐标公式求出中点. 本题是用了一种设而不求的办法，设出 A，B 两点坐标，利用一元二次方程中根与系数的关系以及中点坐标公式快速求出中点坐标，教学中应让学生体会这种解题方法和技巧.

例 4 编写目的是提高学生的综合运用能力.

教材左侧“想一想”的设置目的是让学生了解在解决解析几何问题时，可采用设而不求，直接求结果的综合分析方法。具体过程如下：

在得到方程 $3x^2-13x+12=0$ 后，利用一元二次方程根与系数的关系可得

$$x_1+x_2=\frac{13}{3},\ x_1x_2=4,$$

则

$$(x_1-x_2)^2=(x_1+x_2)^2-4x_1x_2=\left(\frac{13}{3}\right)^2-16=\frac{25}{9}.$$

又因为点 A，B 在直线 l 上，故有 $y_1=2\sqrt{6}x_1-4\sqrt{6}$，$y_2=2\sqrt{6}x_2-4\sqrt{6}$，从而可得

$$y_1-y_2=2\sqrt{6}(x_1-x_2),$$

即

$$(y_1-y_2)^2=24(x_1-x_2)^2.$$

所以

$$|AB|=\sqrt{(x_1-x_2)^2+(y_1-y_2)^2}=\sqrt{25(x_1-x_2)^2}=\sqrt{25\times\frac{25}{9}}=\frac{25}{3}.$$

探究 编写目的让学生了解抛物线的光学性质以及应用，培养他们的求知欲，以提高学习的兴趣.

6.9 综合例题分析

学习目标

1. 了解本章的知识结构.
2. 掌握本章的重点与难点.
3. 通过复习，培养学生的综合应用能力.

教学重点与难点

重点：

1. 直线的方程，两条直线的位置关系及判定.
2. 圆的方程、直线与圆的位置关系及判定.
3. 椭圆、双曲线、抛物线的定义、标准方程及几何性质与应用.

难点：

各知识点的综合应用.

教学方法提示

例题讲解与练习相结合本节中所举例题均为历届全国成人高考数学试题，通过例题讲解，让学生了解全国成人高考试题所涉及的知识点、试题类型以及试题难度. 知识巩固中的题目可用来检查学生的掌握程度.

Ⅲ. 单元测验

一、选择题

1. 已知直线经过 $A(x,\ 2)$，$B(-x,\ 3x-1)$ 两点，且倾斜角为 $135°$，则 x 的值为 (　　).

A. -3　　　B. 3　　　C. $\frac{3}{5}$　　　D. $\frac{5}{3}$

2. 已知直线 l_1 与 l_2 垂直，直线 l_1 的倾斜角为 $\frac{\pi}{6}$，则直线 l_2 的斜率为（　　）.

A. $\frac{\sqrt{3}}{3}$　　　B. $-\frac{\sqrt{3}}{3}$　　　C. $\sqrt{3}$　　　D. $-\sqrt{3}$

3. 过点 $A(0,\ 4)$ 且倾斜角为 $\frac{2\pi}{3}$ 的直线方程的一般式为（　　）.

A. $y=\sqrt{3}x+4$　　　B. $x-\frac{\sqrt{3}}{y}+4=0$

C. $\sqrt{3}x-y+4=0$　　　D. $\sqrt{3}x+y-4=0$

4. 两条平行直线 $2x+3y-2=0$ 与 $2x+3y+4=0$ 之间的距离为（　　）.

A. $\frac{\sqrt{13}}{13}$　　　B. $\frac{6\sqrt{13}}{13}$　　　C. $\frac{2\sqrt{13}}{13}$　　　D. 6

5. 圆 $x^2+y^2+4x-6y+9=0$ 的圆心坐标和半径分别是（　　）.

A. (2，3)，3　　　B. (−2，3)，3　　　C. (−2，3)，2　　　D. (−2，3)，4

6. 到两定点 $A(-1,\ 1)$ 和 $B(3,\ 5)$ 距离相等的点的轨迹为（　　）.

A. $x+y-4=0$　　　B. $x+y-5=0$　　　C. $x+y+5=0$　　　D. $x-y+2=0$

7. 椭圆 $\frac{x^2}{25}+\frac{y^2}{9}=1$ 上有一点 P，如果它到左焦点的距离为 $\frac{5}{2}$，那么 P 点到右焦点的距离为（　　）.

A. 8　　　B. $\frac{15}{2}$　　　C. $\frac{75}{4}$　　　D. 3

8. 已知双曲线方程为 $\frac{x^2}{6}-\frac{y^2}{8}=1$，那么它的渐近线方程是（　　）.

A. $y=\pm\frac{4}{3}x$　　B. $y=\pm\frac{3}{4}x$

C. $y=\pm\frac{2\sqrt{3}}{3}x$　　D. $y=\pm\frac{\sqrt{3}}{2}x$

9. 已知椭圆方程为 $\frac{x^2}{20}+\frac{y^2}{11}=1$，那么它的焦距是（　　）.

A. 6　　B. 3　　C. $3\sqrt{31}$　　D. $\sqrt{31}$

10. 设双曲线 $\frac{x^2}{16}-\frac{y^2}{9}=1$ 上的点 P 到点（5，0）的距离为 15，则 P 点到（-5，0）的距离是（　　）.

A. 7　　B. 23　　C. 5 或 23　　D. 7 或 23

11. 椭圆 $\frac{x^2}{34}+\frac{y^2}{n^2}=1$ 和双曲线 $\frac{x^2}{n^2}-\frac{y^2}{16}=1$ 有相同的焦点，则实数 n 的值是（　　）.

A. ±5　　B. ±3　　C. 5　　D. 9

12. 抛物线 $y=-\frac{1}{4}x^2$ 的准线方程为（　　）.

A. $y=1$　　B. $y=-1$　　C. $x=-\frac{1}{16}$　　D. $x=\frac{1}{16}$

二、填空题

1. 已知 $A(0,-1)$，$B(2,1)$，则 $k_{AB}=$________，直线 AB 的倾斜角 $\alpha=$________.

2. 直线 l_1 与 l_2 平行，直线 l_1 的倾斜角 $\alpha=30°$，则直线 l_2 的斜率 $k_2=$_________.

3. 纵截距为 $-\frac{3}{2}$，平行于 x 轴的直线方程为__________________.

4. 原点到直线 $2x-y+4=0$ 的距离是_________.

5. 圆心为 $(0,-2)$，半径为 3 的圆的标准方程是__________________.

6. $a=6$，$c=1$，焦点在 y 轴上的椭圆的标准方程是__________________.

7. 已知抛物线 $y^2=-6x$，以此抛物线的焦点为圆心，且与抛物线的准线相切的圆的方程是__________________.

三、解答题

1. 求过直线 $2x-3y+4=0$ 和 $x+3y+5=0$ 的交点，且平行于直线 $6x-2y-1=0$ 的直线方程.

2. 求圆心在$A(1,3)$且与直线$3x+4y=0$相切的圆的方程.

3. 已知椭圆的焦点在x轴上，且一个焦点为$F_2(\sqrt{5},0)$，长轴的长和短轴的长之和为10，求椭圆的标准方程.

4. 求以曲线$2x^2+y^2-4x-10=0$和$y^2=2x-2$的交点和原点的连线为渐近线，且实轴在x轴上，实轴长为12的双曲线方程.

5. 斜率为1的直线经过抛物线$y^2=4x$的焦点，与抛物线相交于A，B两点，求线段AB的长.

附参考答案

一、选择题

1. B 2. D 3. D 4. B 5. C 6. A 7. B 8. C 9. A 10. D 11. B 12. A

二、填空题

1. 1 $45°$

2. $\frac{\sqrt{3}}{3}$

3. $y=-\frac{3}{2}$

4. $\frac{4\sqrt{5}}{5}$

5. $x^2+(y+2)^2=9$

6. $\frac{y^2}{36}+\frac{x^2}{35}=1$

7. $\left(x+\frac{3}{2}\right)^2+y^2=9$

三、解答题

1. $9x-3y+25=0$
2. $(x-1)^2+(y-3)^2=9$
3. $\frac{x^2}{9}+\frac{y^2}{4}=1$
4. $\frac{x^2}{36}-\frac{y^2}{16}=1$
5. $|AB|=8$

Ⅳ. 拓展知识

足球射门问题

如图 6-7 所示，甲、乙两支球队进行足球比赛，AB 表示乙方球门，甲方队员 M 沿着与 AB 垂直的直线 OD 跑动. 问 M 在何处射门，把球射进乙方球门的可能性最大？

1. 实验与发现

当 M 所在位置使 $\angle AMB$ 最大时，把球射进乙方球门的可能性最大.

建立直角坐标系，以 O 为坐标原点，使点 A，B 在 y 轴上，点 M 在 x 轴的正半轴上.

为找出这个位置，利用图形计算器或计算机测量出 $\angle AMB$. 改变点 M 的位置，使得 $\angle AMB$ 取得最大值. 如图 6-8 所示，$\angle AMB$ 的最大值是 28.06°.

那么 $\angle AMB$ 的最大值与已知条件——A，B 的位置有什么联系呢？

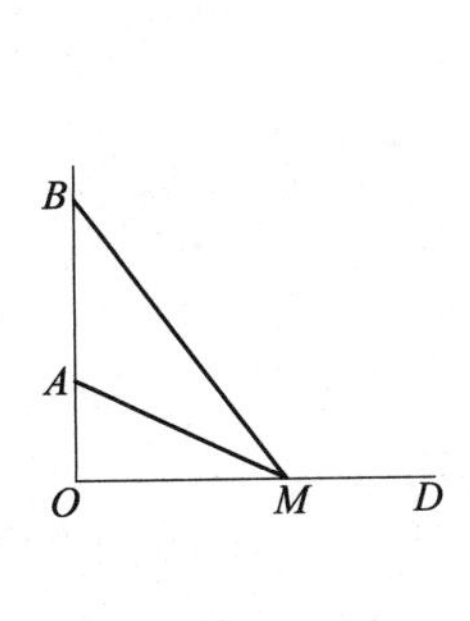

图 6-7

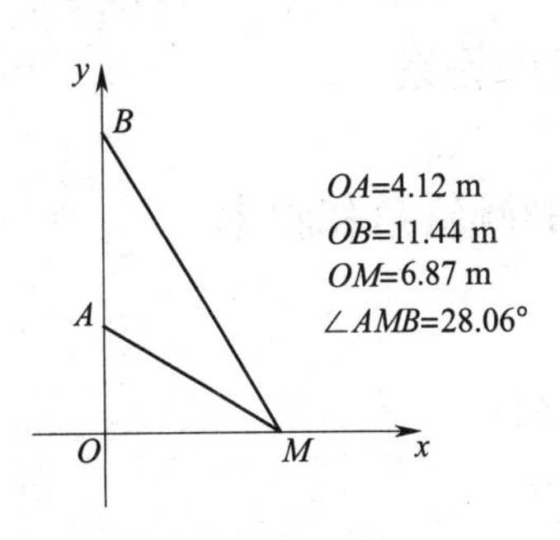

图 6-8

由于A，B为定点，即OA，OB为定值，只有点M是变化的，寻找线段OA，OB，OM之间的关系，容易发现：当$\angle AMB$最大时，有$OM^2=OA\cdot OB$.

2. 探究原因

根据“同弧上的圆周角大于圆外角”可以判断，当$\triangle ABM$的外接圆（图6-9）与x轴相切且M为切点时，$\angle AMB$最大．此时，$\angle AMO=\angle OBM$，故$\mathrm{Rt}\triangle OMA\backsim\mathrm{Rt}\triangle OBM$，因此有$\frac{OM}{OB}=\frac{OA}{OM}$，即$OM^2=OA\cdot OB$.

3. 进一步探究

改变AB与x轴垂直这一条件，那么结论还成立吗？

结论仍然成立．如图6-10所示，当$OM^2=OA\cdot OB$时，有$\angle AMB$最大．

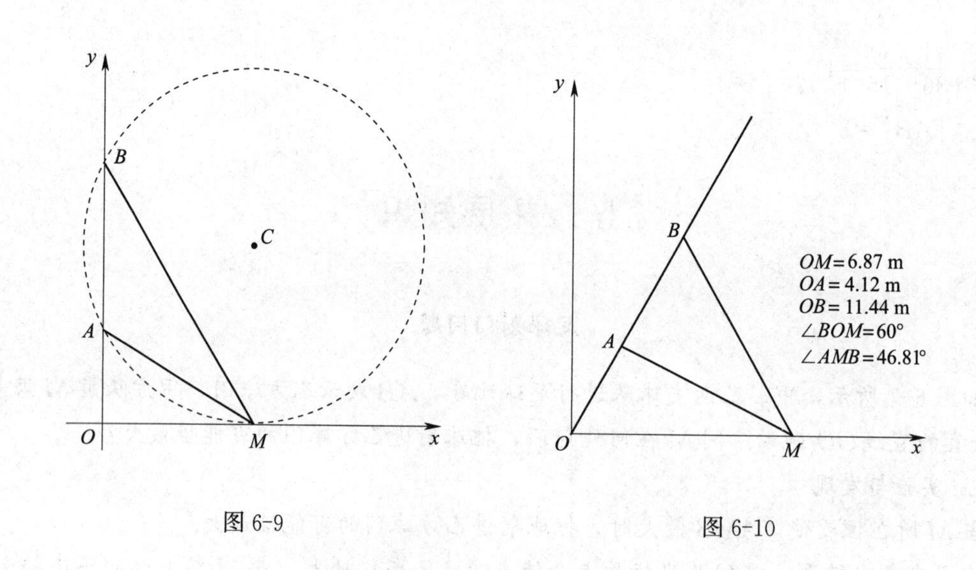

图6-9　　图6-10

V．知识巩固与习题册答案

教材知识巩固答案

6.1　直线的倾斜角和斜率

知识巩固

1. （1）$\sqrt{3}$　（2）$-\sqrt{3}$　（3）-1

2. （1）1，45°

（2）0，0°

（3）斜率不存在，90°

3. （1）$k=2$，$0°<\alpha<90°$

（2）$k=-5$，$90°<\alpha<180°$

4. $k=\frac{\sqrt{3}}{2}$，$\arctan\frac{\sqrt{3}}{2}$

6.2　直线的方程

知识巩固 1

1. $x+2y-7=0$
2. $3x-2y+1=0$

知识巩固 2

1. （1）$y+1=-2(x-3)$

（2）$y-2=\sqrt{3}(x+4)$

（3）$y-1=-(x-0)$

2. $k=1$　$\alpha=45°$
3. （1）$2x+y-7=0$

（2）$2x+y+10=0$

（3）$y=-6$

（4）$x=2$

知识巩固 3

（1）$2x+y-4=0$

（2）$x+y+4=0$

（3）$\sqrt{3}x-y-5\sqrt{3}=0$

（4）$4x-5y+20=0$

知识巩固 4

1. （1）$B=0$，$A\neq0$

（2）$A=0$，$B\neq0$

（3）$A=0$，$C=0$，$B\neq0$

（4）$B=0$，$C=0$，$A\neq0$

2. 点斜式方程为 $y-2=\frac{1}{2}(x+3)$，斜截式方程为 $y=\frac{1}{2}x+\frac{7}{2}$，一般式方程为 $x-2y+7=0$.

3. $k=\frac{2}{5}$，$a=-2$，$b=\frac{4}{5}$

6.3　两条直线的位置关系

知识巩固 1

1. （1）平行　（2）平行　（3）重合
2. $2x+3y+10=0$

知识巩固 2

1. (1) 垂直 (2) 不垂直

2. $x+y-5=0$

3. 提示：$k_{AB}=-\frac{1}{5}$，$k_{BC}=5$，得 $k_{AB}k_{BC}=-1$. 因此，$AB\perp BC$，即$\angle ABC=90°$，所以$\triangle ABC$是直角三角形.

知识巩固 3

1. $x=4$，$y=-2$

2. (1) 相交，交点为$\left(\frac{15}{8},-\frac{13}{4}\right)$.

(2) 平行

知识巩固 4

1. (1) $d=2\sqrt{13}$

(2) $d=0$

2. (1) $d=5$

(2) $d=1$

3. (1) $d=\frac{\sqrt{10}}{2}$

(2) $d=\frac{13}{10}$

6.4 曲线和方程

知识巩固 1

1. 点A，D在曲线上，点B，C不在曲线上.

2. 5

知识巩固 2

1. $x^2+y^2=4$

2. $x^2+y^2=4$ ($x\pm 2$)

知识巩固 3

1. $A(1, 2)$，$B\left(-\frac{1}{2}, \frac{1}{2}\right)$，$AB=\sqrt{2}$

2. $-3\sqrt{5}<b<3\sqrt{5}$ 时有两个不同的交点，$b=\pm 3\sqrt{5}$ 时有一个交点，$b>3\sqrt{5}$ 或 $b<3\sqrt{5}$ 时无交点.

6.5 圆

知识巩固 1

1. (1) $(-3, 4)$，$r=5$

（2）$(2, -3)$，$r=\sqrt{10}$

2. （1）$(x-4)^2+(y+2)^2=16$，点 A 在圆外.

（2）$x^2+y^2=25$，点 A 在圆内.

知识巩固 2

1. （1）$x^2+y^2-10x+4y+22=0$

（2）$x^2+y^2+6x-8y+15=0$

2. （1）表示的是圆.

（2）表示的是点.

（3）不表示任何图形.

（4）表示的是圆.

3. $(x-1)^2+y^2=1$，圆心坐标为 $(1, 0)$，半径为 1.

*4. 设点 M 的坐标是 (x, y)，点 A 的坐标是 (x_0, y_0). 由于点 B 的坐标是 $(4, 3)$，且 M 是线段 AB 的中点，所以

$$x=\frac{x_0+4}{2},\ y=\frac{y_0+3}{2}.$$

于是有

$$x_0=2x-4,\ y_0=2y-3. \quad ①$$

因为点 A 在圆 $(x+1)^2+y^2=4$ 上运动，所以点 A 的坐标满足圆的方程，即

$$(x_0+1)^2+y_0^2=4. \quad ②$$

把①代入②，得

$$(2x-4+1)^2+(2y-3)^2=4,$$

整理，得

$$\left(x-\frac{3}{2}\right)^2+\left(y-\frac{3}{2}\right)^2=1.$$

这就是点 M 的轨迹方程，它表示以 $\left(\frac{3}{2}, \frac{3}{2}\right)$ 为圆心，半径为 1 的圆.

知识巩固 3

1. （1）相交

（2）相切

（3）相离

（4）相交

2. 有公共点，坐标为 $(10, 0)$ 或 $\left(\frac{14}{5}, \frac{48}{5}\right)$.

知识巩固 4

1. $\left(\frac{5}{2}, -\frac{5\sqrt{3}}{2}\right)$

2. （1）$(x-1)^2+(y+3)^2=4$

(2) $(x-2)^2+(y-2)^2=1$

3. 以(4，0)为圆心，半径为1的圆，图略.

6.6 椭圆

知识巩固 1

1. $\frac{x^2}{4}+y^2=1$

2. $\frac{y^2}{25}+\frac{x^2}{16}=1$

3. y　14　36

4. (1) $\frac{x^2}{16}+y^2=1$

(2) $\frac{y^2}{16}+x^2=1$

(3) $\frac{x^2}{36}+\frac{y^2}{16}=1$ 或 $\frac{y^2}{36}+\frac{x^2}{16}=1$

(4) $x^2+\frac{y^2}{4}=1$

知识巩固 2

1. 焦点 $F(\pm1, 0)$，顶点 $A(\pm\sqrt{5}, 0)$，$B(0, \pm2)$，长轴长 $2\sqrt{5}$，短轴长4，焦距2，离心率 $e=\frac{\sqrt{5}}{5}$，准线方程 $x=\pm5$.

2. $\frac{x^2}{144}+\frac{y^2}{80}=1$ 或 $\frac{y^2}{144}+\frac{x^2}{80}=1$

3. $\frac{x^2}{6}+\frac{y^2}{2}=1$

知识巩固 3

1. $x^2+\frac{y^2}{3}=1$　$2\sqrt{3}$　2　$(0, \pm\sqrt{2})$　$y=\pm\frac{3\sqrt{2}}{2}$　$e=\frac{\sqrt{6}}{3}$

2. $\begin{cases} x=9\cos\theta \\ y=4\sin\theta \end{cases}$ (θ 为参数)

3. 最大值为5，最小值为-5.

6.7 双曲线

知识巩固 1

1. (1) $\frac{x^2}{16}-\frac{y^2}{9}=1$

(2) $\frac{y^2}{45}-\frac{x^2}{4}=1$

(3) $\frac{y^2}{20}-\frac{x^2}{16}=1$

2. 2 或 22，$(0, \pm\sqrt{34})$

知识巩固 2

1. (1) 实轴长 $2a=8\sqrt{2}$，虚轴长 $2b=4$，顶点 $A(\pm4\sqrt{2}, 0)$，焦点 $F(\pm6, 0)$，离心率 $e=\frac{3\sqrt{2}}{4}$，渐近线方程 $y=\pm\frac{\sqrt{2}}{4}x$.

(2) 实轴长 $2a=10$，虚轴长 $2b=14$，顶点 $A(0, \pm5)$，焦点 $F(0, \pm\sqrt{74})$，离心率 $e=\frac{\sqrt{74}}{5}$，渐近线方程 $y=\pm\frac{5}{7}x$.

2. (1) $\frac{x^2}{36}-\frac{y^2}{28}=1$

(2) $y^2-x^2=8$

(3) $\frac{4y^2}{27}-\frac{x^2}{12}=1$

3. $\frac{x^2}{3}-\frac{y^2}{5}=1$

4. $\frac{32}{5}$

5. $x^2-y^2=18$，$y=\pm x$

6.8 抛物线

知识巩固 1

1. (1) $(0, 1)$，$y=-1$

(2) $\left(\frac{1}{40}, 0\right)$，$x=-\frac{1}{40}$

(3) $\left(0, -\frac{1}{8}\right)$，$y=\frac{1}{8}$

(4) $\left(\frac{5}{4}, 0\right)$，$x=-\frac{5}{4}$

2. a　$a-\frac{p}{2}$

知识巩固 2

1. (1) $x^2=-20y$

(2) $y^2=20x$

(3) $y^2=-\frac{4}{3}x$

(4) $x^2=\frac{4}{3}y$

(5) $y^2=\frac{16}{5}x$，$x^2=-\frac{25}{4}y$

(6) $y^2=\pm 8x$，$x^2=\pm 8y$

2. 略.

3. 约 4.90 m

6.9 综合例题分析

知识巩固

1. D 2. D 3. C 4. B

5. $2\sqrt{2}$

6. (2，2)

7. $\frac{6\sqrt{2}}{7}$

8. $\frac{75}{2}$

9. (−2，7)

习题册答案

6.1 直线的倾斜角和斜率

习题 6.1.1

A 组

1. A

2. 填表如下

倾斜角 α	0°	30°	45°	60°	90°	120°	135°	150°
斜率 k	0	$\frac{\sqrt{3}}{3}$	1	$\sqrt{3}$	不存在	$-\sqrt{3}$	−1	$-\frac{\sqrt{3}}{3}$

3. 120°

4. (1) $k=\tan\alpha=1$，$\alpha=45°$

(2) $k=\tan\alpha=\sqrt{3}$，$\alpha=60°$

(3) $k=\tan\alpha=-\sqrt{3}$，$\alpha=120°$

(4) $k=\tan\alpha=1$，$\alpha=45°$

5. $m=-2$

6. 45° 或 135°

B组

1. C 2. D

3. $k=-\frac{3}{4}$

4. 因为 $k_{AB}=k_{AC}=2$，所以 A，B，C 在一条直线上.

5. $k_{AB}=-\sqrt{3}$

6.2 直线的方程

习题 6.2.1

A组

1. C

2. 由$\frac{x+1}{3}=\frac{y+2}{\sqrt{3}}$，整理得 $x-\sqrt{3}y+1-2\sqrt{3}=0$.

3. (1) 一个方向向量为(3，5).

   (2) 点向式方程为$\frac{x}{3}=\frac{y+1}{5}$.

   (3) 两点式方程为$\frac{y+1}{5}=\frac{x}{3}$.

B组

1. C

2. (1) (3，0)

   (2) $k=0$，$\alpha=0°$

   (3) 都不存在

3. (1) (0，8)

   (2) k 不存在，$\alpha=90°$

   (3) 都不存在

习题 6.2.2

A组

1. B

2. (1) $y-3=2(x-1)$

   (2) $y-1=-(x+2)$

3. (1) $k=\sqrt{3}$，$\alpha=60°$

   (2) $k=-\frac{\sqrt{3}}{3}$，$\alpha=150°$

   (3) $k=1$，$\alpha=45°$

   (4) $k=-1$，$\alpha=135°$

4. 图略.

（1）垂直于 x 轴

（2）平行于 x 轴

（3）y 轴

（4）x 轴

（5）第一、三象限角平分线

（6）第二、四象限角平分线

5. $\sqrt{3}x+y-3\sqrt{3}-4=0$

B组

1. （1）$\sqrt{3}x-3y+3\sqrt{3}+21=0$

（2）$y+5=0$

2. $k=\frac{5}{6}$

3. （1，1）

4. $x+y-3=0$ 或 $x-y-1=0$

习题 6.2.3

A组

1. A　2. C

3. $y=\frac{3}{2}x+13$　13

4. -2

5. （1）2，3，$-\frac{3}{2}$

（2）$-\sqrt{3}$，$-5\sqrt{3}$，-5

（3）$\frac{1}{2}$，$\frac{1}{2}$，-1

（4）2，-7，$\frac{7}{2}$

6. （1）$x+y-3=0$

（2）$\sqrt{3}x-y-5\sqrt{3}=0$

（3）$2x+y-4=0$

B组

1. A

2. （1）$y+2=-(x-3)$，$y=-x+1$

（2）$y+2=\frac{1}{2}x$，$y=\frac{1}{2}x-2$

3. $x+y-\sqrt{2}=0$，$x-y+\sqrt{2}=0$，$x+y+\sqrt{2}=0$，$x-y-\sqrt{2}=0$

4. $x+2y-4=0$

习题 6.2.4

A组

1. B 2. D 3. D 4. B

5. (2, 0) (0, 6) 6

6. (1) $x+y-1=0$

(2) $2x-y-3=0$

(3) $\sqrt{3}x+y-4=0$

(4) $x+3=0$

7. $k=\frac{2}{3}$, $b=2$，图形略.

B组

1. (1) $A\neq0$，$B\neq0$

(2) $A\neq0$，$B=0$

(3) $A=0$，$B\neq0$

(4) $A=0$，$B\neq0$，$C=0$

(5) $A\neq0$，$B=0$，$C=0$

2. -2

3. $5x-4y-20=0$

4. (0, 1)

6.3 两条直线的位置关系

习题 6.3.1

A组

1. B

2. 平行

3. (1) $m=1$

(2) $m=-1$

4. $a=-\frac{3}{2}$

5. (1) $3x+5y-9=0$

(2) $y-3=0$

(3) $x+2=0$

6. $4x-y-2=0$

B组

1. $4x+y-8=0$

2. $15x-10y+6=0$

3. $a=3$，且 $c\neq-2$

4. (1) $m=-1$

(2) $m=3$

习题 6.3.2

A 组

1. D

2. 因为 $k_1 \cdot k_2=\left(-\frac{3}{2}\right)\times\frac{3}{2}=-1$，所以两条直线垂直.

3. (1) $3x+2y-5=0$

(2) $x-4y=0$

4. $\frac{2}{3}$

5. 因为 $k_{AD} \cdot k_{BC}=\frac{7}{2}\times\left(-\frac{2}{7}\right)=-1$，所以 $AD\perp BC$.

B 组

1. 3

2. $x+y-3=0$

3. $4x-7y-23=0$

4. $(-6，-8)$

习题 6.3.3

A 组

1. D

2. $(1，-2)$

3. (1) 相交，$(2，0)$，图略.

(2) 相交，$\left(\frac{3}{2}，2\right)$，图略.

(3) 平行，图形略.

4. $-\frac{1}{2}$

B 组

1. 5　-12　-2

2. $10x+4y+17=0$

3. $(19，3)$，$(15，5)$

习题 6.3.4

A 组

1. D　2. D

3. 1 或 11

4. (1) $d=2\sqrt{13}$

(2) $d=2$

(3) $d=\frac{2}{5}$

(4) $d=8$

5. (1) $d=2\sqrt{13}$

(2) $d=\frac{7}{2}$

6. $(-12, 0)$ 或 $(8, 0)$

B 组

1. $2x-y+1=0$

2. B

3. -9 或 11

4. -1 或 3

5. $\frac{7\sqrt{13}}{13}$

6.4 曲线和方程

习题 6.4.1

A 组

1. C 2. D 3. D 4. C

5. 点 A，C 在方程对应的曲线上，点 B 不在方程对应的曲线上.

6. (1) $c=0$

(2) $a^2+b^2=r^2$

B 组

1. 不是，应该还有 $x+y=0$.

2. 不是，应该还有 $y=-1$.

3. 是

习题 6.4.2

A 组

1. $(x-1)^2+(y-2)^2=25$

2. $x-y+2=0$

B 组

1. $x^2+y^2=2$

2. 建立以 AB 所在直线为 x 轴，AB 中点为原点的平面直角坐标系，得方程为 $x=0$.

习题 6.4.3

A 组

1. $\left(-1, \frac{1}{2}\right)$，$\left(3, \frac{9}{2}\right)$

2. (1) (5，0)，$\left(\frac{7}{5}, -\frac{24}{5}\right)$

 (2) 6

B 组

(1) $-2<b<2$

(2) $b-2$ 或 $b=-2$

(3) $b<-2$ 或 $b>2$

6.5 圆

习题 6.5.1

A 组

1. D 2. A

3. $(x-3)^2+(y-1)^2=2$

4. (1) (−1，0)，$\sqrt{5}$

 (2) (0，b)，$|b|$

5. (1) $(x+3)^2+(y-2)^2=2$

 (2) $x^2+y^2=5$ 或 $x^2+(y-2)^2=5$

 (3) $(x-5)^2+(y+3)^2=37$

6. (1) $x^2+\left(y+\frac{21}{2}\right)^2=\frac{841}{4}$，$P$ (0，4)，B (10，0)

 (2) $\frac{5\sqrt{33}-21}{2}$ m≈3.86 m

B 组

(1) $x^2+(y-11)^2=25$ 或 $x^2+(y-1)^2=25$

(2) $(x-1)^2+(y-3)^2=5$ 或 $(x-1)^2+(y+1)^2=5$

(3) $x^2+(y-2)^2=10$

(4) $(x+1)^2+(y+2)^2=10$

习题 6.5.2

A 组

1. $(-\infty, 1)$ 1 $(1, +\infty)$

2. 2 4

3. (1) $x^2+y^2-2x=0$

(2) $x^2+y^2-10x+10y+25=0$

4. (1) $x^2+y^2-4x+6y+8=0$

(2) $x^2+y^2+6x-7=0$

5. (1) 不表示任何图形.

(2) 表示一个点 (0, 0).

(3) 表示一个以 (3, 0) 为圆心，3 为半径的圆.

6. $3x-y-9=0$

7. (1) $(5, -4)$，$\sqrt{41}$

(2) $(0, 2)$，$\sqrt{6}$

(3) $\left(1, -\frac{3}{2}\right)$，$\frac{\sqrt{23}}{2}$

B 组

1. $a=-\frac{4}{3}$

2. $(x-2)^2+y^2=10$

3. $D+E=0$ 且 $2D^2-4F>0$

4. $\left(x-\frac{1}{2}\right)^2+\left(y+\frac{7}{2}\right)^2=\frac{89}{2}$

习题 6.5.3

A 组

1. A　2. B　3. D

4. (1) 相交　(2) 相切　(3) 相离

5. $2x-y-10=0$

6. (1) $k>5$ 时，相交.

(2) $k=5$ 时，相切.

(3) $0<k<5$ 时，相离.

7. 最大距离为 5

B 组

1. (1) $-3\sqrt{5}<b<3\sqrt{5}$ 时，相交.

(2) $b=\pm 3\sqrt{5}$ 时，相切.

(3) $b<-3\sqrt{5}$ 或 $b>3\sqrt{5}$ 时，相离.

2. $(x-3)^2+(y-5)^2=37$

3. $2x+3y-9=0$

4. $\frac{2\sqrt{30}}{5}$

习题 6.5.4

A 组

1. D 2. A

3. $\begin{cases}x=3\cos\theta\\y=-2+3\sin\theta\end{cases}$ （θ 为参数） （0，−2） 3

4. （−1，0） 4

5. $k=-\frac{3}{2}$

6. $\begin{cases}x=-\frac{\sqrt{2}}{2}t\\y=2+\frac{\sqrt{2}}{2}t\end{cases}$ （t 为参数）

7. $\begin{cases}x=5+\cos\theta\\y=-3+\sin\theta\end{cases}$ （θ 为参数）

8. $\begin{cases}x=3+3\cos\theta\\y=-1+3\sin\theta\end{cases}$ （θ 为参数）

9. （1） $x+3y-2=0$，表示一条直线.

（2） $(x+2)^2+(y-1)^2=1$，表示一个圆.

10. （1） $x^2-y^2=4$

（2） $x^2+y^2=2$

B 组

1. （2，1）

2. （3，−4） 5

3. D

4. （1） 点 A 在直线上，点 B 不在直线上.

（2） $m=2$

5. $\begin{cases}x=t+1\\y=t^2\end{cases}$ （t 为参数）

6. （1） $4x^2-y^2=16$

（2） $(x-1)^2-(y+2)^2=1$

复习题（一）

A 组

一、填空题

1. $[0,\pi)$ 平行或垂直

2. $\tan\alpha$ 不存在 垂直

3. $\frac{y_2-y_1}{x_2-x_1}$ 锐 钝

4. $y-y_0=k(x-x_0)$

5. $y=kx+b$　纵截距

6. $y=y_0$　$x=x_0$

7. 一般

8. (1) $=$　$=$　$=$　$/\!/$

(2) 90°　平行

(3) -1

9. $\dfrac{|Ax_0+By_0+C|}{\sqrt{A^2+B^2}}$

10. $(x-a)^2+(y-b)^2=r^2$　$x^2+y^2=r^2$

11. $x^2+y^2+Dx+Ey+F=0$

12. $x-y+1=0$

13. 2

14. $(x-2)^2+(y-4)^2=8$

15. $(x+1)^2+(y-6)^2=36$

16. 6

17. $\begin{cases}x=5+\dfrac{\sqrt{2}}{2}t\\ y=-4+\dfrac{\sqrt{2}}{2}t\end{cases}$（$t$ 为参数）

18. $\begin{cases}x=-5+5\cos\theta\\ y=3+5\sin\theta\end{cases}$（$\theta$ 为参数）

二、选择题

1. D　2. C　3. A　4. B　5. C　6. C　7. D　8. A　9. D　10. B

三、解答题

1. $2x-5y+11=0$

2. $y=2x+5$ 或 $y=-2x+5$

3. $(x-2)^2+(y-2)^2=8$

4. (1) $x^2+y^2=9$

(2) 能通过

5. $\begin{cases}x=2t\\ y=1-5t^2\end{cases}$（$t$ 为参数）

B组

一、选择题

1. C　2. B　3. C　4. B　5. D

二、填空题

1. $x+3y-2=0$

2. $x^2+y^2-2x-3=0$

3. $\pm 3\sqrt{5}$

4. (3，2)

三、解答题

1. $x^2+(y-1)^2=10$

2. 1

3. $3x-4y+8=0$

测试题（一）

一、选择题

1. A 2. C 3. A 4. C 5. D 6. A 7. B 8. C

二、填空题

1. $8\sqrt{2}$ （2，−1） −1 135°

2. −1 3

3. 8

4. (1) 垂直 (2) 平行 (3) 垂直

5. $(x-4)^2+(y+2)^2=25$ $\begin{cases}x=4+5\cos\theta\\y=-2+5\sin\theta\end{cases}$ （θ 为参数）

6. $k<10$

7. $(x+2)^2+(y-1)^2=9$

三、解答题

1. $k=\dfrac{3}{2}$

2. 直线 AB 的方程为 $3x-4y+12=0$，直线 BC 的方程为 $3x+4y-12=0$，直线 CD 的方程为 $3x-4y-12=0$，直线 AD 的方程为 $3x+4y+12=0$.

3. $x-4y+6=0$

4. $x^2+y^2-8x+6y=0$，圆心坐标为（4，−3），半径为 5.

5. $4x+3y+25=0$

6.6 椭圆

习题 6.6.1

A 组

1. B 2. B

3. (1) $2a=2\sqrt{7}$，$2c=2\sqrt{2}$

(2) $2a=2\sqrt{3}$，$2c=2$

4. (1) $\frac{y^2}{25}+\frac{x^2}{9}=1$

(2) $\frac{x^2}{4}+\frac{3y^2}{8}=1$ 或 $\frac{x^2}{2}+\frac{y^2}{4}=1$

(3) $\frac{x^2}{100}+\frac{y^2}{64}=1$ 或 $\frac{y^2}{100}+\frac{x^2}{64}=1$

(4) $\frac{x^2}{52}+\frac{y^2}{13}=1$

(5) $\frac{y^2}{25}+\frac{x^2}{9}=1$

B组

1. 20

2. $\frac{x^2}{25}+\frac{y^2}{16}=1$

实践活动

略

习题 6.6.2

A组

1. 图略.

(1) 长轴长 $2a=8$，短轴长 $2b=4$，焦点坐标为 $(\pm 2\sqrt{3},\ 0)$，顶点坐标为 $(\pm 4,\ 0)$ 和 $(0,\ \pm 2)$，离心率 $e=\frac{\sqrt{3}}{2}$，准线方程为 $x=\pm\frac{8\sqrt{3}}{3}$.

(2) 长轴长 $2a=10$，短轴长 $2b=6$，焦点坐标为 $(\pm 4,\ 0)$，顶点坐标为 $(\pm 3,\ 0)$ 和 $(0,\ \pm 5)$，离心率 $e=\frac{4}{5}$，准线方程为 $y=\pm\frac{25}{4}$.

2. (1) $\frac{x^2}{8}+\frac{y^2}{5}=1$

(2) $\frac{2x^2}{9}+2y^2=1$

3. (1) $\frac{x^2}{4}+y^2=1$

(2) m 的取值范围为$(-2,\ 2)$.

4. 以 F_1F_2 的中点为原点，F_1F_2 所在的直线为 x 轴，建立直角坐标系，则所求的椭圆方程为

$$\frac{x^2}{a^2}+\frac{y^2}{b^2}=1\ (a>b>0).$$

由题意得

$$2c=|F_1F_2|=|AF_2|-|AF_1|=46.5-14.5=32,$$

$$2a=|AA_1|=|AF_2|+|F_2A_1|=46.5+14.5=61,$$

则

$$c=16, a=30.5.$$

$$a^2=930.25, b^2=a^2-c^2=30.5^2-16^2=674.25.$$

因此，椭圆方程为

$$\frac{x^2}{930.25}+\frac{y^2}{674.25}=1.$$

B组

1. $\frac{x^2}{9}+y^2=1$ 或 $\frac{x^2}{9}+\frac{y^2}{81}=1$

2. $x^2+\frac{y^2}{4}=1$

3. $\frac{x^2}{55\ 011\ 889}+\frac{y^2}{54\ 403\ 489}=1$

习题 6.6.3

A组

1. $\frac{x^2}{4}+\frac{y^2}{3}=1$　4　$2\sqrt{3}$　2

2. $x^2+\frac{y^2}{3}=1$　$2\sqrt{3}$　2　$2\sqrt{2}$

3. $\begin{cases}x=5\cos\theta\\y=4\sin\theta\end{cases}$（$\theta$ 为参数）

B组

（1）$\begin{cases}x=2\cos\theta\\y=3\sin\theta\end{cases}$（$\theta$ 为参数）

（2）最大值为 5，最小值为 −5

6.7 双曲线

习题 6.7.1

A组

1. B　2. C

3. （1）$\frac{x^2}{4}-\frac{y^2}{9}=1$

（2）$\frac{y^2}{16}-\frac{x^2}{9}=1$

(3) $\frac{y^2}{20}-\frac{x^2}{16}=1$

B组

1. (1) $\left(\frac{\sqrt{30}}{3}, 0\right)$, $\left(-\frac{\sqrt{30}}{3}, 0\right)$

(2) $(0, -4)$, $(0, 4)$

2. 椭圆$\frac{x^2}{25}+\frac{y^2}{9}=1$的焦点坐标为$(\pm\sqrt{25-9}, 0)$，即$(\pm 4, 0)$；双曲线 $\frac{x^2}{15}-y^2=1$，的焦点坐标为 $(\pm\sqrt{15+1}, 0)$，即 $(\pm 4, 0)$. 所以，它们的焦点相同.

3. 36

实践活动

略.

习题 6.7.2

A组

1. 图略.

(1) 实半轴长 $a=4$，虚半轴长 $b=2$，焦点坐标为 $(\pm 2\sqrt{5}, 0)$，顶点坐标为 $(\pm 4, 0)$，离心率 $e=\frac{\sqrt{5}}{2}$，渐近线方程为 $y=\pm\frac{1}{2}x$.

(2) 实半轴长 $a=4$，虚半轴长 $b=3$，焦点坐标为 $(0, \pm 5)$，顶点坐标为 $(0, \pm 4)$，离心率 $e=\frac{5}{4}$，渐近线方程为 $y=\pm\frac{4}{3}x$.

2. (1) $\frac{x^2}{16}-\frac{y^2}{9}=1$

(2) $\frac{y^2}{12}-\frac{x^2}{36}=1$ 或$\frac{x^2}{12}-\frac{y^2}{36}=1$

(3) $\frac{x^2}{16}-\frac{y^2}{9}=1$

3. $x^2-y^2=18$，$y=\pm x$

B组

1. $\frac{y^2}{144}-\frac{x^2}{25}=1$

2. $\frac{y^2}{2}-\frac{x^2}{5}=1$

3. 以 AB 所在的直线为 x 轴，以线段 AB 的垂直平分线为 y 轴建立直角坐标系. 由已知条件可知炮弹爆炸点在双曲线上，且 $2a=680$，$2c=1\ 000$，从而得到

$$\begin{cases} a=340, \\ c=500, \\ b^2=c^2-a^2=134\ 400. \end{cases}$$

所以，炮弹爆炸点在双曲线$\frac{x^2}{115\ 600}-\frac{y^2}{134\ 400}=1$上.

6.8 抛物线

习题 6.8.1

A组

1. B 2. A

3. 3 2

4. (1) (5, 0), $x=-5$

(2) $\left(0, \frac{1}{8}\right)$, $y=-\frac{1}{8}$

(3) $\left(-\frac{5}{8}, 0\right)$, $y=\frac{5}{8}$

(4) (0, −2), $y=2$

B组

1. C

2. (18, 12) 或 (18, −12)

3. $(x+2)^2+y^2=16$

习题 6.8.2

A组

1. (1) $y^2=12x$

(2) $y^2=x$

(3) $x^2=\pm 4y$

(4) $y^2=\pm 24x$

(5) $x^2=-12y$

2. $y^2=4x$ 或 $x^2=-\sqrt{2}y$，图略.

3. 建立如图 6-11 所示的坐标系，设抛物线的方程为

$$x^2=-2py\ (p>0).$$

由拱桥的跨度 AB 为 24 m，得到$|BO'|$为 12 m，又由于$|OO'|$为 6 m，所以图中第四象限的点 B 的坐标为 (12, −6).

因为点 B (12, −6) 在抛物线上，所以有

$$12^2=-2p\times(-6),$$

解得 $p=12$，即抛物线方程为

$$x^2=-24y.$$

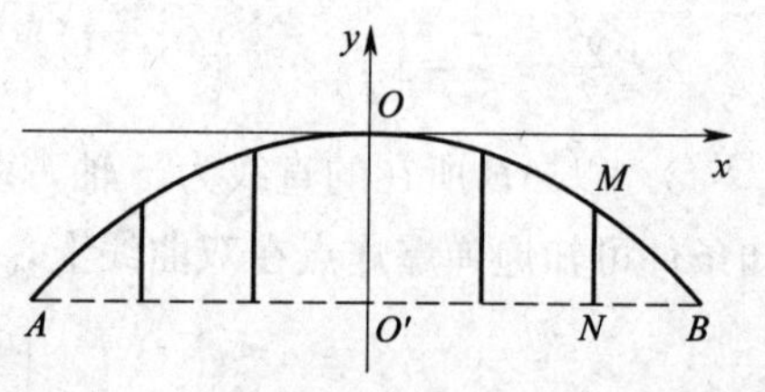

图 6-11

设点 M 的纵坐标为 y_1，因为点 M $(8, y_1)$ 在抛物线上，所以

$$8^2=-24y_1,$$

解得

$$y_1=-\frac{8}{3}.$$

所以，支柱高$|MN|=6-|y_1|=6-\frac{8}{3}\approx 3.33$ m.

即与桥中心线$|OO'|$相距 8 m 处支柱$|MN|$的高约为 3.33 m.

B组

1. $|P_1P_2|=2p$
2. 能安全通过拱桥.
3. $x^2=\frac{245}{36}y$

复习题（二）

A组

一、选择题

1. C　2. C　3. C　4. D

二、填空题

1. 6　$(0, \pm\sqrt{5})$
2. $(\pm 3, 0)$　$y=\pm 3x$
3. $\left(-\frac{1}{4}, 0\right)$　$x=\frac{1}{4}$

三、解答题

1. $\frac{x^2}{15}+\frac{y^2}{10}=1$
2. $\frac{x^2}{64}-\frac{y^2}{36}=1$ 或 $\frac{y^2}{64}-\frac{x^2}{36}=1$ 或 $\frac{x^2}{36}-\frac{y^2}{64}=1$ 或 $\frac{y^2}{36}-\frac{x^2}{64}=1$
3. $y^2=-12x$

B组

一、选择题

1. B　2. B　3. B　4. C

二、填空题

1. 3　2　$(0, \pm\sqrt{5})$　$(0, \pm 3)$，$(\pm 2, 0)$
2. $\left(0, -\frac{5}{8}\right)$　$y=\frac{5}{8}$　$x=0$　$(0, 0)$　向下
3. $\frac{13x^2}{144}-\frac{13y^2}{64}=1$

三、解答题

1. (3，4)，(−3，4)，(3，−4)，(−3，−4)

2. $\frac{x^2}{3}-\frac{y^2}{5}=1$

3. $y^2=-8x$ 或 $y^2=4x$

测试题（二）

一、选择题

1. C 2. C 3. C 4. C 5. C 6. A 7. C 8. C

二、填空题

1. 24

2. $(\pm\sqrt{7}, 0)$ $(\pm\sqrt{2}, 0)$ $\sqrt{2}$ $\sqrt{5}$ $\frac{\sqrt{14}}{2}$ $y=\pm\frac{\sqrt{10}}{2}x$

3. $y=2$ (0，−2)

4. $y^2=2x$ 或 $x^2=2y$

5. $\sqrt{2}$

6. $0<m<1$

三、解答题

1. $-\sqrt{3}\leqslant b\leqslant\sqrt{3}$

2. 长轴长 $2a=4\sqrt{3}$，短轴长 $2b=4$，焦点坐标为 $(\pm2\sqrt{2}, 0)$，顶点坐标为 $(\pm2\sqrt{3}, 0)$ 和 $(0, \pm2)$，离心率 $e=\frac{\sqrt{6}}{3}$，准线方程为 $x=\pm3\sqrt{2}$，图略.

3. $\frac{x^2}{9}-\frac{y^2}{4}=1$

4. (1，1) 和 $\left(\frac{1}{4}, -\frac{1}{2}\right)$

5. $\frac{4\sqrt{5}}{3}$

第7章　立体几何

Ⅰ. 概　述

一、教学目标和要求

1. 利用实物模型、计算机软件观察空间图形，认识柱、锥、球及其简单组合体的结构特征，并能运用这些特征描述现实生活中简单几何体.

2. 会画简单几何体的三视图和直观图，体会三维空间问题向二维平面问题转化的思想.

3. 经历柱体与锥体的表面积和体积的计算公式的获得过程，熟悉正棱柱、正棱锥、圆柱、圆锥与球的表面积和体积的计算公式，并会运用这些公式解决空间几何体的有关计算.

4. 通过实例，理解平面的概念. 借助长方体模型，在直观认识空间点、线、面的位置关系的基础上，抽象出空间中直线、线面位置关系的定义，并熟悉可以作为推理依据的四个公理（及三个推论）和等角定理.

5. 通过直观感知、操作确认、思辨归纳，认识和理解空间中直线与直线，直线与平面，平面与平面的位置关系及其平行、垂直关系的判定定理与性质定理.

6. 能以长方体为载体理解空间中点到直线的距离、点到平面的距离、直线到平面的距离、平行平面间的距离的概念，并进行简单的计算.

7. 引入异面直线所成角的概念，了解直线与平面所成角的概念、二面角的平面角的概念. 能够在简单几何体中进行上述三个角的有关计算.

8. 能运用已获得的结论证明一些空间位置关系的简单命题.

*9. 理解空间向量的概念，掌握空间向量的加法、减法和数乘的运算，掌握空间向量的数量积的运算，会用空间向量运算解决空间中的有关平行、垂直、夹角和距离等的计算，掌握数形结合的数学思想与解题方法.

二、内容安排说明

本章知识结构：

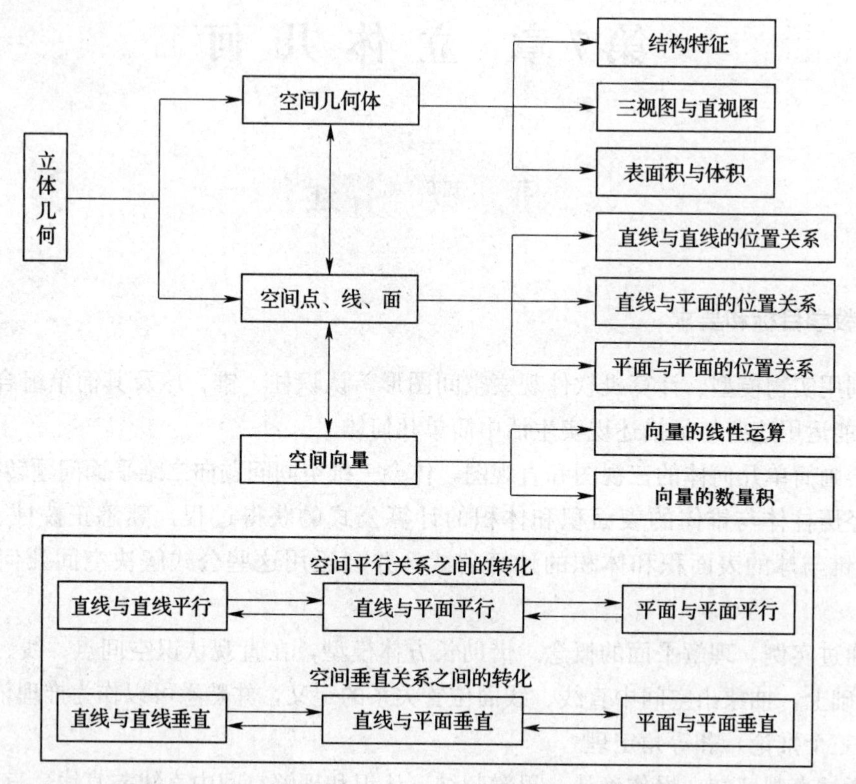

几何学是研究现实世界中物体的形状、大小与位置关系的数学学科．人们通常采用直观感知、操作确认、思辨认证、度量计算等方法认识和探索几何图形及其性质．

本章内容是义务教育阶段“空间与图形”课程的延续与发展，重点是帮助学生逐步形成空间想象能力．为了使教学符合学生的认知规律，培养学生对几何学习的兴趣，增进学生对几何本质的理解，本章在内容的选择及呈现方式上，与之前章节相比有较大的变化．学生将从观察基本的柱、锥、球等几何体出发，认识空间图形，了解它们的结构特征，会求一些简单几何体的表面积和体积；通过学习空间图形三视图的初步知识、空间图形的斜二测画法，进一步提高空间想象能力．再借助长方体等几何体，直观认识空间点、线、面的位置关系，用数学语言表述有关平行、垂直的性质与判定．

本章内容共有五部分：第一部分是讲解空间简单的几何体及其主要特征，并介绍空间几何体的三视图和直观图的画法；第二部分是介绍空间几何体的表面积与体积的计算；第三部分由空间的基本性质（四大公理）出发，讨论空间直线与直线的位置关系；第四部分以长方体为载体讨论空间直线与平面的位置关系、空间平面与平面的位置关系；第五部分介绍空间向量及其运算与简单应用．

本章的主要任务是满足技术基础课和专业课的需要，帮助学生建立空间概念，并提高他们的应用能力．根据专业课程的需要，教师可结合习题册对习题做一定的取舍或增加．按照课程标准的要求及各院校课时安排的实际情况，本章基本不涉及理论证明，鼓励教师根据各专业特点从生产实践中选取例子进行教学.

本章教学重点：

1. 建立空间概念，实现从平面图形向立体图形的转化.
2. 空间几何体的三视图和直观图的画法.
3. 正棱柱、正棱锥、圆柱、圆锥与球的表面积和体积的计算公式.
4. 异面直线所成的角.
5. 直线与平面平行、垂直的判定定理和性质定理.
6. 两个平面平行与垂直的判定定理和性质.

*7. 空间向量的概念、运算及简单应用.

本章教学难点：

1. 空间几何体的三视图和直观图的画法.
2. 正确理解和判断“确定一个平面”的含义.
3. 求异面直线所成的角.
4. 直线与平面平行、垂直的判定.
5. 二面角的概念及计算.

*6. 空间向量的应用.

课时分配建议

章节	基本课时	拓展课时
7.1 空间几何体	2	
7.2 空间几何体的三视图和直观图	2	
7.3 简单几何体的表面积和体积	2	2
7.4 空间直线的位置关系	2	
7.5 直线与平面的位置关系	4	
7.6 平面与平面的位置关系	4	
*7.7 空间向量		4
7.8 综合例题分析	4	

Ⅱ. 教材分析与教学建议

7.1 空间几何体

学习目标

1. 通过观察实物、模型使学生理解并归纳出棱柱、棱锥、圆柱、圆锥、球及其简单组合体的结构特征.

2. 通过对棱柱、棱锥、圆柱、圆锥、球的观察分析，培养学生的观察能力和抽象概括能力.

3. 能运用柱、锥、球的特征描述现实生活中简单物体的结构，逐步培养学生探索问题的能力.

教学重点与难点

重点：

棱柱、棱锥、圆柱、圆锥、球及其简单组合体的结构特征.

难点：

柱体、锥体与球体及其简单组合体结构特征的概括.

教学方法提示

展示大量的具体实物的直观模型和图片，必要时要求学生自己制作模型，从而引导学生通过感知模型，抽象出有关空间几何体的本质属性.

教学参考流程

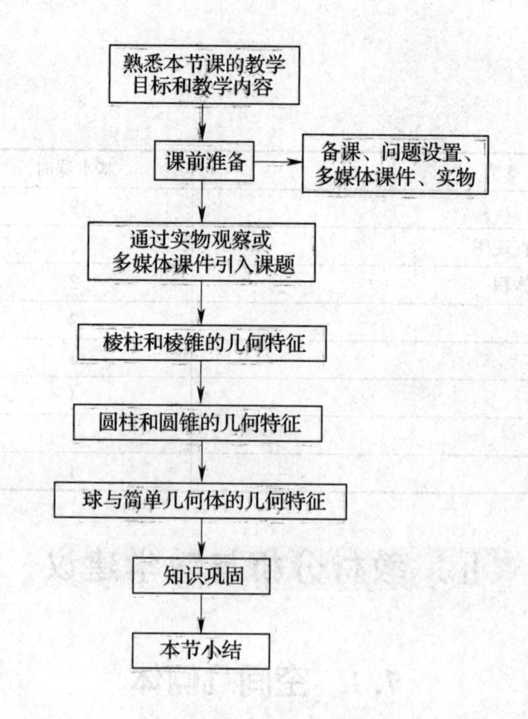

课程导入

本节通过展示大量几何体的实物、模型、图片等，让学生感受空间几何体的整体结构.这样安排是因为先从整体上认识空间几何体，再深入到细节的认识，更符合人的认知规律.教学中，教师应引导学生根据“实例考察”中的任务，结合自己的经验，提出适当的分类标准，对教材中的图片进行分类，并分析图片中几何体的结构特征，在比较过程中形成对柱、锥、球等几何体的结构特征的直观认识.

• “实例考察”的设置目的：

(1) 认识生活中的常见几何体；

(2) 掌握分类思想在生活中的应用；

(3) 了解数学应用与生活的联系，提高学生学习数学的兴趣，增强学习的主动性.

• “实例考察”的教学注意点：

(1) 充分调动学生的积极性，除教材上的例子外，要求学生思考并列举生活中的其他实物的几何图形；

(2) 引导学生从不同角度思考问题，分类方法不同时，同一物体可以属于不同类别，即分类思想的应用，如圆锥属于锥体，也属于旋转体.

知识讲授

1. 棱柱和棱锥的几何特征

通过观察“实例考察”中的几何体，引导学生分组讨论并归纳出多面体的定义，然后要讲清楚几何体中面、棱、顶点的概念.

在棱柱几何体的教学中，应给学生多展示具体实物和模型，如计算机的机箱、配电柜，通过观察它们的共性，给出棱柱的定义，定义中强调两点：

(1) 有两个面互相平行；

(2) 其余相邻的两个面的交线都互相平行.

由于棱柱的侧面都是平行四边形，因此，可以用棱柱底面的边数对棱柱进行分类，这里可以先让学生讨论一下分类的标准，使学生明确用底面多边形的边数分类的理由.

棱柱的分类有两种方法：一种是按底面多边形的边数来分，有三棱柱、四棱柱、五棱柱等；另一种是按侧棱是否垂直于底面来分，有直棱柱和斜棱柱，而直棱柱又可按底面是否是正多边形来分，有正棱柱和其他直棱柱.

由棱柱的分类可知：正方形是正四棱柱，长方形是直四棱柱，直棱柱的高等于侧棱长.

与棱柱相似，教材通过对实物、模型和图片的观察，引导学生对棱锥进行直观认识，概括出它们共同的本质特征，并导出棱锥的概念，讲解时应突出棱锥的两个本质特征：

(1) 有一个面是多边形；

(2) 其余各个面是有一个公共顶点的三角形.

由于棱锥的侧面都是三角形，因此可以用底面多边形的边数对棱锥进行分类. 根据底面多边形的边数来分，棱锥可分为三棱锥、四棱锥、五棱锥等. 若底面是正多边形，侧面是全等的等腰三角形，则称为正棱锥. 正三棱锥又称为正四面体.

这里可以向学生指出，三棱锥是最简单的空间几何体之一. 应熟练把握三棱锥的特征，如三棱锥有四个面，每个面都是三角形，每个三角形的顶点都可以作为三棱锥的顶点，每一个面都可以作为底面等. 这是立体几何学习的重要内容.

2. 圆柱、圆锥与球的几何特征

与棱柱、棱锥不同，教材通过“由平面图形（矩形、直角三角形）旋转而成”给出了圆柱、圆锥的概念. 因此，圆柱、圆锥有一个生成过程，由这个过程就可以给出轴、底面、侧面、母线等概念. 教学中，应当强调圆柱、圆锥的生成过程，特别是强调以怎样的平面图形、绕哪条轴旋转而成.

除了按照教材的方法引导学生认识圆柱、圆锥外，还可以引导学生类比棱柱、棱锥来认识圆柱和圆锥，让他们体会棱柱、圆柱都是柱体. 但棱柱的侧面都是平面图形（平行四边形或矩形），而圆柱的侧面是曲面. 通过这样的联系和对比，可以加深学生对柱体、锥体的认识.

旋转体的定义：一个平面图形绕着与它在同一平面上的一条定直线旋转一周所形成的几何体称为旋转体，这条定直线称为旋转体的轴. 这样既便于对比，也可以从中抽象出三种旋转体的两个基本特征：

（1）侧面是由母线绕轴旋转一周所形成的曲面；

（2）所有垂直于轴的截面的形状都是圆.

在日常生活和生产实践中有许多旋转体的例子，如粉笔、日光灯管、车床顶尖等.

圆柱的旋转平面是一个矩形，矩形的长、宽分别是圆柱的高与底面半径. 圆锥的旋转平面是一个直角三角形，两条直角边分别是圆锥的高和底面半径，而球的旋转平面是一个半圆.

3. 简单组合体

简单组合体的教学中，可让学生观察实物，如螺钉，也可让学生回忆生活中的其他物体，想一想它们是由哪些几何体组成的.

多媒体应用提示

（1）通过多媒体课件展示教材中“实例考察”的图片.

（2）通过多媒体课件展示教材中棱柱的图片，并指出棱柱的底面、侧面、侧棱、顶点等基本元素.

（3）通过多媒体课件展示教材中棱锥的图片，并指出棱锥的底面、侧面、侧棱、顶点、高等基本元素.

（4）通过多媒体课件展示教材中圆柱、圆锥的图片，并显示它们的形成过程，进一步指出母线、侧面、底面、顶点、高等基本元素.

7.2　空间几何体的三视图和直观图

学习目标

1. 学习三视图的初步知识，会画简单几何体的三视图. 初步掌握由几何体的三视图想象、表示几何体的能力.

2. 会用斜二测法画长方体、正三棱柱（锥）、正四棱柱（锥）的直观图.

教学重点与难点

重点：

1. 简单几何体的三视图.
2. 用斜二测法画空间几何体的直观图.

难点：

识别三视图所表示的空间几何体.

教学方法提示

通过边观察边讲解边练习，让学生掌握三视图和直观图的画法. 识别三视图所表示的空间几何体需要一定的空间想象能力. 培养空间想象能力是本单元的重点之一，教学中应加以重视，可充分利用信息技术，让学生感受直观图像，以达到理解和掌握的目的.

教学参考流程

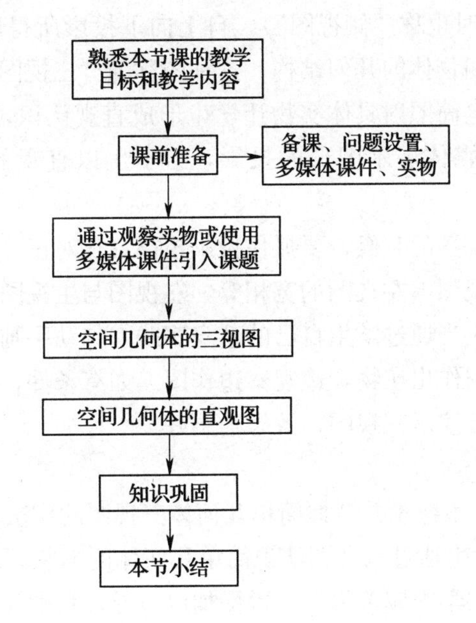

课程导入

本节内容是在认识空间几何体结构特征的基础上，学习空间几何体的表示形式，进一步提高学生对空间几何体结构的认识.

比较准确地画出几何图形，是学好立体几何的一个前提. 因此，本节内容是立体几何的基础之一，尤其是对于技工院校机械、建筑类专业的学生，教学中应当给以充分重视.

- “实例考察”的设置目的：

(1) 使学生了解在从不同的角度观察物体（平面或立体）会出现不同的结果；

（2）使学生了解描述几何体方法的多样性，如语言描述和图形描述，其中图形始终是人们认识自然、表达和交流思想的主要形式之一；

（3）让学生理解要完整描述一个物体需要从多个方面进行．如三视图是从三个不同的方向来描述一个几何体．

• “实例考察”的教学注意点：

（1）通过学生自己观察并得出结论，训练学生的观察能力与空间想象力；

（2）对于游戏二中的积木可搭成的不同形状，让学生去观察并分析结果．

知识讲授

1．空间几何体的三视图

画三视图是立体几何中的基本技能．通过三视图的学习，还可以丰富学生的空间想象力．

教材在本节内容后以“专题阅读”的形式专门介绍了两种投影法：中心投影法、平行投影法．“视图”是将物体按正（平行）投影法向投影面投射时所得到的投影图．光线自物体的前面向后投影所得的投影图称为“主视图”（有时也称“正视图”），自左向右投影所得的投影图称为“左视图”（有时也称“侧视图”），自上向下投影所得的投影图称为“俯视图”．用这三种视图即可刻画空间物体的几何结构，这种图称为“三视图”．

教学中可以通过用手电筒照射具体实物让学生形成直观认识，然后讲清三视图的定义．若有条件，应充分利用多媒体展示图形的投影，给学生以直观的感受，加深对三视图的理解．

教学中应强调，画三视图的时候，要抓住投影规律：长对正，高平齐，宽相等。即主视图与俯视图的长相等，俯视图与左视图的宽相等，左视图与主视图的高相等．

三视图的学习，主要应当通过学生自己的亲身实践，如动手画图来完成．教学中还可以让学生准备一些橡皮泥，制作出实物，边观察边作图．如有条件，可让学生通过计算机软件如几何画板或立体几何画板演示三视图，效果会更好．

例题提示与补充

例 1　编写目的是让学生熟悉并掌握简单几何体三视图的作法，培养学生的作图能力．

例 2　编写目的是让学生通过三视图认识简单几何体的形状，培养学生的识图能力．这是本节教学的一个难点，教学中应多举例并慢慢加以引导，只举简单几何体即可，避开复杂几何体，降低难度，防止学生产生畏惧、厌学的情绪．

多媒体应用提示

（1）通过多媒体展示教材上的“实例考察”中游戏一的图片在不同角度的形状．

（2）通过多媒体展示教材上的“实例考察”中游戏二的几何体旋转到不同角度的形状．

（3）通过多媒体展示“专题阅读”中物体在中心投影法、平行投影法下的形状．

（4）通过多媒体展示教材图 7-13 长方体三视图．

（5）通过多媒体展示例 1 中三棱柱与正四棱锥的三视图．

（6）通过多媒体展示例 2 中圆柱与圆锥的三视图．

2. 空间几何体的直观图

空间几何体的直观图主要是用斜二测法来画. 教学时, 先通过作平面图形的直观图让学生掌握斜二测画法, 再作几何体的直观图.

在画平面图的直观图时的要点是: 宽保持不变, 高变为原来的一半, 将直角画为 45° (或 135°).

一般地, 画平面图形直观图的步骤如下:

(1) 在平面图形上取互相垂直的 x 轴和 y 轴, 作出与之对应的 x'轴和 y'轴, 使得它们的夹角为 45° (或 135°);

(2) 图形中平行于 x 轴的线段画成平行于 x'轴的线段, 且长度不变;

(3) 图形中平行于 y 轴的线段画成平行于 y'轴的线段, 且长度变为原来的一半;

(4) 连接有关线段.

一般地, 画空间几何体的直观图的方法和步骤如下:

(1) 在空间几何体中取水平平面, 在其中取互相垂直的 x 轴和 y 轴, 作出水平平面上图形的直观图 (包括 x'轴和 y'轴);

(2) 在空间几何体中, 过 x 轴和 y 轴的交点取 z 轴, 并使 z 轴垂直于 x 轴和 y 轴, 过 x'轴和 y'轴的交点作 z'轴, 且使 z'轴垂直于 x'轴;

(3) 空间几何体中平行于 z 轴的线段画成平行于 z'轴的线段, 且长度不变;

(4) 连接有关线段, 擦去辅助线.

上述画直观图的方法称为斜二测画法.

例题提示与补充

例 1 编写目的是让学生熟悉平面图形的直观图的画法. 本题关键是作底边上的高, 通过作垂线 CD, 从而可以作出 45°角, 找到顶点 C.

例 2 编写目的是让学生掌握已知尺寸的柱体的直观图的画法. 先作出柱体底面图形的水平放置图, 再作出垂直方向的棱长 (垂直方向的棱长保持不变) 即可.

例 3 编写目的是让学生掌握锥体的直观图的画法. 首先作出锥体底面图形的水平放置图, 然后找到底面中心, 最后作出锥体的高 (高的长度保持不变) 即可.

教材左侧有关例 3 的"想一想": (1) $AB=3$, (2) 底面中心只要取三边中点连线的交点即可.

7.3 简单几何体的表面积和体积

学习目标

1. 了解正棱柱、正棱锥、圆柱、圆锥与球的表面积和体积的计算公式.

2. 经历柱体与锥体的表面积和体积的计算公式的获得过程, 体会"三维空间问题"向"二维平面问题"转化的思想, 会解决空间几何体的计算.

教学重点与难点

重点：

应用正棱柱、正棱锥、圆柱、圆锥、球的表面积和体积公式进行有关几何体的表面积和体积计算.

难点：

正棱锥、圆锥的表面积和体积计算公式.

教学方法提示

鉴于技工院校的实际情况，教学中主要推导表面积计算公式，体积公式的推导不做要求，只要学生知道即可. 运用讲解与练习相结合的方法，使学生掌握相关几何体的面积与体积的计算.

教学参考流程

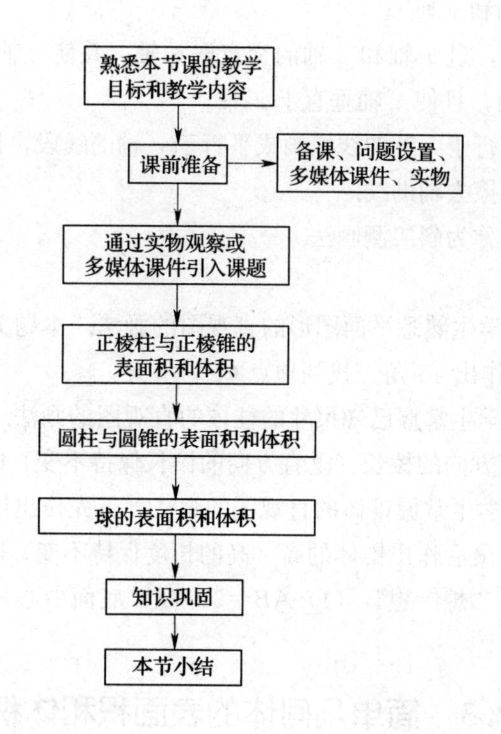

课程导入

由“实例考察”切入，说明在日常生活、工作中经常会遇到求简单几何体的表面积与体积的问题.

• “实例考察”的设置目的：

（1）让学生了解几何体表面积与体积的计算在日常生活中的必要性与重要性；

(2) 让学生思考表面积的计算方法，体会由三维向二维转化思想，提高学生的学习兴趣.

- “实例考察”的教学注意点：

(1) 在实践生活中，要考虑板厚与接头的材料对几何体表面积和体积的影响；

(2) 注水时间＝水池体积÷注水速度.

知识讲授

1. 正棱柱与正棱锥的表面积和体积

教学中，教师可以用纸板做一些棱柱与棱锥的模型，如三棱柱、四棱柱、三棱锥、四棱锥，然后沿它们的棱剪开，让学生体会由三维空间向二维平面转化的数学思想，然后再讨论并总结棱柱与棱锥的表面积计算公式.

在棱锥的学习中，应补充介绍有关斜高的概念，即棱锥侧面三角形底边上的高（图 7-1）. 在正棱锥中，设底面边长为 a，侧棱长为 l，斜高为 h'，则三者之间的关系为 $h'=\sqrt{l^2-\left(\frac{a}{2}\right)^2}$.

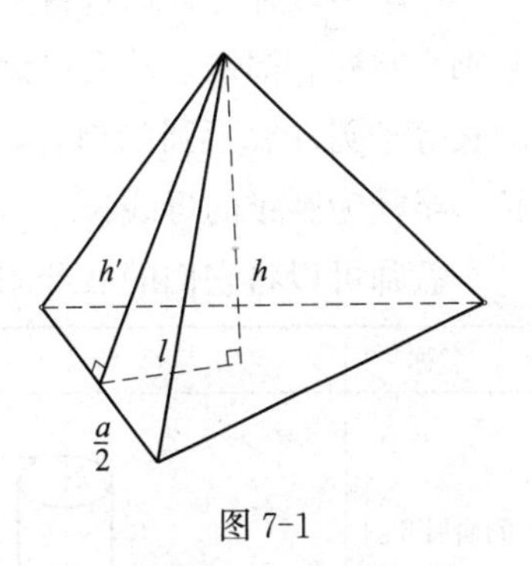

图 7-1

教师可以将棱柱与棱锥的展开图、侧面积、表面积和体积计算公式列成表格形式：

名称	正棱柱	正棱锥
侧面展开图		
侧面积	设底面周长为 c，边长为 a，边数为 n，高为 h，则 $S_{侧}=ch=nah$	设底面周长为 c，边长为 a，侧面三角形的高为 h'，则 $S_{侧}=\frac{1}{2}ch'=\frac{1}{2}nah'$
表面积	$S_{表}=S_{侧}+2S_{底}$	$S_{表}=S_{侧}+S_{底}$
体积	$V=S_{底}h$	设高为 h，则 $V=\frac{1}{3}S_{底}h$

例题提示与补充

例 1 编写目的是让学生熟悉正棱柱表面积的计算公式. 本例中，只要分别找到底面边长与棱长（与高相等）即可代入公式计算.

例 2 编写目的是让学生熟悉由正棱锥和正棱柱组成的几何体的表面积与体积的计算方法. 本题关键是让学生了解棱锥的高、斜高及斜高在底面的投影构成一个直角三角形，从而求出棱锥的斜高，进一步求出表面积. 在锥体的体积计算中，应记住公式中有$\frac{1}{3}$，这一点与棱柱不同.

探究 编写目的是让学生了解正棱台的概念，知道正棱台的表面积与体积的计算公式.

多媒体应用提示

（1）通过多媒体课件展示教材上棱柱的侧面展开图.

（2）通过多媒体课件展示教材上棱锥的侧面展开图.

2. 圆柱与圆锥的表面积和体积

教学中教师可以通过将一张矩形纸与一张扇形纸卷起来，观察发现它们所形成的几何体分别为圆柱和圆锥，从而告诉学生圆柱与圆锥的表面积分别为矩形和扇形的面积，而且矩形的长等于圆柱底面圆的周长，宽为母线长，即圆柱的高. 扇形的弧长等于圆锥底面圆的周长，半径为圆锥的母线长.

教师可以将它们的展开图、侧面积、表面积与体积列成表格：

名称	圆柱	圆锥
侧面展开图	c, r, h	h, r
侧面积	设底面半径为 r，周长为 c，高为 h，则 $S_{侧}=ch=2\pi rh$	设底面半径为 r，周长为 c，母线长为 l，则 $S_{侧}=\frac{1}{2}cl=\pi rl$
表面积	$S_{表}=S_{侧}+2S_{底}$ $=2\pi r(h+r)$	$S_{表}=S_{侧}+S_{底}$ $=\pi r(l+r)$
体积	$V=S_{底}h=\pi r^2h$	设高为 h，则 $V=\frac{1}{3}S_{底}h=\frac{1}{3}\pi r^2h$

在学习柱体与锥体有关计算公式后，教师可以让学生总结它们的规律，发现它们的共性：

$$V_{柱体}=S_{底}h,$$

$$V_{锥体}=\frac{1}{3}S_{底}h.$$

所以，同底等高的锥体体积是柱体体积的$\frac{1}{3}$.

例题提示与补充

例 1 编写目的是让学生熟悉圆柱体积的计算方法，同时了解解决实际问题时的应用. 本题在计算数量时，要注意先把质量的单位化为克，把体积的单位化为立方厘米，然后再利用比重进行运算.

例 2 编写目的是让学生熟悉圆锥表面积的计算公式．在圆锥中，底面半径、高与母线之间的长度构成直角三角形的关系，利用勾股定理即可先求母线长，然后利用圆锥表面积计算公式计算即可．

探究 编写目的是让学生了解圆台的概念，知道圆台的表面积与体积的计算公式．

多媒体应用提示

（1）通过多媒体课件展示教材上圆柱的侧面展开图．

（2）通过多媒体课件展示教材上圆锥的侧面展开图．

3．球的表面积和体积

讲解球的表面积计算时应说明，球面是不能展开成平面图形的，关于球的表面积与体积可以直接给出计算公式，学生只要会应用即可，公式如下表所示．

直观图	R
表面积	设球的半径为 R，则 $S_{球}=4\pi R^2$
体积	$V_{球}=\frac{4}{3}\pi R^3$

例题提示与补充

例 编写目的是让学生熟悉球的表面积与体积计算公式，同时也让学生了解球的表面积与体积在生活中的应用．

7.4 空间直线的位置关系

学习目标

1．理解平面的有关概念及表示方法，能熟练地画出各种位置的平面．

2．熟悉平面的基本性质，正确理解和判断“确定一个平面”的含义．

3．理解空间直线的三种位置关系，掌握异面直线的有关概念及表示．

4．掌握空间平行直线的性质．

5．理解异面直线所成的角，并能结合具体问题正确画出两条异面直线所成的角．

教学重点与难点

重点：

1．平面的基本性质．

2．空间直线的位置关系，异面直线的有关概念及表示．

3. 空间平行直线的性质.

难点：

1. 理解和判断“确定一个平面”的含义.

2. 正确画出两条异面直线所成的角.

教学方法提示

平面是最基本的几何概念，对它只加以描述而不定义，教学中应借助实例来引入平面的概念，并指出几何中的平面是无限伸展的（可结合直线的无限伸展性来理解），平面将整个空间分成两部分. 平面的基本性质（公理）是研究立体几何的基本理论基础，必须要求学生很好地掌握. 所谓公理，就是不必证明而直接承认的真命题，它们是推理论证的出发点. 教师通过平面基本性质及其推论的教学，使学生对图形的认识从直观上升到理论，而空间想象能力的培养主要通过对图形性质的学习. 只有建立了空间图形性质的正确概念，才能学好立体几何.

由于空间直线的三种位置关系在现实中大量存在，且在初中几何中也有所学习，学生对它们已有一定认识. 其中，相交直线和平行直线都是共面直线，学生对它们已很熟悉. 异面直线的概念是学生比较生疏的内容，也是本节的重点和难点. 教学时应充分依靠实物或空间直观图，帮助学生理解，以利于学生实现由认识平面图形到认识立体图形的飞跃，逐步改变学生只在平面内考虑问题的习惯.

教学参考流程

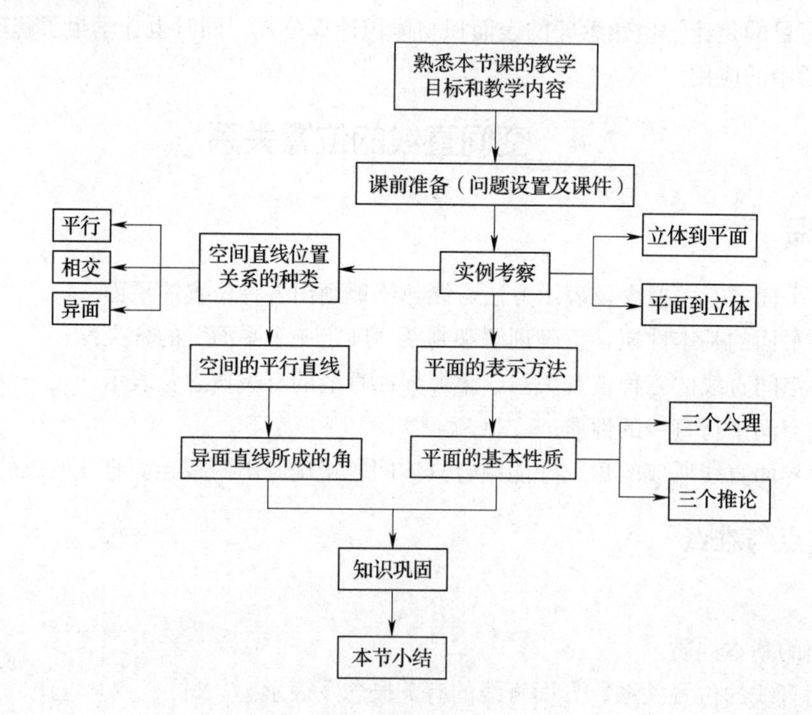

课程导入

通过“实例考察”、实物和模型演示，让学生在已有平面图形知识的基础上，建立空间概念，从而实现从平面图形向立体图形的转化. 例如，在生产实习、技能训练中，每一次加工零件都必须按照图纸或设计图要求，而零件图纸或设计图所描述的是与该零件有关的平面图形，但实际加工的零件却是立体的. 又如，棱柱、棱锥等基本几何体都是由若干个平面所围成，而任何一个空间几何体均是由不同的平面所围成. 教师应从不同的角度，引导学生理解平面图形与空间立体图形之间的关系.

- “实例考察”的设置目的：

帮助学生理解立体图形与平面图形之间的相互转化.

- “实例考察”的教学注意点：

让学生动手实践，以理解平面与立体的关系.

知识讲授

1. 平面及其基本性质

(1) 平面表示方法

教师可以通过“实例考察”，并结合实习训练时所加工的零件与图样上所描述的图形之间的关系，从视图的形成，到投影面的概念，再引入平面的相关概念.

教材左侧“试一试”设置目的是让学生进一步理解各种不同位置平面的表示方法（如教材图 7-38 所示).

多媒体应用提示

演示“实例考察”中的内容“立体到平面”与“平面到立体”.

(2) 点、直线与平面的确定

先从生活和生产实践中的实例抽象概括出平面的概念，继而介绍关于平面基本性质的三个公理和三个推论.

教材左侧“想一想”(第一处）设置目的是让学生进一步加深对公理 2 的理解，即不共线（不在同一条直线上）的三个点确定一个平面. 因此，四脚架不可能保证其四条腿在任何时候都同时着地.

教材左侧“想一想”(第二处）设置目的是让学生进一步加深对推论 2 的理解. 可用两根绳子分别连接桌子相对的两个桌腿的下端，如果两条绳子相交，则说明桌子的四条腿的下端在同一个平面内，否则它们不在一个平面内.

“探究”设置目的是锻炼学生的观察能力和空间想象能力，培养他们利用已学的知识解决生活和生产中的实际问题. 门锁上后就固定在墙面上无法转动，说明了不共线的三点确定一个平面.

多媒体应用提示

(1) 演示公理 1、公理 2 及三个推论.

(2) 演示公理 3.

2. 空间直线的位置关系

通过观察、分析基本几何体（长方体、正四棱锥）、六角螺母及蜗轮与蜗杆中有关直线之间的位置关系，并结合平面内不重合的两条直线有且仅有平行或相交两种位置关系，进行对比分析，引出空间直线之间的位置关系还有第三种情况.

• “实例考察”的设置目的：

让学生认识异面直线，从熟悉的空间几何体，到机械中常见的零部件，分析两条异面直线的位置特点.

• “实例考察”的教学注意点：

通过展示教具或实物，让学生观察并感受空间直线与直线的位置关系.

空间两条不重合的直线有三种位置关系，若从有无公共点的角度看，可分为两类：

第一类：有且仅有一个公共点——相交直线；

第二类：没有公共点——$\begin{cases}\text{平行直线,}\\\text{异面直线.}\end{cases}$

若从是否共面的角度看，也可分为两类：

第一类：在同一平面内——$\begin{cases}\text{相交直线,}\\\text{平行直线;}\end{cases}$

第二类：不同在任一平面内——异面直线.

从上述任一角度都只能把空间直线的位置关系进行区分，只有把两种角度研究结合起来，才能对三种位置关系作出精确的描述.

讲授异面直线的概念时，应遵循由具体例子到抽象概括的规律，结合正反两方面的例子，说明这两条直线不能同在任何一个平面内. 同在一个平面内的两条直线有且只有相交和平行这两种情况. 因此，两条直线是异面直线，等价于这两条直线既不相交也不平行.

表示异面直线时，应将平面同时画出来，可以显示得更清楚. 否则难以画出使人一目了然的两条异面直线，而且容易与两条相交直线相混淆.

教材左侧“想一想”设置目的是让学生加深对异面直线概念的理解. 如果两条直线是异面直线，则两条直线没有公共点；但如果两条直线没有公共点，则它们不一定是异面直线，也可能是平行直线.

对于空间的平行直线，可在复习初中几何中的平行公理及其重要性质的基础上，再结合教材中对V形架实例的观察分析，由平面推广到空间直线，得出公理 4. 这一公理表示了空间平行线的传递性. 教学中要提醒学生，并非所有针对平面图形成立的结论对于立体图形都适用，对此可用反例适当解释.

“探究”设置目的是让学生通过实践，加深对公理 4 的理解.

根据公理 4，折痕都平行于纸边，所以这些折痕互相平行. 共有 15 条，它们都平行.

对于等角定理，是定义空间两异面直线所成角的依据，应充分利用平面几何中关于“如果两个角的两条边分别对应平行，那么这两个角相等或互补”这一性质，引导学生去积极思考，加深理解.

例题提示与补充

例 编写目的是让学生熟悉空间中平行线的传递性.

要证明四边形 $EFGH$ 是平行四边形，只需证明它的一组对边平行且相等. 而 EH，FG 分别是$\triangle ABD$ 和$\triangle CBD$ 的中位线，从而它们都与 BD 平行且等于 BD 的一半. 应用空间平行线的传递性（公理 4），即可证明 $EH \underline{\mathbin{/\!/}} FG$.

异面直线所成的角对于初学立体几何的学生来说较难理解. 教学时应通过现实生活中的例子，来更形象地说明.

异面直线夹角的范围是 $0°\sim 90°$，不含 $0°$. 教学时应注意强调：

（1）点 O 的任意性；

（2）为了方便，常常将点 O 选在其中的某一条直线上.

两条异面直线互相垂直，即它们的夹角是直角，是两条直线是异面直线时的一种特殊位置情况. 应向学生指出：今后如果说两条直线互相垂直，它们可能相交，也可能异面.

例题提示与补充

例 编写目的是让学生掌握找两条异面直线所成的角的方法，并能求出角的大小.

多媒体应用提示

展示异面直线所成的角.

7.5 直线与平面的位置关系（一）

学习目标

1. 熟悉空间直线与平面三种位置关系的概念及画法.
2. 掌握直线与平面平行的判定定理，并能用它解决一些简单的实际问题.
3. 理解直线与平面平行的性质定理，并能用它解决一些简单的实际问题.

教学重点与难点

重点：

1. 直线与平面平行的判定定理.
2. 直线与平面平行的性质定理.

难点：

利用直线和平面平行的判定定理与性质定理解决一些简单的实际问题.

教学方法提示

通过生活生产中的实例，并借助相应的模型、挂图或多媒体，让学生逐步建立直线与平面间的空间概念，同时利用相应的直观图帮助学生理解与掌握.

教学参考流程

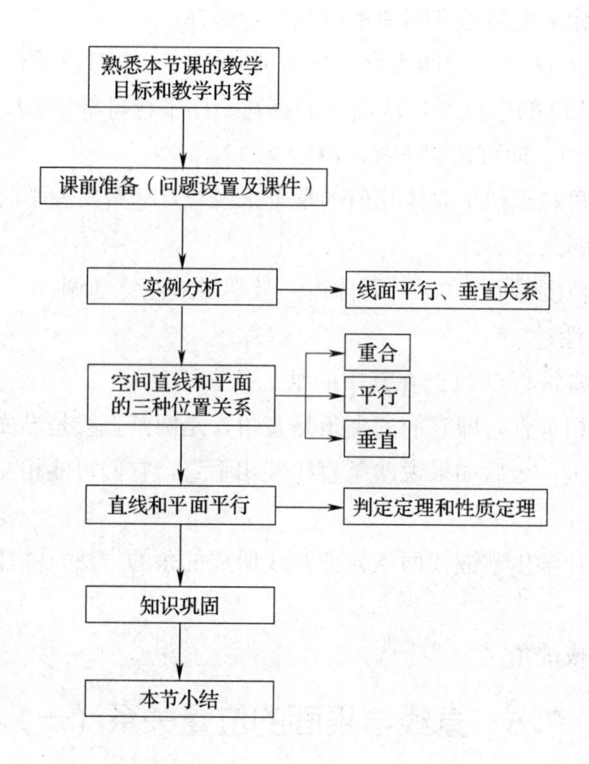

课程导入

通过“实例考察”，以教室空间及生活生产中有关空间直线和平面间的位置关系为例讲解，促使学生积极参与，发挥想象，激发学生的学习兴趣.

- “实例考察”的设置目的：

让学生开动脑筋，结合生活生产实例，初步建立空间直线和平面的三种位置关系的概念.

- “实例考察”的教学注意点：

可带领学生到实习车间观察钻孔过程，以了解空间直线与平面的关系.

知识讲授

1. 空间直线与平面的三种位置关系

结合教材中有关长方体及正四棱锥中已知直线与平面之间的位置关系，还可以通过一些实物、模型或多媒体视图，让学生充分接受视觉感知，训练并提高他们的空间想象能力.

2. 直线与平面平行的判定

由于学生的空间概念尚未建立完善，教材利用教室门框上的线面来分析，并通过线线平行来判定线面平行．教师还应通过其他例子引导学生理解，同时还应简单介绍直线与平面平行的直观图的画法．

如图 7-2 所示，如果 $a/\!/b$，$b\subset\alpha$，$a\not\subset\alpha$，则 $a/\!/\alpha$．画一条直线和一个平面平行，常把表示直线的线段画在表示平面的平行四边形外面，并且使线段与平行四边形的一条边平行或与平行四边形内的一条线平行．

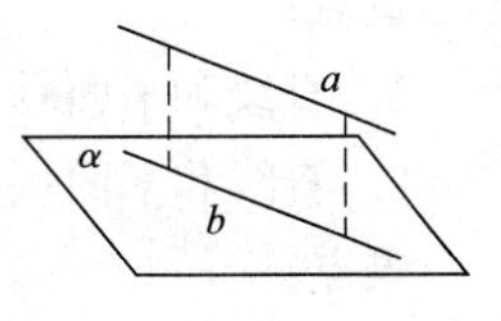

图 7-2

根据这个判定方法，为了证明一条直线和一个平面平行，只要在这个平面内找出另一条直线和这条直线平行就可以了．在生活实际中，人们也在不断地使用着这个方法，以保证线与面平行．例如，安装管线形日光灯时，检查两条吊线的长度是否相等；往墙上贴一幅矩形横幅时，检查横幅的两角与顶板是否等距．

为便于记忆，这个方法可简记为“若线线平行，则线面平行”．

例题提示与补充

例　编写目的是让学生进一步理解并掌握判定线面平行的方法．

补充例题　在平面 α 上有直线 b，与平面外一条直线 a 不平行，能否说 a 与 α 必定不平行？为什么？

本题编写目的是让学生明确 $a/\!/b$，$b\subset\alpha$，$a\not\subset\alpha$ 是 $a/\!/\alpha$ 的充分不必要条件．

答　不能说 a 与 α 必定不平行．如图 7-3 所示，若直线 a，c 共面且 $c/\!/b$，则 $a/\!/\alpha$．

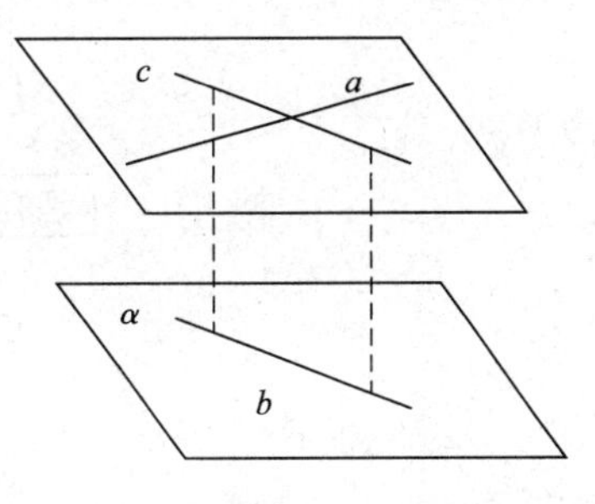

图 7-3

3．直线和平面平行的性质

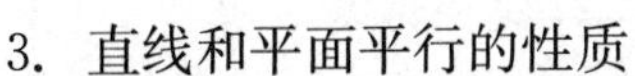

线面平行性质定理，是由直线和平面平行推出直线和直线平行．这里所说的直线和直线，是指与平面平行的一条直线和过这条直线的平面与已知平面（线面平行中的那个面）的交线．要防止学生误解为“一条直线平行于一个平面，就平行于这个平面内的一切直线”．教学中可以结合具体模型或实物，并通过例题的分析，避免学生的理解错误．

例题提示与补充

例　编写目的是让学生进一步理解并掌握线面平行的性质定理．

7.5　直线与平面的位置关系（二）

学习目标

1．掌握直线和平面垂直的判定定理，并能解决一些简单的实际问题．
2．理解直线和平面垂直的性质定理，并能解决一些简单的实际问题．

教学重点与难点

重点：

1. 直线和平面垂直的判定定理.
2. 直线和平面垂直的性质定理.

难点：

利用直线和平面平行、垂直的判定定理与性质定理解决一些简单的实际问题.

教学方法提示

通过对直线与平面平行概念的理解，使学生在逐步建立空间直线与空间平面的概念的基础上，利用相应的模型、挂图或多媒体，以及相应的直观图来帮助学生更好地理解与掌握.

教学参考流程

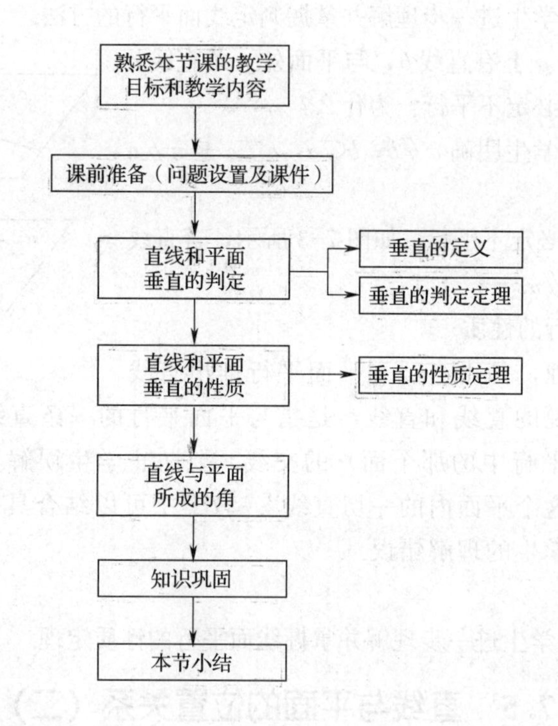

课程导入

直线和平面垂直，是直线和平面相交中的一种特殊情况，其概念可以从现实生活的实例（如教室墙角的墙线与墙面或天花板）引出，以加深学生的感性认识.

知识讲授

1. 直线和平面垂直的判定

在讲直线和平面垂直的定义时，应强调指出：一条直线垂直于一个平面，是指这条直线垂直于这个平面内的任意一条直线. 利用定义，直接判定线面垂直要考虑平面内的每一条直线，这在运用时是很难做到的（由于平面内的直线有无数条）. 直线和平面垂直的判定定理，则解决了上述困难. 根据这一定理，只要在平面内选择两条相交直线，考虑它们是否与平面外的直线垂直即可，该定理将原本判定线面垂直的问题，转化为判定直线和直线垂直的问题. 这里的“直线和直线”是指平面外的一条直线和平面内的两条相交直线.

讲线面垂直的判定定理时，可以通过反例强调“平面内的两条相交直线”. 这个条件中的“两条”和“相交”是必须满足的，至于这两条相交直线是否与已知直线有公共点，则并不重要. 教学时，可结合教材中的“探究”进行分析.

“探究”设置目的是让学生加深对线面垂直判定定理的理解. 钻孔时，如果不转换位置检查，就不能得到正确的判断.

例题提示与补充

例 编写目的是让学生熟悉利用线面垂直判定定理解决实际问题的方法. 提高学生运用数学知识解决实际问题的能力，进一步激发学生学习的兴趣.

补充例题 如图 7-4 所示，有一旗杆 AB，从它的顶端 A 挂一条绳子下来，拉紧绳子并把它的一端先后放在水平地面上三点 C，D，E 处，其中 C，B，E 在一条直线上，若测得 $BC=BD=BE$，证明旗杆和地面垂直.

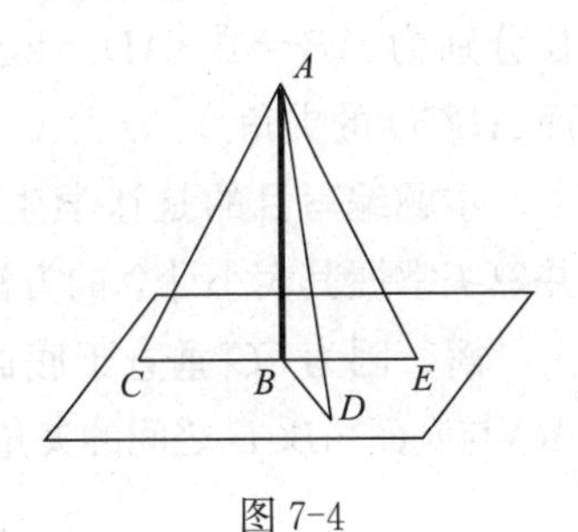

图 7-4

本题编写目的是进一步加强学生对书中例题的理解与掌握.

证明 因为$\triangle ABC$，$\triangle ABD$，$\triangle ABE$ 的三边对应相等，则$\triangle ABC\cong\triangle ABD\cong\triangle ABE$，所以$\angle ABC=\angle ABD=\angle ABE$.

又因为 C，B，E 在一条直线上，所以$\triangle ACE$ 为等腰三角形，B 是 CE 的中点，所以$\angle ABC=\angle ABE=90°$，由此知$\angle ABD=90°$. 即 $AB\perp BC$，$AB\perp BD$.

又知 B，C，D 三点不共线，所以 $AB\perp$平面 BCD，即旗杆和地面垂直.

多媒体应用提示

展示直线与平面垂直的判定定理.

2. 直线和平面垂直的性质

从学生所熟悉的长方体中的线面关系中，归纳出线面垂直的性质定理，使学生可以较为容易地理解知识点.

教材左侧“想一想”设置目的是让学生加深对线面垂直性质定理的理解. 如果两条平行直线中的一条垂直于一个平面，那么另一条也一定垂直于这个平面.

例题提示与补充

例 编写目的是帮助学生在理解和掌握线面垂直性质定理的基础上，培养学生分析问题和解决问题的能力.

多媒体应用提示

展示直线与平面垂直的性质定理.

3. 直线与平面所成的角

讲授直线与平面所成的角时，教师应首先详细介绍射影的有关知识，在此基础上强调直线与平面所成的角是直线与它在平面内的射影所成的锐角，这一点很重要. 可通过例题分析，加深学生对该概念的理解，并体会它在生产中的实用性.

直线和平面的夹角是很难直接观察和度量的，它不像平面上的角那样有明确的两条边，也不像空间直线交角那样有两条线，因此绝大部分情况都需要通过计算才能得到.

例题提示与补充

例 编写目的是让学生更好地理解线面所成角的概念，并能结合实际问题求出这个角的大小.

补充例题 如图 7-5 所示，长方体 $ABCD-A_1B_1C_1D_1$ 的棱长分别为 $AB=1$，$AD=2\sqrt{2}$，$AA_1=\sqrt{3}$，求对角线 AC_1 与底面 $ABCD$ 的夹角.

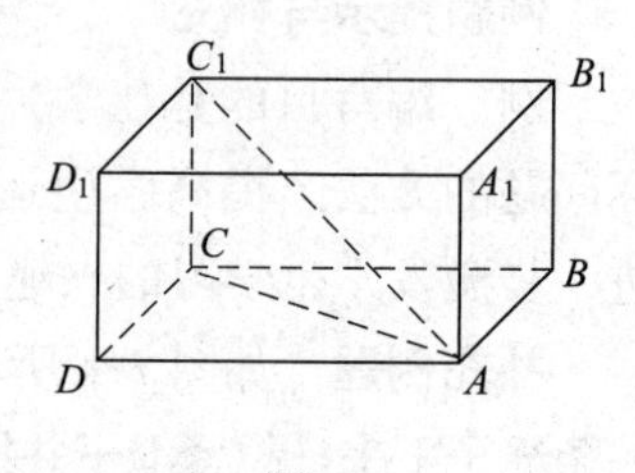

图 7-5

本题编写目的是让学生进一步加深对线面所成角的理解，并熟练掌握其大小计算的方法.

解 因为 CC_1 垂直于底面 $ABCD$，所以 $\angle C_1AC$ 就是对角线 AC_1 与底面 $ABCD$ 之间的夹角，则

$$AC=\sqrt{AD^2+DC^2}=\sqrt{AD^2+AB^2}=3,$$

$$CC_1=AA_1=\sqrt{3},$$

$$\tan\angle C_1AC=\frac{CC_1}{AC}=\frac{\sqrt{3}}{3},$$

所以

$$\angle C_1AC=30°.$$

即对角线 AC_1 与底面 $ABCD$ 的夹角为 30°.

多媒体应用提示

展示直线与平面所成的角.

7.6 平面与平面的位置关系（一）

学习目标

1. 理解两个平面的两种位置关系的概念.
2. 掌握平面间各种位置关系的直观图的画法.
3. 掌握两个平面平行的判定定理和性质定理.
4. 理解二面角及其有关概念.

教学重点与难点

重点：

1. 两个平面平行的判定定理.

2. 两个平面平行的性质定理.

3. 二面角的有关概念.

难点：

1. 运用有关判定定理和性质定理解决一些简单的实际问题.

2. 二面角的有关计算.

教学方法提示

在学习了有关空间的线与线、线与面关系的基础上，学生已逐步建立了一定的空间概念. 在本节课的教学中，一方面仍需通过实物、模型等增强学生的感知认识，另一方面则应加强直观图的训练.

教学参考流程

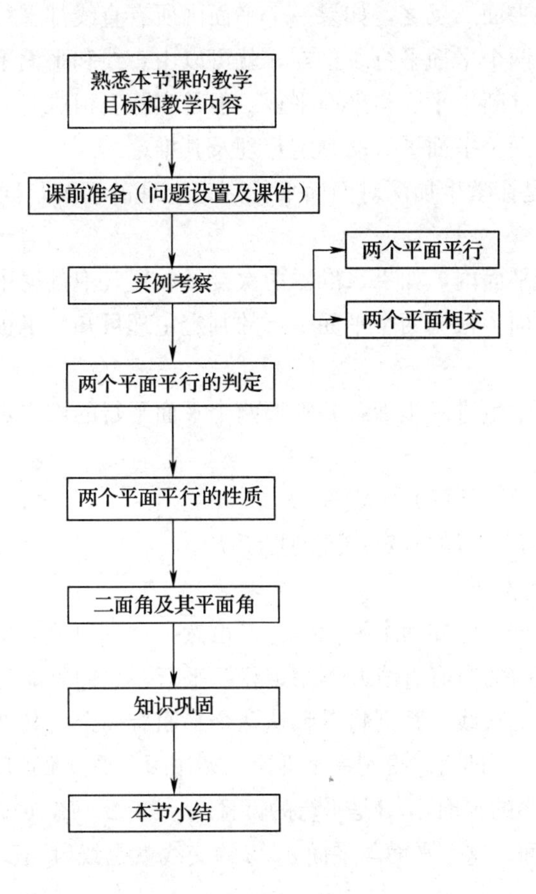

课程导入

通过观察放在桌面上的书封面与封底所在平面间的关系来引入教学内容．讲课时，教师可以让学生观察教室的墙壁、地面、屋顶等，或观察实物模型（如立方体）．由观察结果归纳出两个平面的两种不同位置关系的区别，即它们是否有公共点．

- “实例考察”的设置目的：

让学生感知两个平面平行与相交的特点．

- “实例考察”的教学注意点：

通过观察，让学生学会表达一本书在打开不同位置时封面与封底之间的关系．

如果两个平面有无数个公共点，且这些公共点的集合是一条直线，则表示这两个平面相交；如果两个平面没有公共点，则表示它们互相平行．

知识讲授

1．两个平面平行的判定

在画两个平行平面时，表示两个平面的平行四边形对应边应平行．

如果两个平面平行，那么在其中一个平面内的所有直线一定与另一个平面无公共点，即这些直线都平行于另一平面．反之，如果一个平面内所有直线都平行于另一个平面，那么这两个平面无公共点，即两个平面平行．这样，就可以由直线和平面平行（一个平面内的所有直线与另一平面平行）推断出平面与平面平行．但是实际上很难对一个平面内的所有直线逐一考虑，于是就引出了两个平面平行的判定定理及其推论．

“探究”设置目的是让学生加深对面面平行判定定理的理解，同时也让学生了解有关校正平板仪的一般方法．

由于水准器在平板平面内，如果水准器两次交叉放置气泡都居中，说明平板平面内有两条相交直线都平行于地面，根据两个平面平行的判定定理可知，平板和地面平行．

例题提示与补充

例　编写目的是让学生进一步理解并掌握两个平面平行的判定定理．

多媒体应用提示

（1）展示平面与平面平行的判定定理；

（2）展示平面与平面平行的判定定理的推论．

2．两个平面平行的性质

教学中应向学生指出：已知两个平面平行，虽然一个平面内的任何直线都平行于另一个平面，但是这两个平面内的所有直线并不一定相互平行，它们可能是平行直线，也可能是异面直线，但不可能是相交直线（否则将导致这两个平面有一个公共点）．

由面面平行的性质，立即可以得到一个推论：夹在两个平行平面间的两条平行线段相等．

事实上，设图 7-6 中的平面 α，β 是平行的，且 A，$D\subset\alpha$，B，$C\subset\beta$，$AB/\!/CD$，则由线段 AB，CD 可确定一个平面，这个平面与平面 α，β 的交线就是线段 AD，BC，所以 $ABCD$ 为平

行四边形，$AB=CD$.

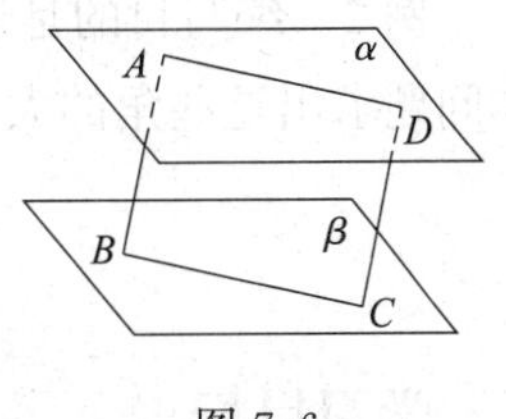

图 7-6

特别地，当图中的 $AB\perp\alpha$，$CD\perp\alpha$，则称线段 AB 的长度为平行平面 α，β 间的距离.

例题提示与补充

例 编写目的是让学生理解两平行平面距离的概念及计算方法.

多媒体应用提示

展示平面与平面平行的性质定理.

3. 二面角及其平面角

二面角是为了研究两个平面的相对位置而提出的一个概念. 教材通过车刀刀头角度引入教学内容，也可利用其他一些实例，如修筑水坝时水平面与迎水面所成角度的选择等都涉及两个面所成角的大小.

从平面内任一条直线出发的两个半平面所组成的图形称为二面角. 概念引入之后，可与平面几何中角的概念作对比分析：

比较项	角	二面角
图示	边 A 顶点 O 边 B	面 棱 α 面 β α
定义	从平面内一点出发的两条射线（半直线）所组成的图形	从空间一直线出发的两个半平面所组成的图形
形式	由射线—点（顶点）—射线构成	由半平面—线（棱）—半平面构成
表示法	$\angle AOB$	$\alpha-a-\beta$

二面角的度量是学习二面角的一个实质性问题. 要让学生建立二面角的大小要运用平面角的大小来确定的意识：要明确对于给定的二面角，它的棱是确定的. 可通过实例，如门和墙所在平面的一些变化情况及其与地面交线引入二面角的平面角，由等角定理说明这样的角是唯一的. 这样比较直观，学生容易理解. 教学时应注意说明：

(1) 它是一个平面角：它的两边相交于棱上一点，所以这两边共面.

(2) 它的两边分别垂直于两个半平面的交线（棱）.

二面角 θ 的范围是 $0^\circ\leqslant\theta\leqslant180^\circ$，可从两个半平面重合、相交、共面各种形态加以说明. 重合时 $\theta=0^\circ$，相交时 $0^\circ<\theta<180^\circ$，共面时 $\theta=180^\circ$. 可用门和墙所在的平面的位置关系具体说明.

例题提示与补充

例 1 编写目的是让学生理解二面角的平面角的概念，并能结合实际问题计算出这个二面角的大小.

例 2 编写目的是进一步加深学生对线与面、面与面所成角的概念的理解，并能根据具体问题求出这些角的大小.

7.6 平面与平面的位置关系（二）

学习目标

1. 掌握两个平面垂直的判定定理.
2. 掌握两个平面垂直的性质定理.
3. 能利用面面垂直的判定定理与性质定理解决一些简单的实际问题.

教学重点与难点

重点：

两个平面垂直的判定定理与性质定理.

难点：

利用面面垂直的判定定理与性质定理解决一些简单的实际问题.

教学方法提示

面面垂直是面面相交的一种特殊情况，即两个平面所成的二面角是直二面角．应从学生熟知的一些基本几何体及生活中常见的空间物体或模型等分析，逐步形成面面垂直的概念，以加深理解.

教学参考流程

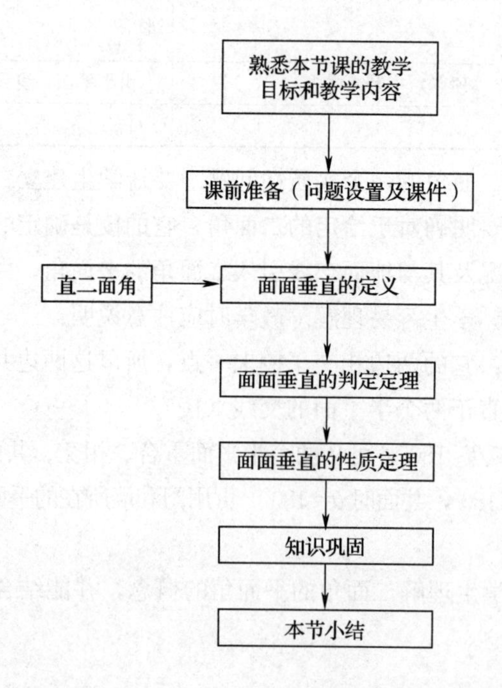

课程导入

可先从学生熟知的长方体相邻的两个面、教室中墙面和地面的夹角等实例出发，说明此时两个面所成的二面角是直二面角.

知识讲授

1. 两个平面垂直的判定

两个平面的垂直，是由两个平面所成的二面角是直二面角来定义的.

从两个平面垂直的判定定理中可以看出，平面与平面的垂直问题可转化为直线与平面的垂直问题，即从线面垂直可得出面面垂直. 反过来，由面面垂直又可推得线面垂直. 这说明线面垂直与面面垂直之间有密切关系，可以互相转化.

“探究”设置目的是让学生加深理解面面垂直的判定定理，同时培养学生运用已学知识解决实际问题的能力.

当铅垂线平行于墙面时，说明墙面与水平面垂直，这是根据面面垂直判定定理来确定的.

例题提示与补充

例 编写目的是让学生进一步理解面面垂直判定定理，同时锻炼学生的逻辑思维能力，通过线面垂直来判断面面垂直.

多媒体应用提示

展示平面与平面垂直的判定定理.

2. 两个平面垂直的性质

教室的墙面是垂直于地面的，交线就是墙脚线. 在墙面上画一条线垂直于墙脚线，那么这条线必定与地面垂直；反之，在地面上画一条线垂直于墙脚线，这条线又会与墙面垂直. 这就是面面垂直一个性质定理的体现，即**如果两个平面互相垂直，那么在一个平面内垂直于它们交线的直线垂直于另一个平面.**

如图 7-7 所示，已知 $\alpha\perp\beta$，l 为平面 α，β 的交线. 若 $m\subseteq\alpha$ 且 $m\perp l$，则 $m\perp\beta$；若 $n\subseteq\beta$，$n\perp l$，则 $n\perp\alpha$.

另外，教室墙面都垂直于地面，它们的交线——墙角线自然也垂直于地面，所以建筑工人在建造房屋时，只要保证墙面与地面垂直，墙角线自然能与地面垂直. 这是面面垂直另一个性质定理的体现，即**如果两个相交平面都垂直于第三个平面，那么它们的交线必垂直于第三个平面.**

如图 7-8 所示，已知 $\alpha\perp\gamma$，$\beta\perp\gamma$，且 l 为平面 α，β 的交线，则 $l\perp\gamma$.

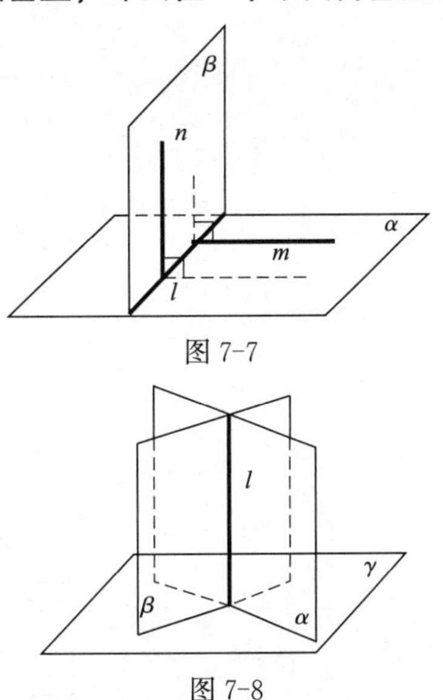

图 7-7

图 7-8

例题提示与补充

例 编写目的是让学生掌握利用面面垂直的性质，找到线线垂直关系，从而结合直角三角形解决有关的计算问题.

*7.7　空间向量（一）

学习目标

1. 理解空间向量的概念，掌握空间向量的加法、减法和数乘向量的运算.
2. 了解空间向量的分解定理.
3. 会用空间向量运算解决空间中有关平行的计算问题.
4. 掌握数形结合的数学思想与解题方法.

教学重点与难点

重点：

1. 空间向量的概念.
2. 空间向量的加法、减法与数乘运算.
3. 数乘运算的应用.

难点：

空间向量的应用.

教学方法提示

空间向量的概念和性质与平面向量相似，因此，可用类比的方法介绍空间向量和空间向量的性质与运算，通过例题分析让学生进一步理解空间向量的加法、减法和数乘运算，以及它们的应用.

教学参考流程

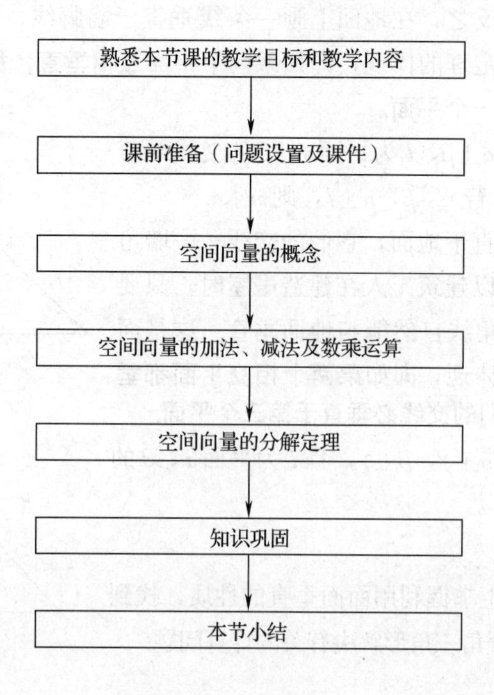

课程导入

前面已经学习过平面向量的概念及其运算．在空间中，位移、力、速度、加速度也是既有大小又有方向的量，人们将这样的量称为空间向量，本节将学习空间向量及其运算．

知识讲授

1．空间向量及其线性运算

空间向量的概念与平面向量类似，只不过平面向量是在同一平面内，而空间向量是在三维空间中．因此，空间向量的表示、性质及运算与平面向量基本一致：

（1）空间向量的表示：用有向线段表示，凡是方向相同且长度相等的有向线段表示同一向量或相等的向量．

（2）空间向量的加法与减法法则满足三角形法则及平行四边形法则．

（3）数乘向量的意义：当 $\lambda>0$ 时，$\lambda\boldsymbol{a}$ 方向与向量 $\boldsymbol{a}$ 相同，模为向量 $\boldsymbol{a}$ 的 λ 倍；当 $\lambda<0$ 时，$\lambda\boldsymbol{a}$ 方向与向量 $\boldsymbol{a}$ 相反，模为向量 $\boldsymbol{a}$ 的 $|\lambda|$ 倍．

（4）空间向量的加法与数乘运算满足加法交换律、结合律、分配律．

例题提示与补充

例　编写目的是让学生理解并会进行空间向量的加法、减法与数乘运算．

2．空间向量分解定理

与平面向量一样，空间向量中同样有共线向量，概念也完全相同，即两个平行或重合的向量称为共线向量．其判定定理也相同．

空间向量不仅有共线向量，还有共面向量，即平行于同一平面的向量称为共面向量．对于空间中任意两个向量，总是共面的，但空间任意三个向量就不一定是共面向量．

空间向量分解定理与平面向量的分解定理类似，即空间任一向量都可由三个不共面的空间向量组成．通常将组成空间任一向量的三个不共面的向量称为空间的一个基底，三个向量称为基向量．若三个基向量是两两相互垂直的单位向量，则称为单位正交基底．

例题提示与补充

例 1　编写目的是让学生了解空间向量的共面定理及其应用．

例 2　编写目的是让学生了解空间向量的共线定理与共面定理的应用．初步学会利用空间向量定理来解决立体几何中面面平行的问题．

例 3　编写目的是让学生了解空间向量分解定理及其应用．

多媒体应用提示

展示空间向量的共线定理、共面定理以及空间向量分解定理．

*7.7　空间向量（二）

学习目标

1. 理解空间向量的概念，掌握空间向量数量积的运算.
2. 了解空间直角坐标系，理解并掌握空间向量的坐标运算.
3. 会用空间向量运算解决空间中有关垂直的计算问题.
4. 掌握数形结合的数学思想与解题方法.

教学重点与难点

重点：

1. 空间向量数量积的运算.
2. 空间向量的直角坐标运算.
3. 空间向量的应用.

难点：

空间向量的应用.

教学方法提示

空间向量与平面向量相似，因此可用类比的方法介绍空间向量的运算，通过例题分析让学生进一步理解空间向量数量积的运算，并掌握空间向量的加法、减法和数乘运算以及数量积在空间直角坐标系中的运算.

教学参考流程

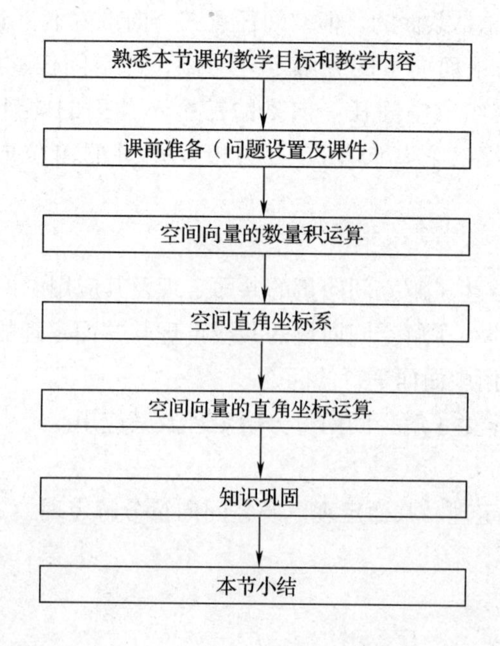

课程导入

前面学习了空间向量的概念及其线性运算，本节将学习空间向量数量积的运算及空间向量在直角坐标系中的坐标运算.

知识讲授

1. 空间向量的数量积

空间向量的数量积定义与平面向量相同，在概念中注意几点：

(1) 两个空间向量夹角的定义；

(2) 数量积是数量，而不是向量；

(3) 空间向量数量积的性质与平面向量数量积的性质相同；

(4) 两个非零空间向量垂直的充要条件是它们的数量积为 0；

(5) 任意一个向量与本身的数量积等于该向量模的平方；

(6) 数量积运算满足交换律、分配律.

例题提示与补充

例 1 编写目的是让学生了解空间向量数量积的性质的应用，即两个非零空间向量垂直的充要条件是它们的数量积为 0.

例 2 编写目的是让学生了解空间向量数量积的应用，会利用空间向量的数量积求线段的长.

2. 空间向量的坐标运算

空间直角坐标系是在平面直角坐标系中引入竖轴而建立的坐标系，空间直角坐标系通常满足右手法则. 应让学生了解空间直角坐标系的画法.

在空间直角坐标系 $O\text{-}xyz$ 中，分别取与 x 轴、y 轴、z 轴方向相同的单位向量 $\boldsymbol{i}$，$\boldsymbol{j}$，$\boldsymbol{k}$ 作为基向量，对于空间任意一个向量 $\boldsymbol{a}$，根据空间向量基本定理，存在唯一的有序实数组 (x, y, z)，使 $\boldsymbol{a}=x\boldsymbol{i}+y\boldsymbol{j}+z\boldsymbol{k}$. 有序实数组 (x, y, z) 称为 $\boldsymbol{a}$ 在空间直角坐标系 $O\text{-}xyz$ 中的坐标，记作

$$\boldsymbol{a}=(x, y, z).$$

空间向量的坐标运算法则与平面向量的坐标运算法则完全相同，只是变为三维坐标.

例题提示与补充

例 1 编写目的是让学生熟悉空间向量的坐标运算.

例 2 编写目的是让学生了解空间向量的坐标运算在证明空间两条直线垂直中的应用.

探究 设置目的是让学生通过具体实例进一步了解空间向量的应用. 运用空间向量知识可以求出空间任意两点之间的距离，异面直线之间的距离，判断空间两条直线的位置关系，并求出它们的夹角.

7.8 综合例题分析

学习目标

1. 了解本章知识结构.
2. 掌握本章重点与难点.
3. 通过复习，培养学生的综合应用能力.

教学重点与难点

重点:

1. 空间直线之间、直线与平面之间、平面与平面之间的关系.
2. 多面体、旋转体的表面积、体积计算.
3. 空间向量的概念、运算与应用.

难点:

各知识点的综合应用.

教学方法提示

例题讲解与练习相结合. 本节中所举例题均为历届全国成人高考数学试题，通过例题讲解，让学生了解全国成人高考试题所涉及的知识点、试题类型以及试题难度. 知识巩固中的题目可用来检查学生的掌握程度.

Ⅲ. 单元测验

一、判断题（正确的打“√”，错误的打“×”）

1. 一点和一条直线确定一个平面. （　）
2. 两条直线可以确定一个平面. （　）
3. 如果一条直线和两条平行线都相交，那么这三条直线共面. （　）
4. 四边形一定是平面图形. （　）
5. 不同在一个平面内的两条直线叫作异面直线. （　）
6. 如果直线 $a \perp b$，$b /\!/ c$，则 $a \perp c$. （　）
7. 空间两条互相垂直的直线，可能相交，也可能是异面直线. （　）
8. 已知直线 $a /\!/$ 平面 α，且直线 $b /\!/$ 平面 α，则直线 $a /\!/ b$. （　）
9. 如果一条直线垂直于平面内两条直线，则这条直线垂直于这个平面. （　）
10. 如果两个平面同垂直于一条直线，那么这两个平面平行. （　）

二、选择题

1. 经过直线 l 外一点向直线 l 上的三个点分别作三条直线，则这三条直线（　）.

A. 必定在同一个平面内

B. 必定不在同一个平面内

C. 可能在同一个平面内，也可能不在同一个平面内

2. 如果四条不共点的直线两两相交，那么这四条直线（　　）.

A. 必定在同一平面内

B. 必定不在同一个平面内

C. 可能在同一个平面内，也可能不在同一个平面内

3. 下列命题正确的是（　　）.

A. 两个平面同垂直于某一平面，则这两个平面平行

B. 两个平面与一直线相交且交角相等，则这两个平面平行

C. 一个平面内的两条相交直线与另一个平面内的两条相交直线分别平行，则这两个平面平行

D. 如果一个平面内的两条平行直线分别平行于另一个平面，则这两个平面平行

4. 已知二面角 $\alpha-l-\beta$ 为 $60°$，平面 α 内一点 M 到 β 的距离是 $\sqrt{3}$，那么 M 在 β 上的投影 M' 到棱 l 的距离是（　　）.

A. $\frac{1}{2}$　　B. $\frac{\sqrt{3}}{2}$　　C. 1　　D. $\sqrt{3}$

5. 一个直二面角内的一点到两个面的距离分别是 5 cm 和 12 cm，这个点到棱的距离为（　　）cm.

A. 11　　B. 13　　C. 15　　D. 17

*6. 已知 $\boldsymbol{a}=(-5,2,3)$，$\boldsymbol{b}=(1,3,x)$，且 $\boldsymbol{a}\perp\boldsymbol{b}$，则 x 的值为（　　）.

A. $\frac{1}{3}$　　B. -3　　C. 3　　D. $-\frac{1}{3}$

三、填空题

1. 一个长方体的三条棱长的比是 $1:2:3$，表面积为 88 cm^2，则它的三条棱长分别为________，________，__________，体积为________.

2. 把半径为 6 cm 的半圆卷成一个圆锥筒，这个圆锥筒的底面半径是______，高是______.

3. 将一个球的半径扩大为原来的 2 倍，则它的表面积是原来的________倍，体积是原来的________倍.

4. 如下图 7-9 所示，在棱长为 4 cm 的正方体中，B_1C 与 CD 是______直线，它们所成的角大小为______，正方体的对角线长为__________，表面积为__________，体积为__________.

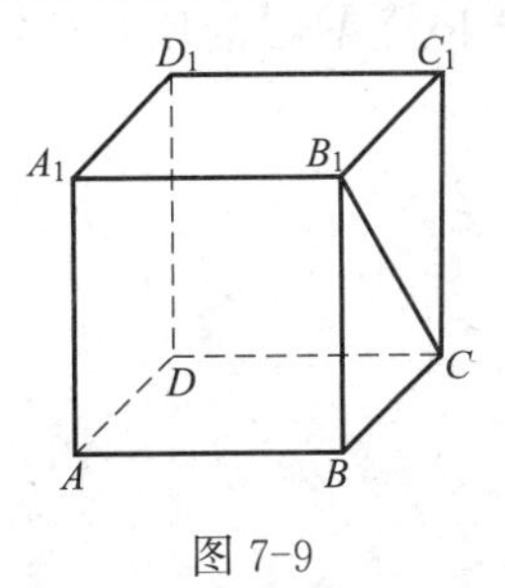

图 7-9

5. 空间几何体的三视图是指________、__________、________.

6. 过直线外一点有________条直线与这条直线平行.

*7. 已知 $\{\boldsymbol{i}, \boldsymbol{j}, \boldsymbol{k}\}$ 是单位正交基底，$\boldsymbol{a}=\boldsymbol{i}+\boldsymbol{j}$，$\boldsymbol{b}=-\boldsymbol{i}+\boldsymbol{j}-\boldsymbol{k}$，则 $\boldsymbol{a}\cdot\boldsymbol{b}=$__________.

四、计算题

1. 如图 7-10 所示，8 m 高的旗杆 PO 直立于地面，绳子 PA，PB 分别和杆身成 30°和 45°的角，A，B，O 都在地面上. 求 PA，PB 的长以及 PA，PB 在地面的射影 OA，OB 的长（精确到 0.1 m).

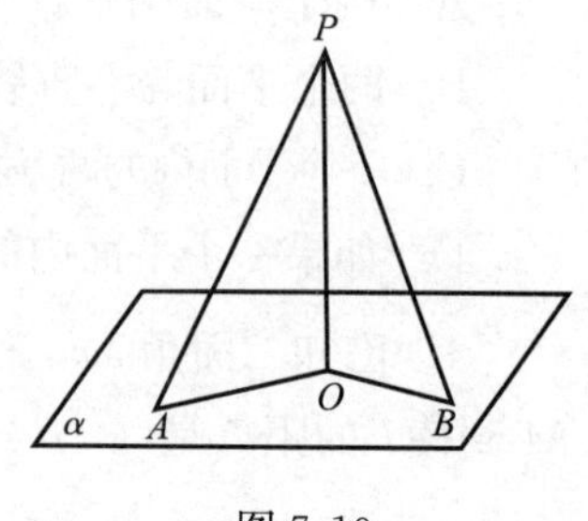

图 7-10

2. 已知线段 AB 和 CD 都垂直于平面 α，且都在 α 的同一侧，垂足分别为 B，D. 如果 $AB=4$ cm，$CD=5$ cm，$BD=3$ cm，求 AC 的长.

3. 在直二面角 $M-l-N$ 内有一点 S，到两个半平面的距离分别是 4 cm 和 3 cm，求点 S 到棱 l 的距离.

4. 如图 7-11 所示，平面 α 经过 Rt△ABC 的斜边 AB 且与三角形所在的平面成 60°的二面角. 已知 $AC=6$ cm，$BC=8$ cm，求 Rt△ABC 的顶点 C 到平面 α 的距离（精确到 0.1 cm).

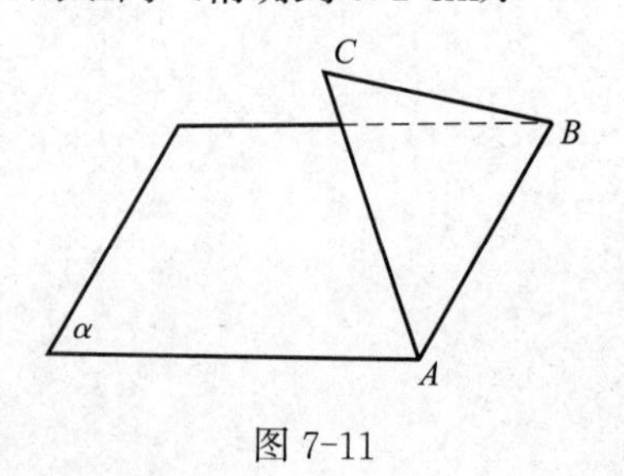

图 7-11

5. 正三棱锥的斜高为 5 cm，高为 4 cm，求它的全面积与体积.

6. 如图 7-12 所示，已知 PA 垂直于等腰三角形 ABC 所在的平面，D 是等腰三角形底边 BC 的中点. 求证：平面 PAD 垂直于平面 PBC.

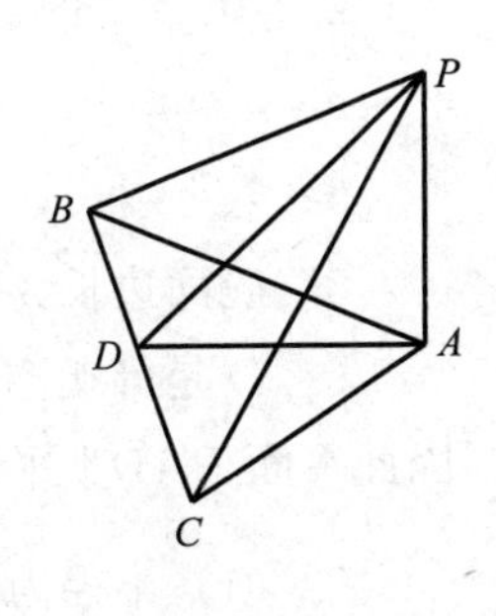

图 7-12

7. 制造一个高为 12 cm、底面半径为 5 cm 的圆锥，问：

(1) 需要用半径多长、圆心角多大的扇形围成？

(2) 圆锥容器的容积为多大？

参考答案

一、判断题

1. × 2. × 3. √ 4. × 5. × 6. √ 7. √ 8. × 9. × 10. √

二、选择题

1. A 2. C 3. C 4. C 5. B 6. D

三、填空题

1. 2 cm 4 cm 6 cm 48 cm^3

2. 3 cm　$3\sqrt{3}$ cm

3. 4　8

4. 相交　90°　$4\sqrt{3}$ cm　96 cm^2　64 cm^3

5. 主视图　左视图　俯视图

6. 唯一一

7. 0

四、计算题

1. $PA\approx9.2$ m，$PB\approx11.3$ m，$AO\approx4.6$ m，$BO=8$ m.

2. $AC=\sqrt{10}$ cm.

3. 5 cm.

4. 4.2 cm.

5. 底面边长为 $6\sqrt{3}$ cm，则 $S_{全面积}=72\sqrt{3}\ cm^2$，$V_{体积}=36\sqrt{3}\ cm^3$.

6. D 是等腰$\triangle ABC$底边 BC 的中点，则 $AD\perp BC\to BC\perp$平面 PAD，平面 PBC 过 BC，因此平面 $PAD\perp$平面 PBC.

7. (1) 半径为 13 cm，圆心角为$\frac{10\pi}{13}$

(2) 容积为 $100\pi\ cm^3$

Ⅳ. 拓展知识

古代数学家——祖冲之与祖暅

在浩瀚的星空里有一颗小行星，在遥远的月亮背面上有一座环形山，它是以我国古代一位科学家的名字来命名的，他就是祖冲之（429—500 年），我国南北朝时期杰出的数学家和天文学家.

祖冲之出生在一个世代对天文历法都有所研究的家庭，受环境熏陶，他自幼就对数学和天文学有着非常浓厚的兴趣.《宋书·律历志》中收录了祖冲之的自述：“臣少锐愚尚，专攻数术，搜练古今，博采沈奥. 唐篇夏典，莫不揆量，周正汉朔，咸加核验……此臣以俯信偏识，不虚推古人者也.”由此可见，祖冲之从小起便收集、阅读了前人的大量数学文献，并对这些资料进行了深入研究，坚持对每步计算都亲身考核验证，不被前人的研究成果所束缚，纠正错误的同时加之自己的理解与创新，这使得他在以下三个方面推动了我国古代数学大发展。

一是圆周率的计算. 他算得 $3.1415926<\pi<3.1415927$，这个的计算成果领先国外数学研究千余年.

二是球体积的计算. 祖冲之与他的儿子祖暅（gèng）一起找到了球体积的计算公式. 其

中所用到的“祖暅原理”有“幂势既同则积不容异”的表述，即等高处横截面积相等的两个几何体的体积必相等．直到 1 100 年后，意大利数学家卡瓦列里（B. Cavalieri）才提出与之有相仿意义的定理．

三是注解《九章算术》，并著《缀术》．《缀术》在唐代作为数学教育的教材，以“学官莫能究其深奥”而著称，可惜这部珍贵的典籍早已失传．

祖冲之在数学上的这些成就，使得这个时期中国在数学的某些方面处于世界领先的地位．从祖冲之逝世至今已超过 1 500 周年，祖冲之的科学成就对我们又有什么样的启示呢？

首先，我们应学习他“搜练古今，博采沈奥”的治学方法和精神．比如，祖冲之曾对《九章算术》做过注解，这不仅需要阅读前人留下的大量文献资料，而且要对已有的成果进行深入的思考与分析，才能为自己所用．在我们的学习过程中，既要认真学好教材上的基础知识，并广泛阅读以开阔眼界，注重与他人的交流，又要多思多想多动手．这样我们才能把书本上的知识变成自己头脑中的知识，使他人成功的经验为己所用．

其次，我们要学习祖冲之“不虚推古人”的态度，时刻有创新的意识．在圆周率的计算史上，刘歆、张衡及刘徽都曾得到非常出色的结果，他们的算法在当时世界上已经极为先进．但祖冲之并不满足于前人已有的结果，他在刘徽割圆术的基础上“更开密法”，计算出圆周率位于 3.141 592 6 与 3.141 592 7 之间，直到千年以后外国数学家才求出更精确的数值．祖冲之所用的算法已“走上了近代渐近值论的大道”．祖冲之对圆周率的计算过程对我们可以有这样的启示：凡事不应满足前人已有的成果，停步不前，创新意识要时刻存在于我们的头脑中．

最后，我们应该学习祖冲之那种坚韧不拔的毅力与不怕吃苦的精神．祖冲之坚持对前人的结果“咸加核验”，付出了巨大的劳动．正是因为他这种严谨的治学态度及坚韧不拔的毅力，才大大提高了圆周率计算的精确度，写出了《缀术》．今天，我们如果有他这样的精神与毅力，学习定会更加出色，做任何事的结果都将是“成功”．

特别地，我们可以从祖冲之身上看到数学是非常有价值的．祖冲之曾制定《大明历》，推动历史上有名的历法改革，这是他用数学研究天文学的最大成果．中国古代数学的最大特点就是具有实用性，祖冲之的研究也体现了这一特点．今天的世界是高科技的时代，高科技的发展更是离不开数学．生活中的事物很多都是与数学相关的，我们只要用心就会发现数学无处不在，关键在于是否具有应用数学知识的意识．

画法几何与蒙日

画法几何就是在平面上绘制空间图形，并在平面图上表达出空间原物体各部分的大小、位置以及相互关系的一门学科．它在绘画、建筑等方面有着广泛的应用．

画法几何起源于欧洲文艺复兴时期的绘画和建筑技术．意大利艺术家达·芬奇（Leonardo da Vinci，1452—1519 年）在他的绘画作品中已经广泛运用了透视理论，主要涉及中心投影法．法国数学家德扎格（Gérad Desargues，1593—1662 年）在他的“透视法”中给出了空间几何体透视像的画法，以及如何从平面图中正确地计算几何体的尺寸大小的方法．笛沙格主要运用的是正投影．法国数学家蒙日（Gaspard Monge，1746—1818 年）在此之后经深入研究，于 1799 年出版了《画法几何学》一书．在该书中，蒙日第一次详细阐述了怎样把空间（三维）物体投影到两个互相垂直的平面上，并根据投影原理（这种原理后来发展成射影几何学）推断出该空间物体的几何性质．蒙日的《画法几何学》一书不论是在理论上，还是在方法上都有深远的影响．这种方法对于建筑、军事、机械制图等方面都有极大的实用价值．从此画法几何就成为一门独立的几何学科，蒙日也被认为是画法几何的创始人．

蒙日生长在法国大革命时代，曾任法国海军与殖民部长，并创立了巴黎多科工艺学校．他出生在迪隆附近的一个小商人家庭，16 岁就成为里昂学院讲师，他因能熟练地按比例尺画出家乡的地图，而被梅济耶尔军事学院聘为绘图员．1768 年，蒙日在梅济耶尔担任数学教授，那时他只有 23 岁．1780 年，他被选为巴黎科学院院士．迁居巴黎后，他曾在海军学校教书，为了根据数据算出要塞中炮兵阵地的位置，蒙日用几何方法避开了麻烦的计算．他用二维平面上的适当投影来表达三维物体，这种方法在实际中有着广泛的应用，并促使了画法几何的产生．法国大革命前后，由于军事建筑上的迫切需要，蒙日的画法几何方法被列为军事秘密．直到当时的军事约束解除后，蒙日才公布了他的研究成果，这已是画法几何学科建立 30 年后的事了．

Ⅴ．知识巩固与习题册答案

知识巩固答案

7.1　空间几何体

知识巩固 1

平行　多边形　矩形　相等　正多边形　等腰三角形　相等

知识巩固 2

1．平行　圆　相等　圆　相等

2．略

知识巩固 3

<table>
<tr><td rowspan="5">简单几何体</td><td rowspan="2">柱体</td><td>棱柱</td><td>1，6，11，12，13</td></tr>
<tr><td>圆柱</td><td>9，14</td></tr>
<tr><td rowspan="2">锥体</td><td>棱锥</td><td>2，3，7，10，16</td></tr>
<tr><td>圆锥</td><td>4，15</td></tr>
<tr><td>球体</td><td>球</td><td>5，8</td></tr>
</table>

知识巩固 4

1. 图 a：四棱柱和四棱锥；图 b：正六棱柱，圆柱

2. 由两个底面相等的圆锥构成

7.2　空间几何体的三视图和直观图

知识巩固 1

1. a）如图 7-13 所示.

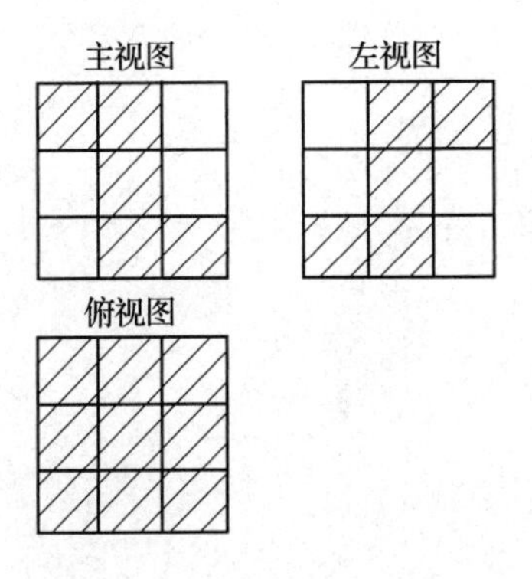

图 7-13

b）如果把足球看成是一个球体，则三视图都是半径相同的球，图略.

2. 如图 7-14 所示.

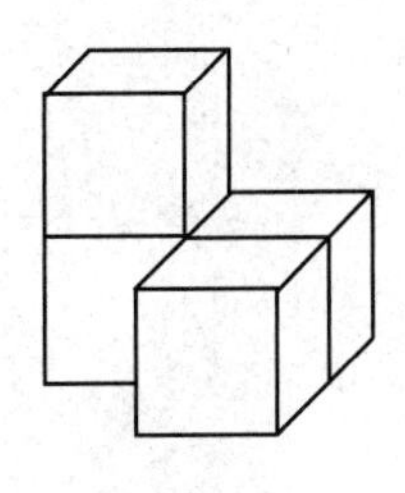

图 7-14

3. 如图 7-15 所示.

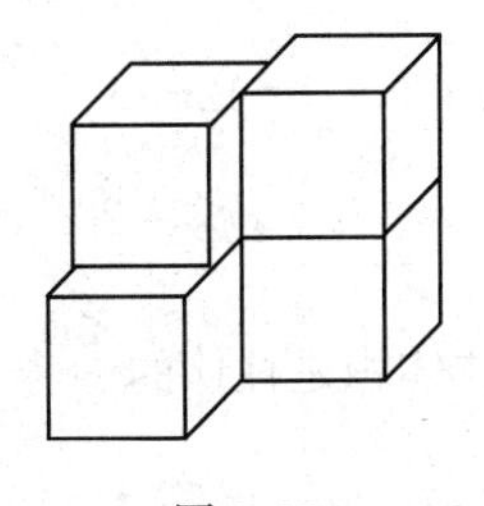

图 7-15

4. 略.

知识巩固 2

1. 步骤：

（1）图中找垂直线段；

（2）将图中垂直线段画成 45°或 135°；

（3）将图中水平方向线段保持原来的长度，垂直方向的线段画为原来的一半.

2. 如图 7-16 所示.

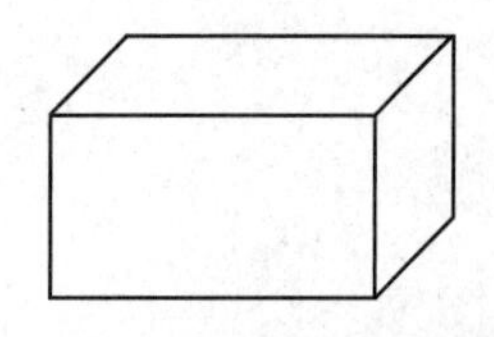

图 7-16

3. 如图 7-17 所示.

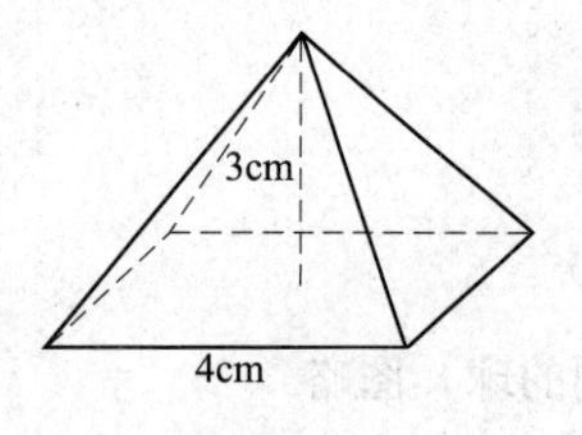

图 7-17

7.3 简单几何体的表面积和体积

知识巩固 1

1. $t=\frac{50\times25\times2}{90}=\frac{250}{9}\approx28\ \text{h}$

2. $S_{表}=72+8\sqrt{3}\ \text{cm}^2$，$V=24\sqrt{3}\ \text{cm}^3$

3. 0.84 kg

知识巩固 2

1. $S_{表}=2\pi r^2+2\pi rh=2\pi\times2^2+2\pi\times2\times3=20\pi\ (\text{m}^2)$，$V=\pi r^2h=\pi\times2^2\times3=12\pi\ \text{m}^3$

2. $c=l_{弧长}=2\pi r=8\pi\ \text{cm}$，$x_{母线}=\sqrt{4^2+3^2}=5$，所以 $\alpha=\frac{8\pi}{5}$，$S_{侧}=\frac{1}{2}l_{弧长}x_{母线}=20\pi\ \text{cm}^2$

3. $V_{柱体}=$底面积×高　$V_{锥体}=\frac{1}{3}\times$底面积×高　同底等高的锥体体积是柱体的$\frac{1}{3}$

知识巩固 3

1. $S_{表}=4\pi\times6\ 370^2\approx5.1\times10^8\ \text{km}^2$

2. 球的表面积变为原来的 4 倍，体积变为原来的 8 倍.

7.4　空间直线的位置关系

知识巩固 1

1. 不能，因为平面是没有边界的.

2. 不能，因为平面是没有边界，可以无限延伸的.

3. 两个

知识巩固 2

1. (1) 不正确，公理 3　(2) 不正确，公理 3　(3) 不正确，公理 1

2. 梯形是平面图形. 因为梯形的两条平行边（底边）确定一个平面.

3. 不一定

知识巩固 3

(1) 平行　(2) 异面　(3) 异面　(4) 相交　(5) 异面

知识巩固 4

1. 是菱形. 因为 E，F 是 AB，BC 中点，所以 $EF \underline{\parallel} \frac{1}{2}AC$，同理 $HG \underline{\parallel} \frac{1}{2}AC$，所以 $EF \underline{\parallel} HG$，又因为 $EH \underline{\parallel} FG \underline{\parallel} \frac{1}{2}BD$，所以 $EF=EH$.

2. 不一定

知识巩固 5

1. (1) 垂直　(2) 平行　(3) 相交

2. 平行　相交　异面

3. (1) 异面，90°

   (2) 异面，45°

   (3) 相交，60°

   (4) 平行

   (5) 异面，60°

7.5　直线与平面的位置关系

知识巩固 1

1. 如图 7-18 所示，AC 在平面 $ABCD$ 内，AC 与平面 DCC_1D_1 相交于 C，AC 与平面 $A_1B_1C_1D_1$ 平行.

2. (1) 没有　(2) 不一定　(3) 不一定，可能在平面内

3. 在相邻的两侧面内，与其余的侧面平行，与上下两底面相交.

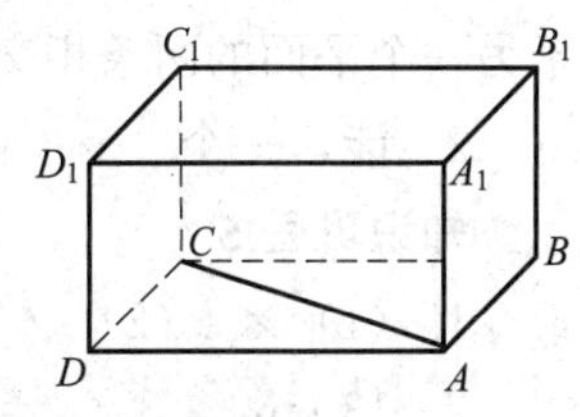

图 7-18

知识巩固 2

1. 在壁画的上面天花板墙角处找两点，只要两点到上边框的距离相等，就表示壁画的上边框与天花板平行.

2. 平行. 因为M，O分别为PB，BD的中点，所以$PD /\!/ MO$，又因为MO在平面MAC内，所以PD与平面MAC平行.

知识巩固 3

1. (1) √ (2) √ (3) × (4) ×

2. $\frac{20}{9}$

知识巩固 4

1. (1) 不能 (2) 不能 (3) 不能 (4) 垂直 (5) 垂直

2. 因为GO为两个等腰三角形GAC和三角形GBD的底边上的中垂线，因此$GO \perp AC$，$GO \perp BD$，又因为AC与BD相交于点O，所以，由线面垂直的判定定理可知$GO \perp \alpha$.

3. 垂直. 因为折痕与矩形被折的一边（被折后变为两条相交线）垂直.

知识巩固 5

1. (1) √ (2) × (3) √ (4) ×

2. 16 m 和 20 m

知识巩固 6

(1) 5

(2) 45°

7.6 平面和平面的位置关系

知识巩固 1

1. (1) × (2) × (3) × (4) √

2. 因为$A_1D_1 /\!/ E_1F_1$，$A_1E /\!/ E_1B$，由推论 1 可得平面$ED_1 /\!/$平面BF_1.

知识巩固 2

1. 不能，有可能异面；能

2. $8\sqrt{3}$

知识巩固 3

1. 90°

2. 20 cm

知识巩固 4

1. 提示：利用线面垂直判定定理和面面垂直判定定理，即一个平面内有一条直线垂直于另一个平面的两条相交直线，那么这两个平面垂直.

2. 能，一个

知识巩固 5

1. (1) × (2) √ (3) √ (4) ×

2. 13 cm

*7.7 空间向量

知识巩固 1

1. （1）$\overrightarrow{AD}$ （2）$\overrightarrow{AG}$ （3）$\overrightarrow{MG}$

2. （1）$x=1$

（2）$x=\frac{1}{2}$，$y=\frac{1}{2}$

（3）$x=\frac{1}{2}$，$y=\frac{1}{2}$

知识巩固 2

1. $\overrightarrow{MN}=-\frac{1}{2}\boldsymbol{a}+\frac{1}{2}\boldsymbol{b}+\frac{1}{2}\boldsymbol{c}$

2. （1）$\overrightarrow{OB'}=\boldsymbol{a}+\boldsymbol{b}+\boldsymbol{c}$，$\overrightarrow{BA'}=-\frac{1}{2}\boldsymbol{b}+\boldsymbol{c}$，$\overrightarrow{CA'}=\boldsymbol{a}-\boldsymbol{b}+\boldsymbol{c}$

（2）$\overrightarrow{OG}=\frac{1}{2}\boldsymbol{a}+\boldsymbol{b}+\frac{1}{2}\boldsymbol{c}$.

知识巩固 3

1. $\sqrt{a^2+b^2+c^2}$

2. 证明略

知识巩固 4

1. $\vec{a}+\vec{b}=(-2,7,4)$，$\vec{a}\cdot\vec{b}=2$，$\vec{a}\cdot(\vec{b}+\vec{c})=12$，$\vec{a}+6\vec{b}-8\vec{c}=(3,32,-17)$

2. 证明略.

7.8 综合例题分析

知识巩固

一、选择题

1. C 2. D 3. D 4. B 5. B 6. B *7. D *8. D.

二、填空题

1. $\frac{4\sqrt{3}}{3}$

*2. （2，1，4）

*3. 0

*4. $\frac{5\pi}{6}$

5. $100\pi\ \text{cm}^2$ $\frac{500\pi}{3}\ \text{cm}^3$

习题册答案

7.1　空间几何体

习题 7.1.1

A 组

1. 按表格行的顺序：两个底面平行且为全等的正方形，正方形；3 个全等的矩形，4 个全等的等腰三角形；各侧棱相等且等于高，各侧棱相等且等于高.

2. （1）正五棱柱

　（2）正四面体

3. （1）三棱柱，底面 ABC，$A_1B_1C_1$，侧棱 AA_1，BB_1，CC_1

　（2）六棱柱，底面 $ABCDEF$，$A_1B_1C_1D_1E_1F_1$，侧棱 AA_1，BB_1，CC_1，DD_1，EE_1，FF_1

4. 略.

B 组

1. 剩下的几何体为直五棱柱，截去的几何体为直三棱柱.

2. $Q \subsetneqq M \subsetneqq P \subsetneqq N \subsetneqq F \subsetneqq E$

习题 7.1.2

A 组

1. （1）圆

　（2）相等

　（3）矩形　直径

2. （1）圆　不相等

　（2）相等

　（3）等腰三角形　直径

3. （1）圆锥

　（2）空心球

4. （1）四棱柱　四棱锥

　（2）圆柱，圆锥

　（3）长方体　圆柱　球

5. 略.

实践活动

略.

7.2　空间几何体的三视图和直观图

习题 7.2.1

A 组

1. 主视图　左视图　俯视图　长　宽　高

2. (1) 如图 7-19 所示.　　(2) 如图 7-20 所示.

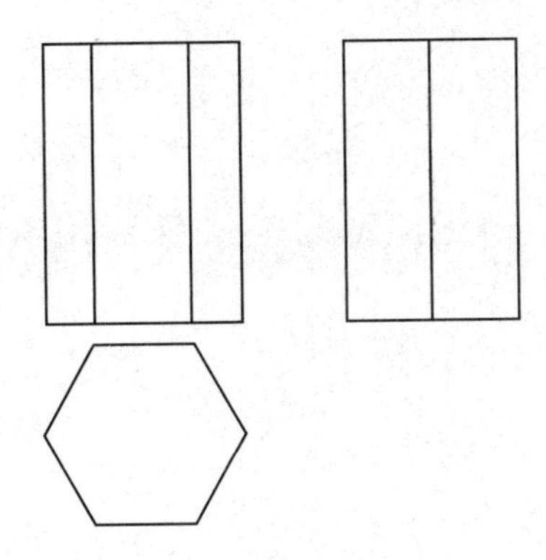

图 7-19

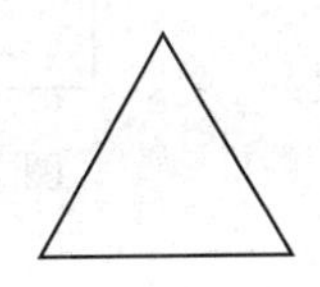
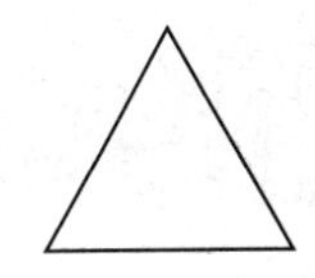
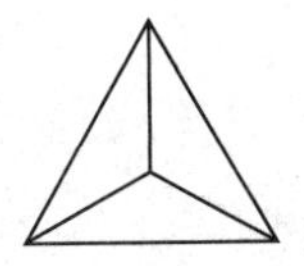

图 7-20

(3) 如图 7-21 所示.　　(4) 如图 7-22 所示.

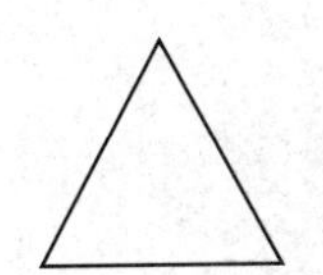
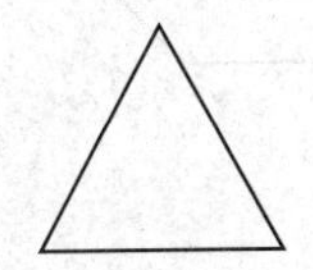

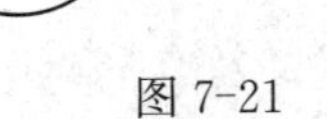

图 7-21

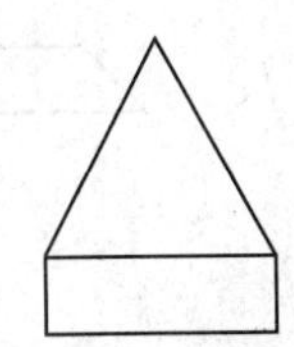
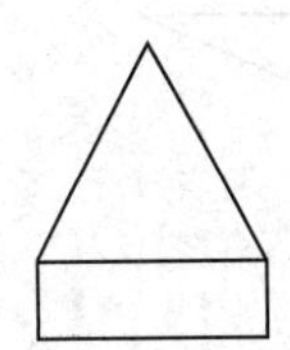
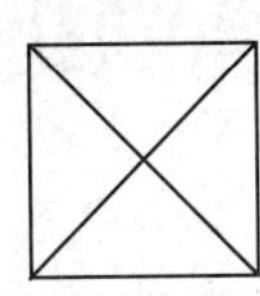

图 7-22

3. (1) 三棱柱　(2) 正六棱锥

4. 2，3，4，1

5. (1) 俯视图　(2) 略.

B组

1. (1) 如图 7-23 所示.　　(2) 如图 7-24 所示.

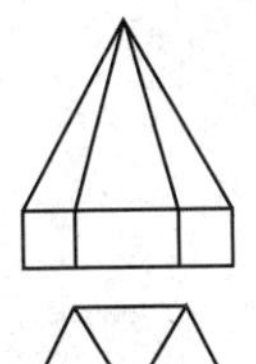
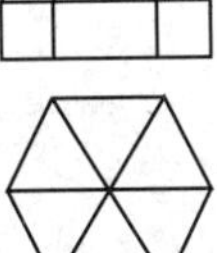
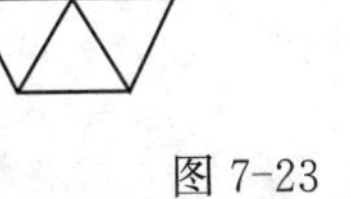

图 7-23

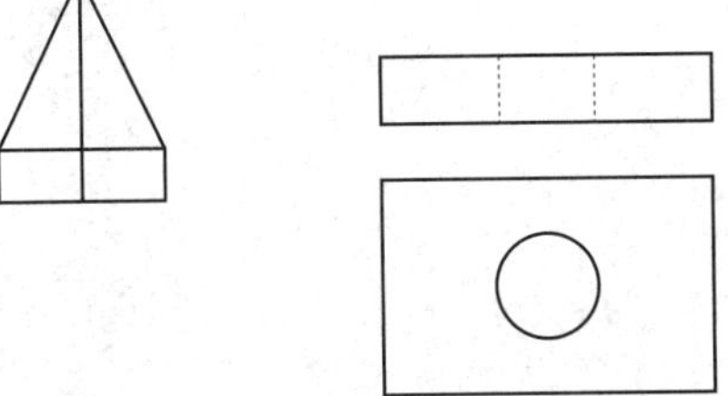

图 7-24

2. （1）如图 7-25 所示.

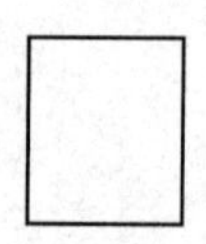
图 7-25

（2）如图 7-26 所示.

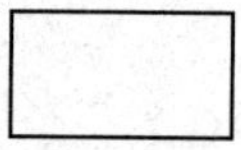

图 7-26

3. 3，2，1

习题 7.2.2

A 组

1.

（1）如图 7-27 所示.

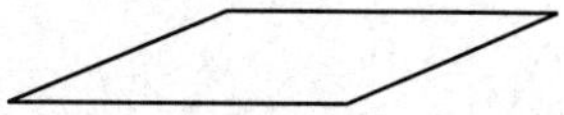

图 7-27

（2）如图 7-28 所示.

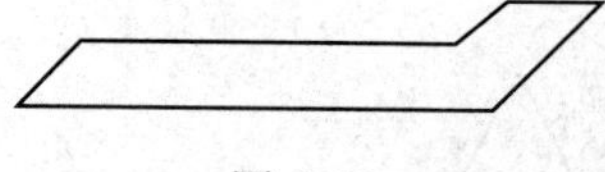
图 7-28

2.

（1）如图 7-29 所示.

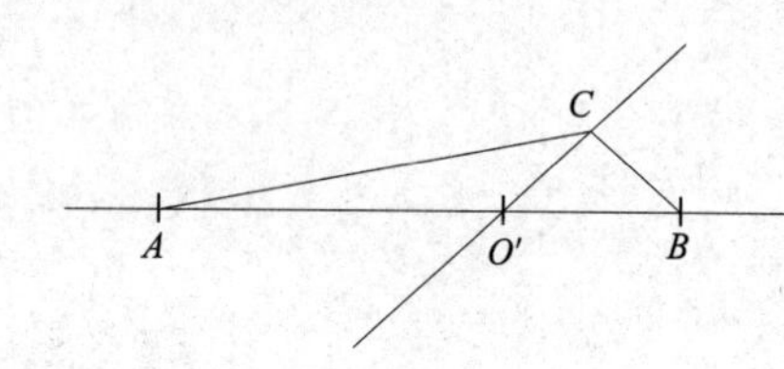

图 7-29

（2）如图 7-30 所示.

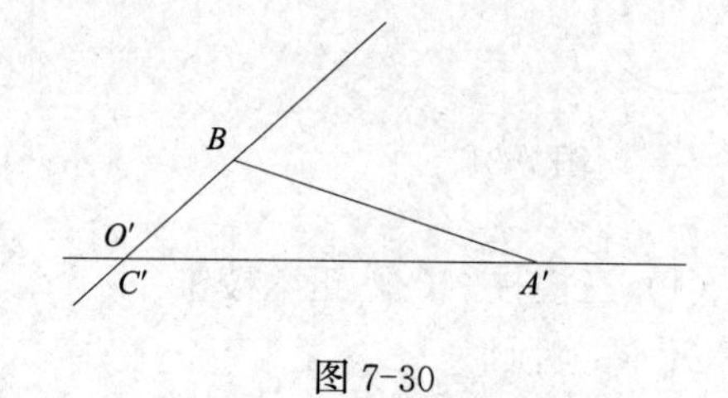

图 7-30

3. 如图 7-31 所示.

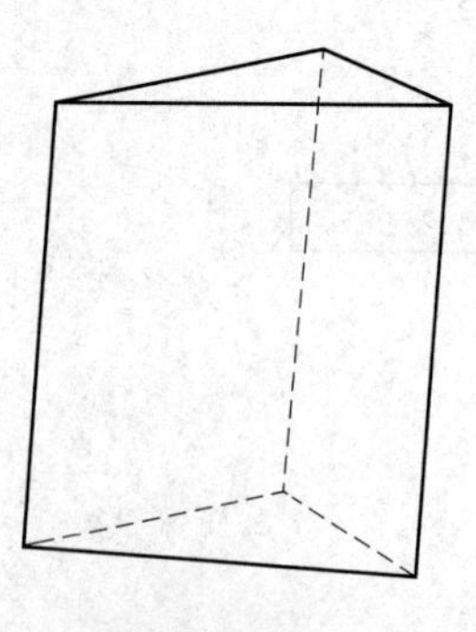
图 7-31

4. 如图 7-32 所示.

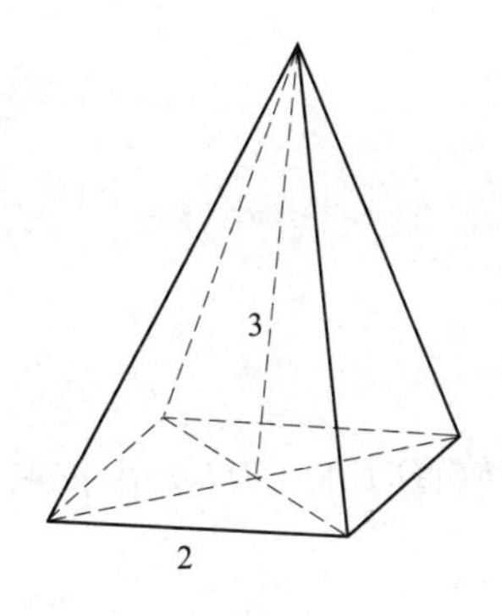

图 7-32

B 组

1. (1) 如图 7-33 所示.

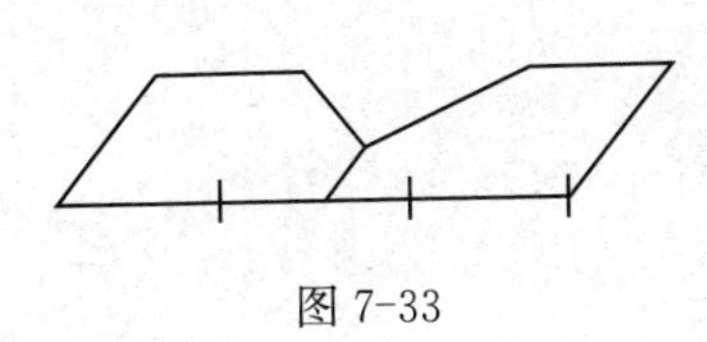

图 7-33

(2) 如图 7-34 所示.

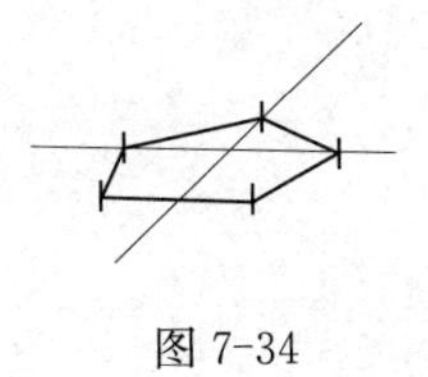

图 7-34

2. 如图 7-35 所示.

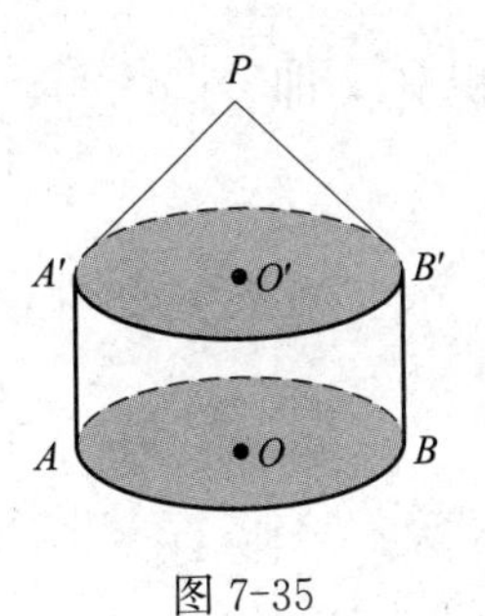

图 7-35

7.3 简单几何体的表面积和体积

习题 7.3.1

A 组

1. $\sqrt{3}a$ $6a^2$ a^3

2. 88 cm^2，48 cm^3

3. $AB=12$ cm，$AC=12\sqrt{2}$ cm，则 $S_{侧}=(24+12\sqrt{2})\times16\approx656\ \text{cm}^2$，$V=72\times16=1\ 152\ \text{cm}^3$

4. $S_{侧}=48\times14=672\ \text{cm}^2$，$l_{对角线}=\sqrt{14^2+(12\sqrt{2})^2}=22\ \text{cm}$

5. $l_{侧}=\frac{\sqrt{2}}{2}a$，$S_{表}=3\times\frac{1}{2}\times\left(\frac{\sqrt{2}}{2}a\right)^2+\frac{\sqrt{3}}{4}a^2=\left(\frac{3+\sqrt{3}}{4}\right)a^2$

6. 6

B组

1. $V_{锥}:V_{剩}=\frac{1}{3}\times\left(\frac{1}{2}S_{底}h\right):\left(S_{底}h-\frac{1}{6}S_{底}h\right)=\frac{1}{6}:\frac{5}{6}=1:5$

2. 设底面ABC水平放置时高度为h'，侧向AA_1B_1B水平放置时高度为h，由体积不变可得$\frac{3}{4}\times AA_1\cdot A_1B_1\cdot h=\frac{1}{2}\times A_1B_1\cdot 2h\cdot h'$，解得$h'=6$.

*3. $S_{表}=9+36+\frac{9}{2}\times5\times4=135$，$V=\frac{1}{3}(9+36+18)\times\frac{\sqrt{91}}{2}=\frac{21\sqrt{91}}{2}$

习题 7.3.2

A组

1. 4π　2π

2. 2 cm　$2\sqrt{3}$ cm

3. C

4. B

5. $S_{表}=6\pi\ \text{cm}^2$，$V=2\pi\ \text{cm}^3$

6. $S_{表}=108\pi\ \text{cm}^2$，$V=72\sqrt{3}\pi\ \text{cm}^3$

7. 铸件的体积V等于大圆柱体的体积V_1减去中空圆柱体的体积V_2，即

$$\begin{aligned}V&=V_1-V_2=\pi R^2h-\pi r^2h=\pi\ (R^2-r^2)h\\&\approx3.14\times\left[\left(\frac{240}{2}\right)^2-\left(\frac{180}{2}\right)^2\right]\times200\\&=3\ 956\ 400\ \text{mm}^3\\&=3\ 956.4\ \text{cm}^3.\end{aligned}$$

所以，所求铸件的质量为

$$7.8\times3\ 956.4=30\ 859.92\ \text{g}\approx30.86\ \text{kg}.$$

B组

1. $2\ 160\sqrt{3}-250\pi\approx2\ 956\ \text{mm}^3$

2. $S_{表}=\sqrt{3}\pi a^2$，$V=\frac{1}{4}\pi a^3$

3. $S_{表}=80\pi$，$V=52\pi$

习题 7.3.3

A组

1. $\sqrt{3}$　$3\sqrt{3}$

2. $r=\frac{2}{\pi}\sqrt[3]{6\pi^2}$ cm

3. $V=32\sqrt{3}\pi\ \text{cm}^3$

4. 471 朵

B 组

1. 27 倍

2. $V=\pi\times3^2\times(7.5-3)+\frac{2}{3}\pi3^3=58.5\pi\approx184$ mL

实践活动

略

复习题（一）

A 组

一、填空题

1. 三棱柱

2. 圆柱

3. 1　2　3　2∶3

二、单项选择题

1. D　2. C　3. B　4. A　5. A　6. A　7. C

三、解答题

1. 图中的几何体有四棱柱、四棱锥、圆柱、圆锥、球.

2. (1) 如图 7-36 所示.　(2) 如图 7-37 所示.　(3) 如图 7-38 所示.

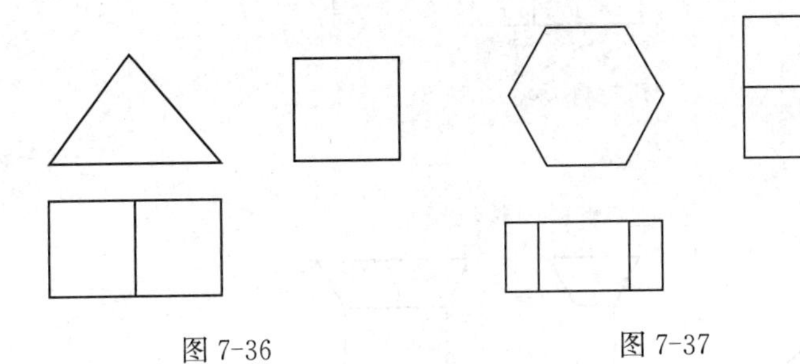

图 7-36　　图 7-37

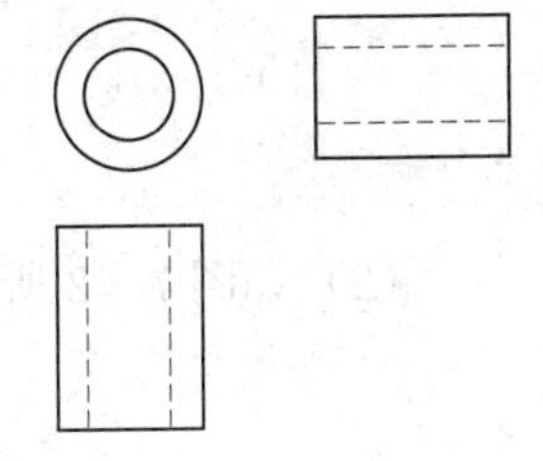

图 7-38

3. 3，1，2

4. 设长方体的长为 a，则

$$a^2+4a^2+9a^2=14,\ a=1\ \text{cm},$$

$$S_{表}=2\times2+2\times3+2\times6=22\ \text{cm}^2,$$

$$V=1\times2\times3=6\ \text{cm}^3.$$

5. (1) 如图 7-39 所示.

(2) 设底面边长为 a，则 $\frac{\sqrt{3}}{2}a=2\sqrt{3}$，得 $a=4$，则

$$S_{表}=12\times4+2\times\frac{2\sqrt{3}}{2}\times4=48+8\sqrt{3}\ \text{cm}^2,$$

$$V=\frac{\sqrt{3}}{4}\times16\times4=16\sqrt{3}\ \text{cm}^3.$$

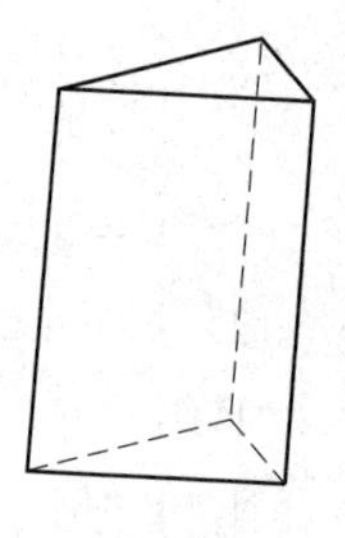

图 7-39

6. $V=\pi\times\left(\frac{118}{2}\right)^2\times(73.5-50)+\frac{1}{2}\times\frac{4}{3}\pi\times50^3\approx518\ 792.66\ \text{mm}^3$

B组

1. 1∶3

2. $\frac{3+\sqrt{3}}{4}$

3. 圆台由圆锥用平行于底面的平面截取而成，图略.

4. 由题意得，该几何体如图 7-40 所示

$$V_{底}=20\times20\times(20-15)=2\ 000,$$

$$V_{锥}=\frac{1}{3}\pi\times\left(\frac{12}{2}\right)^2\times15=180\pi\approx565.5,$$

$$V=V_{底}+V_{锥}=2\ 000+565.5=2\ 565.5.$$

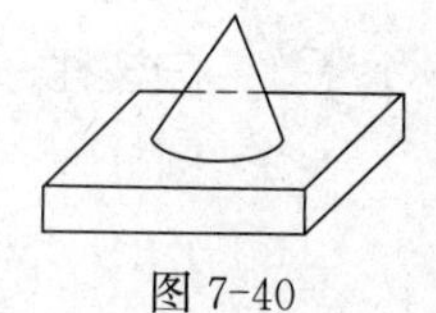

图 7-40

5. (1) 如图 7-41 所示.

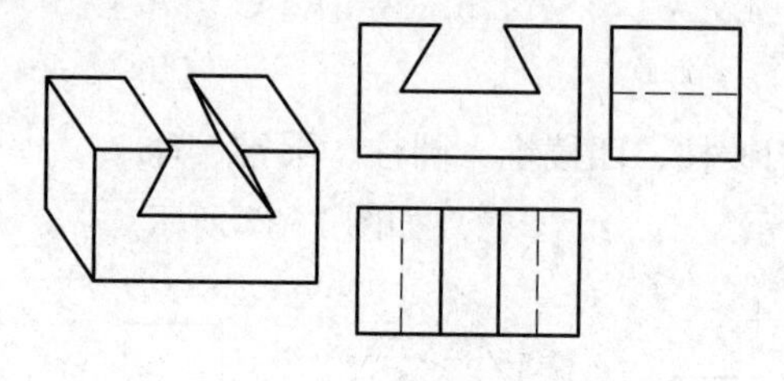

图 7-41

(2) 如图 7-42 所示.

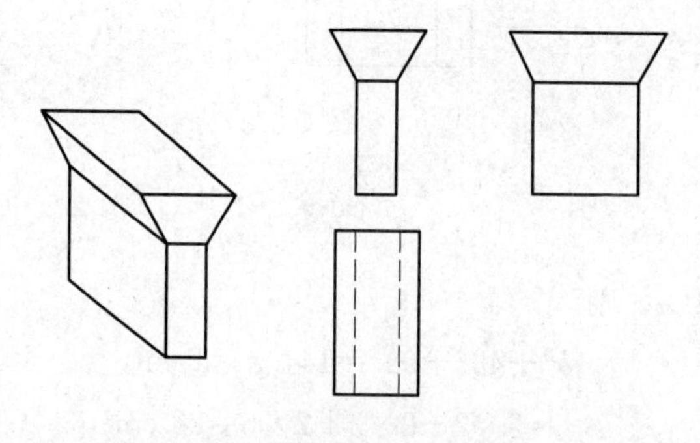

图 7-42

6. $V=\pi\left(\frac{d_2}{2}\right)^2 h_1+\pi\left(\frac{d_1}{2}\right)^2 h_2+\frac{1}{3}\pi\left(\frac{d_1}{2}\right)^2 h_3=\frac{\pi}{4}\left(d_2{}^2 h_1+d_1{}^2 h_2+\frac{1}{3}d_1{}^2 h_3\right)$

测试题（一）

一、填空题

1. 垂直　矩形　正多边形

2. 顶点到底面的垂线段　侧面三角形底边上的高　全等

3. 平行　相等

4. 圆　顶点到底面的垂线段

5. 主视图　左视图　俯视图

6. $4\sqrt{3}$　96　64

7. 2 cm　4 cm　6 cm　48 cm^2

8. 3 cm　$3\sqrt{3}$ cm

9. 4　8

二、作图题

1. (1) 如图 7-43 所示.

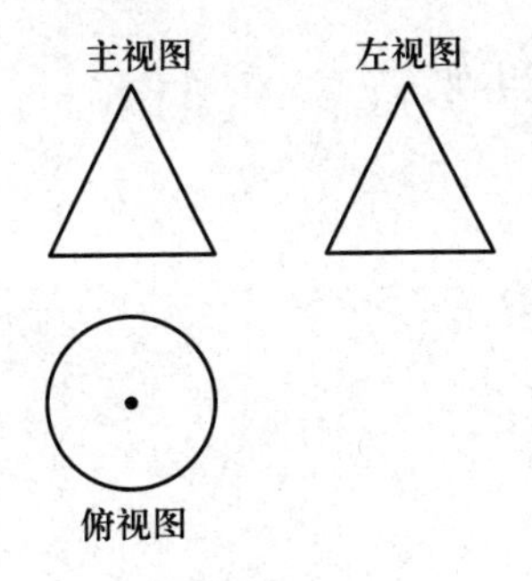

图 7-43

(2) 如图 7-44 所示.

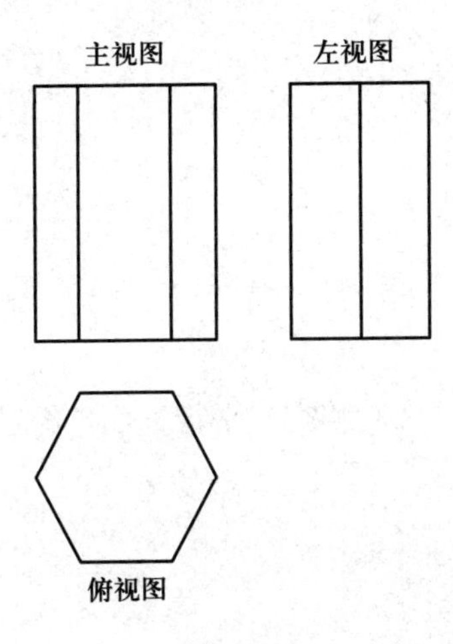

图 7-44

2. 如图 7-45 所示.

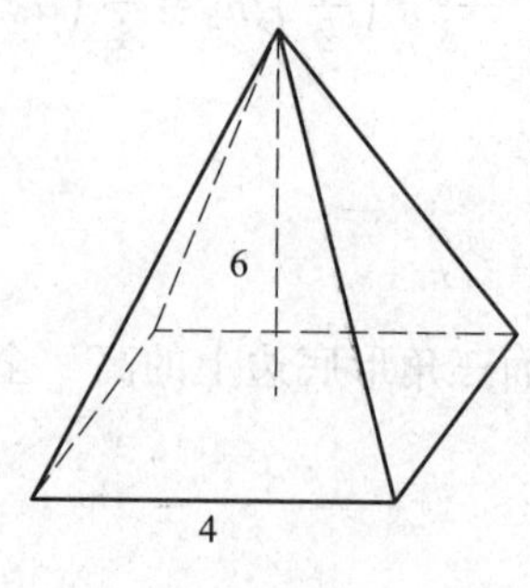

图 7-45

三、解答题

1. 16 cm^2

2. 40π cm^2

3. 3.57π m^2

4. 底面边长为 $6\sqrt{3}$ cm，则 $S_{全面积}=72\sqrt{3}$ cm^2，$V_{体积}=36\sqrt{3}$ cm^3.

5. 约 21.2 kg

6. （1）半径为 13 cm，圆心角为 $\frac{10\pi}{13}$.

（2）体积为 100π cm^3.

7.4 空间直线的位置关系

习题 7.4.1

A 组

1. 不能，平面是无限延伸的.
2. 平面 $ABCD$，平面 α
3. 略.

B 组

1. 不能，平面是无限延伸的.
2. 略.
3. 略.

习题 7.4.2

A 组

1. （1）√ （2）√ （3）× （4）×
2. （1）不在同一条直线上 （2）相交 平行 （3）经过该点
3. 略

B 组

1. 一个
2. 是

3. 无数个，无数个，一个
4. 3 个，3 个
5. （1）4 个 （2）能

习题 7.4.3

A 组
1. 共面，1；共面，0；不共面，0. 图形略
2. （1）× （2）× （3）× （4）√
3. （1）异面 （2）平行 （3）相交 （4）异面 （5）异面

B 组
1. D
2. DA，DD'，DC，$C'D'$，$C'C$，$C'B'$
3. 略

习题 7.4.4

A 组
1. 一条
2. （1）√ （2）× （3）√ （4）×
3. C
4. D
5. 平行

B 组
1. 证明略.
2. 证明略.

习题 7.4.5

A 组
1. 略
2. （1）× （2）× （3）√ （4）√
3. $A'D'$，AD，$B'C'$，BC，$A'B'$，AB，$D'C'$，DC

B 组
1. （1）异面，$90°$ （2）异面，$45°$ （3）平行，$0°$ （4）异面，$60°$
2. （1）$45°$ （2）$90°$ （3）$30°$

7.5 直线与平面的位置关系

习题 7.5.1

A 组
1. 平行 相交 在平面内 平行 相交 在平面内 无数
2. 在平面上，平行，垂直

3. 平行

B组

1. (1) 平面 AB_1，平面 AD_1

(2) 平面 BC_1，平面 DC_1

(3) 平面 AC，平面 A_1C_1

2. (1) $/\!/$ (2) $\subset$ (3) C

习题 7.5.2

A组

1. 若 $a\not\subset$ 平面 α，$b\subset$ 平面 α，且 $a/\!/b$，则 $a/\!/$ 平面 α.

2. 是，判定定理

3. C

4. 只要检查两条吊线的长度是否相等，若两条吊线的长度相等，则说明灯管与房顶、地板平行.

B组

1. 证明略.

2. (1) 正确 (2) 正确

3. 证明略.

习题 7.5.3

A组

1. 若 $a/\!/$ 平面 α，$a\subset$ 平面 β，且平面 $\alpha\cap$ 平面 $\beta=b$，则 $a/\!/b$.

2. (1) × (2) √ (3) × (4) √

3. 证明略.

B组

1. (1) 无数 (2) 一个

2. (1) × (2) × (3) √

3. 证明略.

习题 7.5.4

A组

1. 垂直，$CD=6\sqrt{3}$ m

2. (1) 垂直 (2) 不一定垂直 (3) 垂直

3. 线面垂直的判定定理

B组

1. 3，$3\sqrt{2}$

2. 证明略.

3. 证明略.

习题 7.5.5

A 组

1. （1）√　（2）√　（3）×

2. （1）AC，BC，AB　（2）BC

3. $\sqrt{a^2+(b-c)^2}$ m

B 组

1. （1）√　（2）√　（3）×

2. 证明略.

习题 7.5.6

A 组

1. $88°$

2. $4\sqrt{2}$

3. 均为$\frac{\sqrt{6}}{3}$

4. （1）$PB=5$　（2）$\angle PDA=45°$

B 组

1. （1）√　（2）×

2. $\frac{\sqrt{30}}{6}$，$\frac{\sqrt{30}}{6}$，$\frac{\sqrt{3}}{3}$

3. （1）5，$\sqrt{89}$

（2）$\tan\angle PAD=\frac{5}{8}$，$\tan\angle PBD=\frac{5\sqrt{2}}{16}$

7.6　平面与平面的位置关系

习题 7.6.1

A 组

1. （1）√　（2）×　（3）√　（4）×

2. B

3. 证明略.

B 组

1. （1）√　（2）×

2. 证明略.

习题 7.6.2

A 组

1. 是

2. 不能，能

3. $\frac{27}{4}$

4. 证明略.

B组

1. 证明略.

2. $\frac{15}{4}$，$\frac{45}{4}$，15

习题 7.6.3

A组

1. 面：ABD，ACD，棱：AD，平面角：$\angle BDC$

2. 略.

B组

1. (1) $30°$ (2) $\sqrt{2}a$

2. $60°$

习题 7.6.4

A组

1. 略.

2. 利用面面垂直判定定理直接可以得到结论.

3. 提示：由 $PA\perp$平面 ABC 得，$PA\perp BC$，又 $BC\perp AC$，所以 $BC\perp$平面 PAC，由面面垂直判定定理得到结论.

B组

1. 提示：先证 $BC\perp$平面 PAD. 再由面面垂直判定定理得到结论.

2. 提示：过直线 a 作一平面交平面 α 于直线 b，则 $a/\!/b$，从而得到 $b\perp$平面 β. 由面面垂直判定定理得到结论.

3. 提示：先证 $BC\perp$平面 PAC. 再由面面垂直判定定理得到结论.

习题 7.6.5

A组

1. C

2. (1) 利用面面垂直性质定理直接可以得到结论.

   (2) $AC=5$

3. 13

B组

1. 5

2. (1) 提示：只要证明$\angle BCD$ 为垂直的两个面的平面角即可.

(2) 提示：连接 BC，可以证明$\triangle ABC$为正三角形.

*7.7 空间向量

习题 7.7.1

A 组

1. $\overrightarrow{CD}$，$\overrightarrow{C_1D_1}$，$\overrightarrow{B_1A_1}$ $\overrightarrow{AD_1}$ $\overrightarrow{DA}$，$\overrightarrow{D_1A_1}$，$\overrightarrow{CB}$，$\overrightarrow{C_1B_1}$

2. A

3. A

4. $\frac{1}{3}\vec{a}+\frac{1}{3}\vec{b}+\frac{1}{3}\vec{c}$

B 组

1. D

2. $\overrightarrow{AM}=\frac{1}{2}\vec{a}+\frac{1}{2}\vec{b}+\frac{1}{2}\vec{c}$；$\overrightarrow{AN}=\vec{a}+\frac{1}{2}\vec{b}+\frac{1}{2}\vec{c}$

习题 7.7.2

A 组

1. B 2. D 3. D 4. D 5. D

6. 0

7. $60°$

8. -7 （7，-18，16）

9. $\overrightarrow{AB}=$（-2，-6，-2），$|\overrightarrow{AB}|=2\sqrt{11}$；

$\overrightarrow{BC}=$（1，12，-6），$|\overrightarrow{BC}|=\sqrt{181}$；

$\overrightarrow{CA}=$（1，-6，8），$|\overrightarrow{CA}|=\sqrt{101}$

10. $\frac{1}{9}$

B 组

1. (1) $\overrightarrow{BD_1}=\vec{a}-\vec{b}+\vec{c}$ (2) 3 (3) $\theta=\arccos\frac{5}{6}$

2. (1) $\sqrt{5}$ (2) $\frac{7\sqrt{2}}{18}$

复习题（二）

A 组

一、选择题

1. D 2. D 3. A 4. B

二、填空题

1. $60°$

2. $\frac{5\sqrt{3}}{2}$

3. $5\sqrt{3}$

三、解答题

1. $5\sqrt{5}$

2. 由 $AB\perp$ 平面 α，$EF\subset$ 平面 α，得 $AB\perp EF$. 又 $EF\perp AD$，且 $AB\cap AD=A$，所以 $EF\perp$ 平面 ABD，由面面垂直判定定理得到结论.

3. 40 mm

B组

一、选择题

1. D 2. B 3. A 4. B

二、填空题

1. 0

2. $\sqrt{2}$

3. $5\sqrt{5}$

三、解答题

提示：在平面 SBC 内作 $CD\perp SB$，垂足为 D，证明 B 与 D 重合.

测试题（二）

一、判断题

1. √ 2. × 3. × 4. √ 5. √ 6. √ 7. × 8. × 9. × 10. √

二、选择题

1. D 2. D 3. C 4. A 5. C 6. B

三、填空题

1. 两

2. 两

3. 平行，相交，异面

4. 唯一一

5. 相交 $90°$ $45°$

四、解答题

1. $AC=\sqrt{10}$ cm

2. 1

3. 4.2 cm

4. $FA\approx12.0$ cm，$FB\approx17.0$ cm，$FC\approx14.4$ cm

5. (1) $\frac{\sqrt{51}}{51}$ (2) $\frac{20\sqrt{2}}{3}$

第8章　复　　数

Ⅰ. 概　　述

一、教学目标和要求

1. 理解符号 i 的几何意义.

2. 在问题情景中了解数系的扩充过程，体会实际需求与数系内容的矛盾（数的运算规则、方程求根）. 在数系扩充过程中的作用，感受人类理性思维的作用以及数与现实世界的联系.

3. 理解复数的基本概念，掌握复数相等的充要条件.

4. 能用复平面上的点和向量（有向线段）表示复数；理解复数的模、共轭复数等概念.

5. 理解复数的三角形式，会进行复数的代数形式与三角形式的互化.

6. 掌握复数的加减运算及其运算性质，了解复数加减运算的几何意义.

7. 理解在复数范围内解实系数一元二次方程的解题流程，会在复数范围内解实系数一元二次方程.

8. 会进行复数的代数形式和三角形式的乘除运算，理解复数乘法的几何意义.

*9. 了解复数的极坐标形式和指数形式，会进行复数的极坐标形式和指数形式的乘除运算.

二、内容安排说明

本章知识结构：

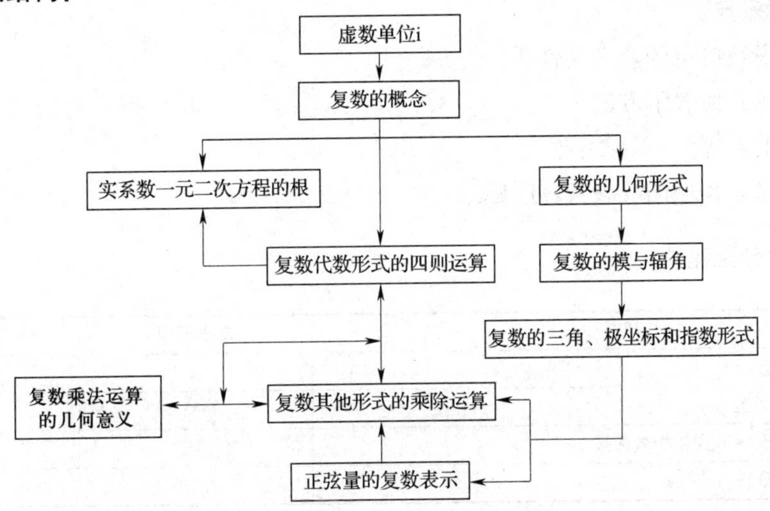

复数是数学的基本概念之一，是研究电工学重要的数学工具之一，它的基础是实数和三角函数. 复数既把数的研究与三角函数联系起来，又把几何与代数联系起来，这些内容是学习电工学等其他学科的基础. 在正弦交流电的有关计算中，复数的介入使正弦交流电的复杂运算变得简单明了.

学生对数学的认知过程是从感性认识到理性认识，又从理性认识到实践的过程，教材注意遵循这一规律，在知识内容的编排上，从实例或学生已有知识基础上的分析、推理中引入新的概念，通过分析、抽象、概括得出结论.

本章内容包括三个部分：第一部分由数的运算的几何模型入手，重点介绍复数的有关概念及复数表示方法；第二部分介绍复数的四则运算法则及运算方法；第三部分是拓展内容，主要介绍复数的极坐标形式和指数形式，讨论这两种形式的乘除运算. 第三部分内容供相关专业的学生选学.

复数是一个较为抽象的概念，在教学中应注意：

（1）虚数和复数的这两个概念既有区别又有联系，数的分类和发展是人类对世界认识过程的一个侧面反映，在教学中要注意横向比较、纵向分析，这有利于认识能力的提高. 注意利用复数相等、模及共轭复数等条件，将复数问题转化为实数问题处理.

（2）复数的教学内容都可以与实数进行类比，如复数代数形式的运算、复平面、三角形式等内容，为了让学生顺利地掌握本章的知识，教学要注意对类比方法的应用.

（3）由于复数与复平面内的点之间建立了一一对应关系，所以用“形”来解决“数”的问题就成为可能，教学中注意培养学生“数形结合”的数学思想.

（4）复数在电工学中应用较多，教师可根据需要适当地结合专业知识进行讲解.

本章教学重点：

1. 复数的概念.
2. 复数的辐角.
3. 复数的各种表示形式及互相转换.
4. 复数的运算.

本章教学难点：

1. 理解虚数单位的意义及性质.
2. 复数的几何表示方法.
3. 辐角的计算.
4. 用相量、相量图解决实际问题.

三、课时分配建议

章节	基本课时	拓展课时
8.1 复数的概念	4	
8.2 复数的四则运算	4	
*8.3 复数的极坐标形式和指数形式		2
8.4 综合例题分析	2	

Ⅱ. 教材分析与教学建议

8.1 复数的概念

学习目标

1. 理解虚数单位的定义.
2. 理解复数的定义，了解复数集的构成.
3. 理解复平面的概念，理解共轭复数的概念.
4. 理解和掌握复数的几何表示.
5. 会求复数的模和辐角.
6. 能用复数的三角形式表示复数.

教学重点与难点

重点：

1. 复数的概念，复数相等的含义.
2. 复数的代数形式与复平面上的点及向量之间的一一对应关系.
3. 复数的几何表示.
4. 求复数的辐角和模.
5. 复数的三角形式.

难点：

1. 虚数单位的性质.
2. 复数辐角定义的理解.
3. 求辐角主值.

教学方法提示

教学时，教师可以结合多媒体课件介绍实数加法和乘法的几何模型，说明加法和乘法可以看成平动和旋转的合成. 我们把乘-1看成逆时针转一次（180°），把乘i（虚数单位）看成逆时针转半次（90°），那么，乘-1就相当于逆时针转两个半次. 因此，$i\cdot i=i^2=-1$，即i是-1的一个平方根. 由此引导学生了解学习复数的意义，同时规定复数的定义. 通过例题讲解和课堂练习，使学生掌握虚数单位、复数的定义和复数集的分类，并要求学生通过教师的引导，能够自己去总结规律.

复数内容是数形结合的典范，复平面及相关概念的讲解都应该在复平面内中进行，这样更直观，利于学生理解.

教师要通过数（复数的代数形式）与形（复平面上复数对应的点、向量）的反复讲解，让学生理解：复数的代数形式与几何形式是一一对应的，即有：

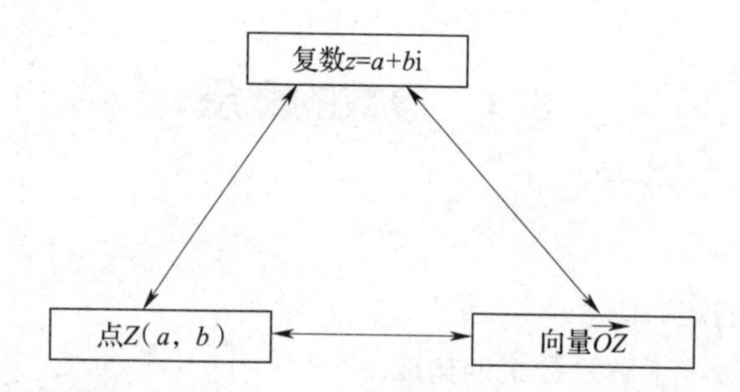

为使学生更好地理解复数的几何表示，理解这些一一对应关系，课堂上要反复练习由复数代数形式画出复平面上对应的点和向量、由在复平面上的点和向量写出复数的代数形式、由向量的模和辐角写出复数的三角形式.

教学参考流程

第一次课：

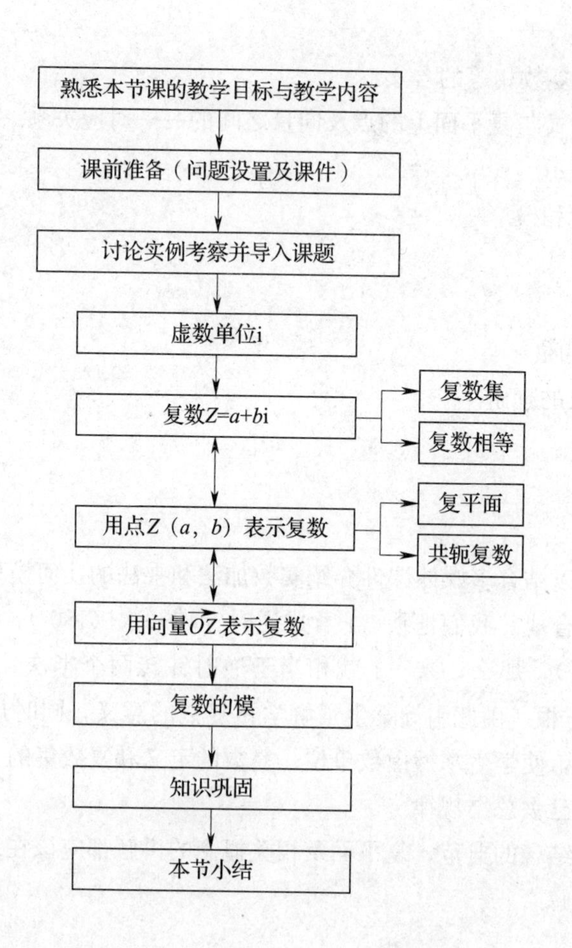

第二次课：

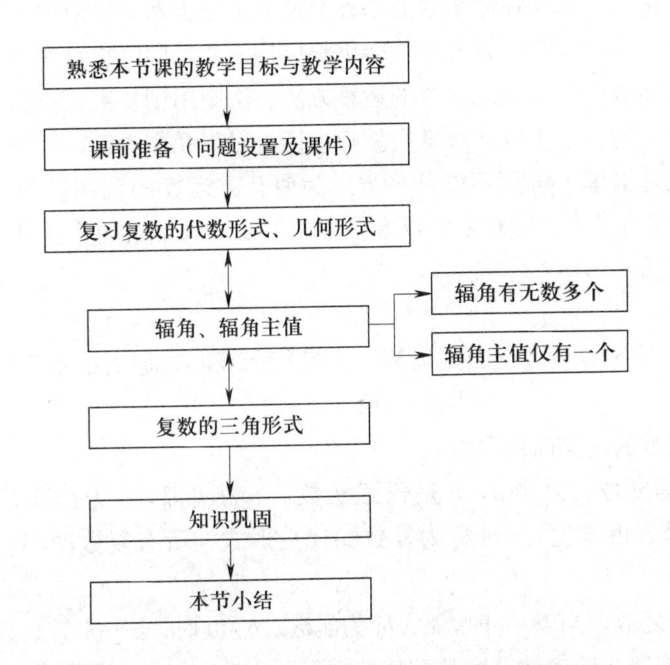

课程导入

我们都知道$-1-1=-2$，$(-1)\times(-1)=1$，但很少有人能回答出为什么$-1-1=-2$，$(-1)\times(-1)=1$. 事实上，通过“实例考察”中的实数加法和乘法的几何模型分析，加法和乘法可以看成是平动和旋转的合成. 我们把乘-1看成逆时针转一次（180°）. 逆时针转一次也可以看成是先逆时针转半次（90°），再逆时针转半次（90°）. 于是，我们引入i，把乘i看成逆时针转半次，则$\mathrm{i}\times\mathrm{i}=\mathrm{i}^2=-1$，即i是方程$x^2+1=0$的一个根，它不同于以往学过的任何实数. 因此16世纪数学家引入了实数集中没有的数i的概念，称为虚数单位，由此定义了复数.

• “实例考察”的设置目的：

(1) 让学生进一步理解数学的实用价值；

(2) 使学生体会“数”与“形”的数学思想；

(3) 让学生理解加法和乘法的几何含义.

• “实例考察”的教学注意点：

应强调在几何模型中，实数加法可以看成是平动的合成；实数乘法可以看成是旋转的合成.

知识讲授

1. 复数与复数集

在引出新数i后，教师可以结合下图，回顾数的产生和发展过程.

数域的每一次扩展，都是在原来数的基础上增加了一类新的数形成的，在扩展的数的范围里，原来的数中已有的运算法则和运算律仍然保持不变，同时也可在新数范围中应用．这样学生自然就会把实数的一些熟练掌握的运算方法、法则用到复数运算当中．

复数概念是本章的教学重点，教学中教师应说清以下几个方面：

第一，在实数范围里，负数不能开平方．为使开方运算的范围扩大，必须引入一个新数，使-1的平方根有意义，这样实数就有扩展的需要．这个新的量就是i，称为虚数单位，并规定它有两条性质：

（1）$i^2=-1$；

（2）它可以与任意实数进行四则运算，在进行运算时，原有的加法、乘法运算律依然成立．

第二，讲解复数的定义时应注意：

（1）$a+bi$称为复数，其中a，b是任意实数，a为实部，b为虚部，为了给后续知识打基础，可在此处告诉学生$a+bi$称为复数的代数形式，所有复数的集合称为复数集，记作**C**.

（2）对于任意复数，当$b=0$时，$a+bi$为实数；$b\neq0$时，$a+bi$为虚数；当$a=0$，$b\neq0$时，$a+bi$称为纯虚数．纯虚数是虚数的特殊情形，实数和虚数都属于复数．

（3）当两个复数是实数时，就按实数的规则来比较大小；两个复数中有虚数时，两者就不能比较大小，也没有正负之分，只有相等、不相等两种关系．

（4）两个复数相等是指两者的实部和虚部分别都相等，反之也成立．

通过对数系扩展过程的展现、复数概念的讲解，教师可指导学生讨论“如何给复数分类”，得出复数的分类图．这样学生对复数集及各类数间的关系会有更清楚的认识．

例题提示与补充

例1　本题编写目的是让学生更好地理解复数的概念并掌握复数的分类，能由实部、虚部的不同条件区分实数和虚数．讲解时注意：含有i的表达式不一定都是虚数，如$4i^2=-4$为实数．要指导学生应先将给出的表达式化为$a+bi$后再进行判断．

例2　本题编写目的是引导学生理解复数的概念，掌握区分实数、虚数、纯虚数的判断条件．尤其是纯虚数必须同时满足两个条件：$a=0$，$b\neq0$.

例3　本题编写目的是帮助学生理解复数相等的条件．解题时由条件列出方程组求解即可．讲解时注意强调两个复数相等必须是实部和实部相等，虚部和虚部相等．

补充例题　判断下面说法是否正确：

ai（$a\in\mathbf{R}$）是纯虚数．

本题编写目的是让学生熟悉复数集的构成，记忆复数为实数、虚数、纯虚数及零时的条件．

答　这种说法是错误的．

因为$a=0$时，ai$=0$，而0是实数，不是纯虚数，所以只能说当$a\neq0$时，ai（$a\in\mathbf{R}$）是纯虚数．

2. 复平面及相关概念

(1) 复平面

正如实数范围内直角坐标系中的点与有序数对(a, b)存在一一对应关系，复数$z=a+bi$与平面直角坐标中的点(a, b)也存在一一对应的关系．这种关系有两层含义：

一是由复数定义可知，任一复数$z=a+bi$ ($a, b\in\mathbf{R}$) 都是由一对有序实数对(a, b)唯一确定的，所以复数可以在复平面中用一个点$Z(a, b)$来表示，实轴表示实部，虚轴表示虚部．

二是对于任何一个点$Z(a, b)$可以唯一表示复数$z=a+bi$．也就是说，复数$z=a+bi$可以用复平面上的点$Z(a, b)$表示，表示复数的坐标平面称为复平面．实轴上的点表示一个实数，因此把横轴称为复平面的实轴；而纵轴上的点表示一个纯虚数，但原点表示的是实数零，因此把除原点外的虚轴称为复平面的虚轴．

讲解过程中注意给学生分析当点落在实轴和虚轴上时，复数的性质以及复数实部a和虚部b有什么变化．反之，当复数的实部或者虚部为0时，复数在复平面上的点位于实轴或虚轴上．

关于共轭复数，教材是通过分析两个复数的实部、虚部的特点，并配合图形演示在复平面内对应的点的位置给出定义的．图形是最直观的，因此，用这样的方式讲授学生容易接受理解．师生可共同总结共轭复数的特点——实部相同，虚部互为相反数．但必须指出的是：

1) $a+bi$与$a-bi$互为共轭复数；

2) 任意实数a的共轭复数是它本身．

教材左侧“想一想”设置目的是强调实数同样存在共轭复数，而且实数的共轭复数就是它本身．

例题提示与补充

例 1 本题编写目的是使学生更好地理解复数的代数表示和几何表示的联系．讲解过程中要把复平面上的点表示的意义和直角坐标系中的点表示的意义做区别．

例 2 本题编写目的是使学生理解共轭复数的概念，会利用复数相等的意义求相关数值．

(2) 用向量表示复数

要解释清楚向量表示复数的缘由：任意复数$z=a+bi$与复平面上的点$Z(a, b)$一一对应，连接OZ，显然点$Z(a, b)$唯一决定向量$\overrightarrow{OZ}$，所以复数$z=a+bi$可以用向量$\overrightarrow{OZ}$唯一表示．

复数$z=a+bi$所对应的向量$\overrightarrow{OZ}$的长度定义为复数的模或绝对值，记作$|z|$或$|a+bi|$，习惯上也记为r，即$r=|z|=|a+bi|=\sqrt{a^2+b^2}\geqslant 0$．因为复数的模是长度，所以它是一个非负实数，实际上就是点$Z(a, b)$到原点的距离．

教材左侧“想一想”设置目的是强调复数模的非负性．

例题提示与补充

例 本题编写目的是使学生会用向量表示复数，更好地领会复数的代数表示和几何表示的互化，让学生学会用公式计算复数的模．

补充例题 写出下列复平面上的点对应的复数：

$P_1(5，-2)$；$P_2(0，-4)$；$P_3(-1，0)$.

本题的编写目的是使学生更好地掌握复平面上的点与复数之间的转换关系.

解 $z=5-2i$;

$z=-4i$;

$z=-1$.

(3) 复数的辐角与辐角主值

复数的辐角能否快速、准确的求得结果，直接影响到学生是否会用复数的三角形式表示复数，所以对此知识内容，教师要详细介绍，讲解透彻，多让学生练习一些题目，使学生能把握好复数辐角的定义和求值计算.

复数 $z=a+bi$ 的辐角是由其对应的向量 $\overrightarrow{OZ}$ 给出的——以实轴正半轴为始边、向量 $\overrightarrow{OZ}$ 为终边的角. 显然非零复数的辐角含义完全符合直角坐标系中任意角的定义，所以一个复数的辐角有无穷多个，这些角相差 2π（$360°$）的整数倍，单位可以是角度，也可以是弧度. 为了体现唯一性，引入了复数辐角主值的概念——复数在$[0，2\pi)$范围内的辐角的值，记为 $\arg z$ 或 $\arg(a+bi)$. 从辐角主值定义可看出，复数辐角的主值是唯一的，即每一个不等于零的复数有唯一的模和辐角主值；反之，模和辐角主值可以唯一地确定一个不等于零的复数. 因此，两个非零复数相等的条件是当且仅当它们的模和辐角主值分别相等.

对于复数 0，由于其特殊性，我们要单独解释：复数 0 对应的向量是零向量，而零向量的模为 0，方向不确定，所以复数 0 的模是 0，辐角是任意的.

要引导学生理解，复数的辐角 θ 所在的象限完全取决于复数 $z=a+bi$ 对应的点 $Z(a，b)$ 所在的象限，因为点 $Z(a，b)$是辐角 θ 终边上的一点. 总结如下：

1）正实数的辐角主值为 0.

2）负实数的辐角主值为 π.

3）虚部是正数的纯虚数的辐角主值为$\frac{\pi}{2}$.

4）虚部是负数的纯虚数的辐角主值为$\frac{3\pi}{2}$.

5）对于一般复数 $z=a+bi$，由两种方法求出辐角主值：

一是直接使用带有复数功能的计算器，输入复数 $z=a+bi$ 对应的点 $Z(a，b)$，就可以直接得到辐角主值.

二是可以按照以下顺序求辐角主值：

第一步：由复数的向量表示图结合三角函数知识得 $\tan\theta=\frac{b}{a}$，且辐角 θ 与点 $Z(a，b)$ 所在象限相同.

第二步：用计算器求出使 $\tan\theta=\left|\frac{b}{a}\right|$ 成立的锐角 θ'（有些题目中 θ' 可以利用特殊角的

三角函数值求出来）.

第三步：由下述规律得结果．若角 θ 为第一象限角，则有 $\theta=\theta'$；若角 θ 是第二象限角，则 $\theta=\pi-\theta'$；若角 θ 是第三象限角，则表示为 $\theta=\pi+\theta'$；若角 θ 是第四象限角，则 $\theta=2\pi-\theta'$.

例题提示与补充

例 本题编写目的是帮助学生理解辐角和辐角主值概念，并使之能够根据给定复数的代数形式，求出辐角主值．讲解时要提醒学生具体情况具体分析，采用适当的方式求辐角主值（参考前面知识讲授中的总结）.

复数的模和辐角主值，是复数三角形式、指数形式、极坐标形式的两个要素，只有能又快又好地计算出一个复数的模和辐角主值，才能正确表达复数的三角形式、指数形式、极坐标形式．本例正是为此打基础，所以教师一定要带领学生学好此例，为后续知识和处理题目做好充分准备.

鉴于此例中所求复数的辐角主值是平常所说的特殊角，建议教师可再补充一般情况的例题让学生练习，如求复数 $4-3\mathrm{i}$ 的辐角主值，为处理专业实际问题做准备.

3．复数的三角形式

复数的三角形式是将复数的代数形式与几何形式相结合，再利用三角函数知识，推导得出的结论性表达式．这体现了数形结合思想解决问题的优越性．这个推导过程简单易理解，学生可在教师指导下自己动手实验，更能加深对复数三角形式的记忆与理解.

复数的三角形式是 $z=r(\cos\theta+\mathrm{i}\sin\theta)$，关键在于确定它的模和辐角（模和辐角主值的计算是上节课的内容）．其中辐角 θ 的单位可以用角度表示，也可以用弧度表示，可以只写主值，也可以在主值上加 $2k\pi$ 或 $k\cdot 360°$（$k\in\mathbf{Z}$）．因此，一个复数的三角形式不是唯一的．例如：

$$\begin{aligned}z&=2(\cos 30°+\mathrm{i}\sin 30°)\\&=2(\cos 390°+\mathrm{i}\sin 390°)\\&=2[\cos(k\cdot 360°+30°)+\mathrm{i}\sin(k\cdot 360°+30°)].\end{aligned}$$

还要单独说明两点：

一是辐角在实际使用时，为了统一和方便，通常都会取主值，并且在同一表达式中，辐角的单位应统一．例如，不应出现 $z=2\left(\cos 30°+\mathrm{i}\sin\frac{\pi}{6}\right)$ 的写法.

二是注意在电工学中，复数的辐角 θ 的主值范围是 $-\pi<\theta\leqslant\pi$，虚数单位用 j 表示，以区别于电流强度瞬时值符号 i.

例题提示与补充

例 1 本题编写目的是巩固求辐角主值的方法，同时考查对学生复数的三角形式 $z=r(\cos\theta+\mathrm{i}\sin\theta)$ 的记忆.

例 2 本题编写目的是使学生进一步熟悉复数的三角形式与代数形式之间的转化．此例相对简单，直接代入三角函数值计算即可．但要求学生对于三角函数有较强的计算能力.

例 3 本题编写目的是强化学生对复数三角形式特征的记忆．判断所给复数是不是三角形式．此题的解答需教师因势利导，尤其是要提醒学生注意诱导公式的应用.

例 4 这是一道关于复数的应用题，编写的主要目的在于展示复数在电工专业的应用，让学生熟悉利用复数知识解决实际问题. 教学前建议先复习相关的电学知识. 本题要求学生有较强的运算能力、计算工具的使用能力.

补充例题 求复平面上的点 $Z(-1, -\sqrt{3})$ 对应的复数，分别用代数形式、几何形式、三角形式表示.

本题的编写目的是使学生熟悉复数的三种表示形式，并且熟练掌握复数不同形式之间的转化.

解 由已知得

$$a=-1<0, \quad b=-\sqrt{3}<0,$$

所以代数形式为

$$z=-1-\sqrt{3}\mathrm{i}.$$

因为 $\tan\theta=\dfrac{b}{a}=\sqrt{3}$，且 a，b 均为负数，所以

$$\theta=\frac{4\pi}{3},$$

又因为 $r=\sqrt{a^2+b^2}=2$，所以三角形式为

$$z=2\left(\cos\frac{4\pi}{3}+\mathrm{i}\sin\frac{4\pi}{3}\right).$$

根据该复数对应的点坐标为 $(-1, -\sqrt{3})$，其几何形式如图 8-1 所示.

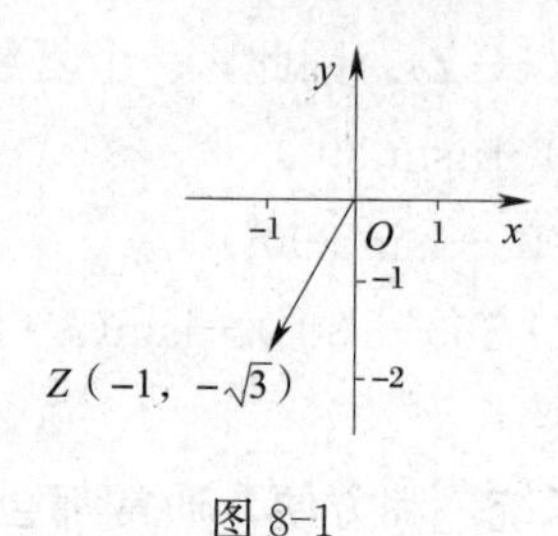

图 8-1

8.2 复数的四则运算（一）

学习目标

1. 掌握复数代数形式的加减运算.
2. 理解复数的加减法的几何意义.
3. 会用求根公式求实系数一元二次方程的根.

教学重点与难点

重点：

复数代数形式的加减运算.

难点：

1. 复数加减法的几何意义.
2. 实系数一元二次方程的根.

教学方法提示

把虚数单位 i 看成一个字母时，复数代数形式的加减运算遵循实数域内多项式的四则运算法则，学生易于理解并掌握. 复数加法的几何意义的基础是物理中学过的矢量加法的平行四边形法则，所以有必要与学生一起复习相关内容.

教学参考流程

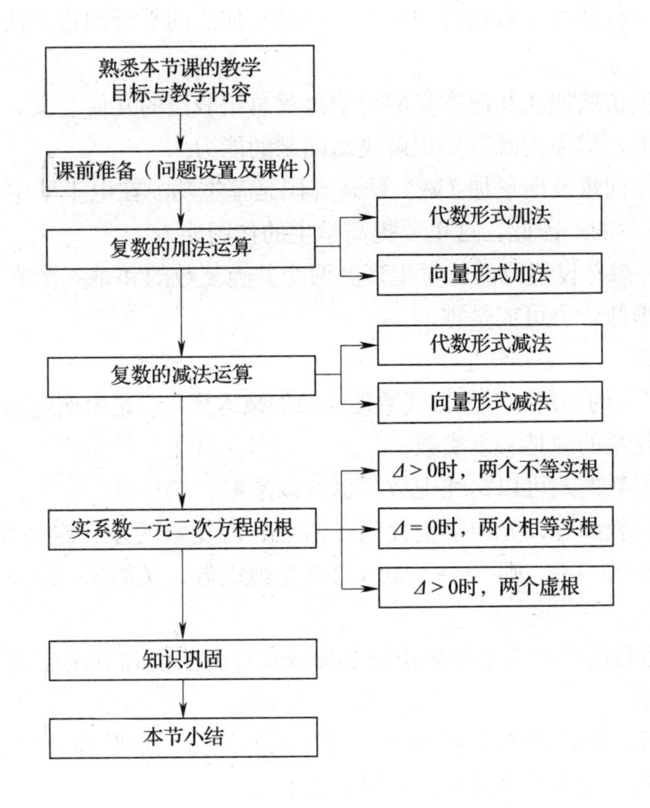

课程导入

师生共同回顾实数四则运算满足的运算律：

(1) 交换律：$a+b=b+a$，$ab=ba$；

(2) 结合律：$(a+b)+c=a+(b+c)$，$(ab)c=a(bc)$；

(3) 分配律：$a(b+c)=ab+ac$.

提出问题：复数如何进行加减运算？复数的加减法能否满足以上运算律？复数的加减运算有什么意义？

知识讲授

1. 复数的加减运算

对复数代数形式的加减运算法则理解与应用都不困难，是把虚数单位 i 当成一个字母，按多项式加减法运算进行，且满足交换律和结合律，正如一些资料中描述的“与多项式的加减法类似”. 复数的加法和减法将实部与实部、虚部与虚部分开进行运算，即实部与实部相加减，虚部与虚部相加减，最后写成复数的定义形式 $a+bi$.

“例题解析”的例 4 是电工学中正弦交流电的复数表示的问题，也可从中说明求两个或多个复数的和或差一般用代数形式比较容易.

由于复数可以用向量来表示，所以复数的加减运算的几何意义也可以通过向量的加减运算来解释. 在这里，教师可结合物理中向量（矢量）加法的平行四边形法则来讨论复数加法的平行四边形法则.

教师可以让学生仿照加法几何意义的说明过程总结减法的几何意义，以锻炼学生的逻辑思维和数形结合思维，增强用既有知识解决新问题的能力.

要强调一点：作向量及向量加（减）法运算图是基本功. 在电工学中作电流（电压）的“相量”图是必不可少的. 因此，这里要提高学生的作图能力.

教材左侧“想一想”设置目的让学生理解两个共轭复数的和是一个实数，但两个共轭复数的差不一定是纯虚数，也可能是零.

例题提示与补充

例 1 本题编写目的一是练习复数代数形式的加减运算，二是由例题结果进行以下总结：

(1) 两个共轭复数的和是一个实数；

(2) 两个共轭复数的差可以是纯虚数，也可以是零.

对于结论 (2)，教师可以先向学生提问：两个共轭复数的差一定是纯虚数吗？再举例，如 $z=-3+8i$，$\overline{z}=-3-8i$，则 $z-\overline{z}=16i$，16i 是纯虚数；又如 $z=2$，$\overline{z}=2$，则 $z-\overline{z}=0$，零是实数.

例 2 本题编写目的是使学生能运用复数加减运算的法则和方法完成多个复数的加减混合运算. 此例较简单.

例 3 本题编写目的是锻炼学生综合运用知识的能力. 本题涉及复数代数形式加减运算、复数相等和二元一次方程组的解法，但难度不大.

例 4、例 5 编写目的是使学生初步了解复数加减法在电工学中的运用. 讲解时注意两个方面：一是复数三角形式向代数形式的转化，可以参考教材例 2 的方法处理；二是题目运算烦琐，需借助计算工具，所以教师要指导学生认真练习，为解决电工专业的相关计算夯实基础.

补充例题 1 计算 $(2-3i)+(-8-3i)-(3-4i)$.

本题编写目的是使学生熟悉复数代数形式的加减运算方法.

解 $(2-3i)+(-8-3i)-(3-4i)$

$=(2-8-3)+(-3-3+4)i$

$=-9-2i$.

补充例题 2 已知复平面内一个平行四边形 $OACB$ 的三个顶点 O，A，B 对应的复数 z_O，z_A，z_B 分别是 0，5+2i，−3+i，求第四个顶点 C 对应的复数 z_C.

本题的编写目的让学生通过解题进一步掌握复数与复平面上的点的一一对应、复数加减运算的几何意义.

解 因为复数加法运算符合平行四边形法则，所以

$$\begin{aligned}z_C &= z_A + z_B \\ &=(5+2\mathrm{i})+(-3+\mathrm{i}) \\ &=2+3\mathrm{i}.\end{aligned}$$

2. 实系数一元二次方程的根

实系数一元二次方程的求根问题，教师可做简单的归纳总结，不必占用太多课时.

例题提示与补充

例 编写目的是让学生掌握求实系数一元二次方程的根的三种不同情况：(1) $\Delta>0$ 时，方程有两个不相等的实数根 $\frac{-b\pm\sqrt{\Delta}}{2a}$；(2) $\Delta=0$ 时，方程有两个相等的实数根 $-\frac{b}{2a}$；(3) $\Delta<0$ 时，方程有两个共轭虚数根 $-\frac{b}{2a}\pm\frac{\sqrt{-\Delta}}{2a}\mathrm{i}$. 讲解过程中强调虚数根的求解公式.

补充例题 已知关于 x 的方程 $x^2-(2\mathrm{i}-1)x+3m+\mathrm{i}=0$ 有实根，求实数 m 的值.

本题编写目的一是让学生牢记根的判别式 Δ 与 0 的大小关系的运用限于实系数一元二次方程；二是使学生加深对复数相等的理解.

分析 读题后，多数学生的思维指向是利用判别式 $\Delta\geqslant0$ 求解. 这实际是一个误区，因为通过判别式 Δ 与 0 的大小关系确定有无实根，是适用于实系数一元二次方程. 当存在虚数系数时，Δ 很可能是虚数，而虚数不能比较大小. 就本题而言，有

$$\Delta=(2\mathrm{i}-1)^2-4(3m+\mathrm{i})=-3-12m-8\mathrm{i}.$$

因为 Δ 是虚数，所以不能通过与 0 比较大小解题，本题应设实根为 x_0，并代入原方程求得 m 值.

由上述分析可知此题具有代表性，希望让学生牢记并理解本题的解题方法.

解 设方程的实根为 x_0，则

$$x_0^2-(2\mathrm{i}-1)x_0+3m+\mathrm{i}=0,$$

整理得

$$x_0^2+x_0+3m-(2x_0-1)\mathrm{i}=0.$$

由复数相等的条件知

$$\begin{cases}x_0^2+x_0+3m=0,\\ 2x_0-1=0,\end{cases}$$

解得

$$m=-\frac{1}{4}.$$

8.2　复数的四则运算（二）

学习目标

1. 掌握复数代数形式的乘除运算，能熟练和准确地进行运算.

2. 理解复数代数形式除法运算中“分母实数化”的方法和将除法化为乘法的转换思想方法.

3. 掌握复数三角形式的乘除运算和棣莫弗公式，理解在进行复数的幂运算时采用三角形式会使计算变得简便.

教学重点与难点

重点：

复数各种形式下的乘除运算.

难点：

复数代数形式的除法运算.

教学方法提示

对于复数代数形式的乘法法则符合实数多项式的乘法分配律，教师讲解、学生理解均比较容易，故安排课时不多. 复数代数形式的除法是一个难点，教师要通过例题仔细讲解，向学生阐明代数形式除法的根本思想——分母实数化原则，把除法转变成乘法运算. 教师要多让学生自主练习，厘清代数形式除法的解题思路，熟练掌握代数形式除法的解题方法.

教学参考流程

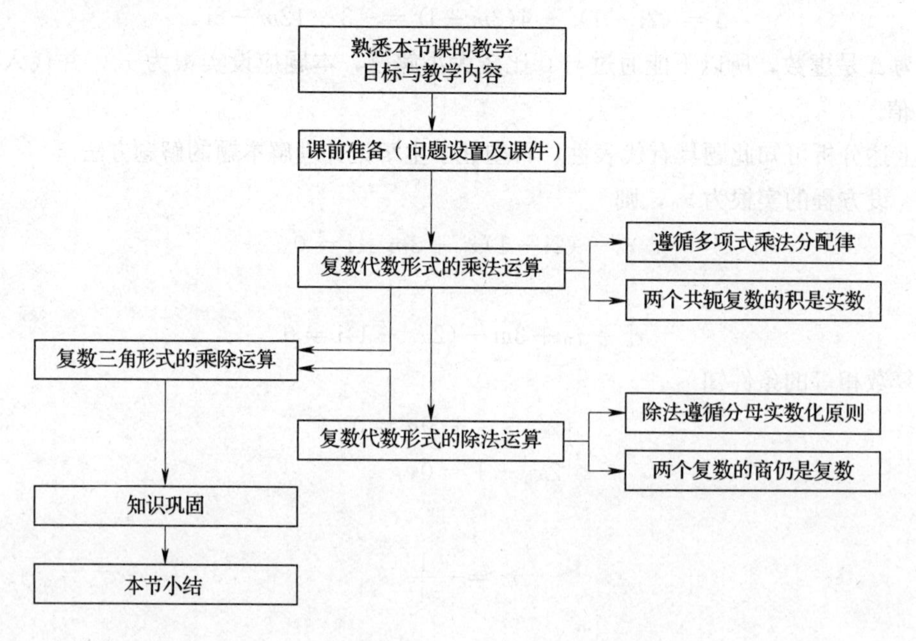

课程导入

以实数作类比，提出复数的乘除运算．先介绍按照多项式的乘法分配律来进行复数代数形式的乘法运算，继而定义复数代数形式的除法运算．

知识讲授

1．复数代数形式的乘法运算

复数代数形式的乘法按照多项式的乘法分配律进行即可．应注意的是运算中要把 i^2 换成 -1，且最后结果仍应写为复数的代数形式．例如，计算结果不应写为 $\frac{1+i}{2}$，而应写为 $\frac{1}{2}+\frac{1}{2}i$. 同时复数代数形式的乘法满足交换律、结合律、乘法对加法的分配律．

实数多项式运算中的许多公式，可以用在复数的乘法中．例如，完全平方公式

$$(a\pm bi)^2=a^2\pm 2abi+(bi)^2=(a^2-b^2)\pm 2abi,$$

再如平方差公式

$$(a+bi)(a-bi)=a^2-(bi)^2=a^2+b^2.$$

在这部分内容中，有些计算结果可形成“公式”，在复数计算中有重要作用，如果能熟记，那么在运算当中会起到事半功倍的效果，教师可视情况要求学生掌握．例如：

(1) $(1+i)^2=2i$，$(1-i)^2=-2i$.

(2) $(a+bi)(a-bi)=a^2+b^2$，即任意一对共轭复数的乘积是一个实数，并且满足等式 $z\bar{z}=|z|^2=a^2+b^2$，特别地，当 $|z|=1$ 时，$z\bar{z}=1$. 这是一结论很有用，要引导学生自己推导出来．

(3) $i^{4n}=1$，$i^{4n+1}=i$，$i^{4n+2}=-1$，$i^{4n+3}=-i$，对于 $n\in\mathbf{N}$ 都成立．

例题提示与补充

例 1、例 2　编写目的是练习并巩固复数乘法的计算法则，使学生能又快又好地完成复数的乘法运算，为学习复数的除法运算做好准备．要提醒的是：这两道例题的结果应要求学生总结、记忆并应用到以后的解题过程中，可以提高解题速度和解题效率．

例 3　本题编写目的是使学生熟悉完全平方公式在复数乘法运算中应用．此例的解题思路清晰明了，虽然中间环节涉及了复数相等概念，但较容易理解．有一点要让学生清楚：为什么结果数值是 $x=0$，而不是 $y=0$，可启发、引导学生自己探讨得出结论，从而激发学生的探索求知欲望，锻炼学生思考问题、解决问题的能力．

更简便的解法提供如下（同时解答了本节“想一想”）：

分析　我们可以把 $z^2=-9$ 看作实系数一元二次方程，从而利用实系数一元二次方程的解答方法来处理．

解　因为 $z^2=-9$，即

$$z^2+9=0,$$

所以

$$\Delta=b^2-4ac=0-4\times1\times9=-36<0,$$

因此

$$\begin{aligned}z&=-\frac{b}{2a}\pm\frac{\sqrt{4ac-b^2}}{2a}\mathrm{i}\\&=-\frac{0}{2}\pm\frac{\sqrt{36}}{2}\mathrm{i}\\&=\pm3\mathrm{i}.\end{aligned}$$

例 4 本题编写目的是使学生学会利用指数幂的运算法则计算 $\mathrm{i}^m(m\in\mathbf{N})$，并归纳总结出 i^m 的运算规律．教学中应要求学生记忆，方便以后的解题．

补充例题 已知复数 z 满足 $z^3=1$，求 z 的值．

本题编写目的是让学生进一步熟悉利用复数的乘法运算求解未知量的方法．讲解时参考教材例 3 解题方法．对于此题的结果，最好要求学生记忆掌握，以便用于其他题目的解答．

解 设 $z=a+b\mathrm{i}$ $(a,\ b\in\mathbf{R})$，则有

$$(a+b\mathrm{i})^3=1,$$

因为

$$\begin{aligned}(a+b\mathrm{i})^3&=a^3+3a^2b\mathrm{i}+3a(b\mathrm{i})^2+(b\mathrm{i})^3\\&=a^3+3a^2b\mathrm{i}-3ab^2-b^3\mathrm{i}\\&=(a^3-3ab^2)+(3a^2b-b^3)\mathrm{i},\end{aligned}$$

所以

$$(a^3-3ab^2)+(3a^2b-b^3)\mathrm{i}=1.$$

由两个复数相等的定义，得

$$\begin{cases}a^3-3ab^2=1,\\3a^2b-b^3=0,\end{cases}$$

解得

$$\begin{cases}a=1,\\b=0\end{cases}\text{或}\begin{cases}a=-\dfrac{1}{2},\\b=\dfrac{\sqrt{3}}{2}\end{cases}\text{或}\begin{cases}a=-\dfrac{1}{2},\\b=-\dfrac{\sqrt{3}}{2},\end{cases}$$

所以

$$z=1\ \text{或}\ z=-\frac{1}{2}+\frac{\sqrt{3}}{2}\mathrm{i}\ \text{或}\ z=-\frac{1}{2}-\frac{\sqrt{3}}{2}\mathrm{i},$$

即 1 的立方根有三个：$z=1$ 或 $z=-\dfrac{1}{2}+\dfrac{\sqrt{3}}{2}\mathrm{i}$ 或 $z=-\dfrac{1}{2}-\dfrac{\sqrt{3}}{2}\mathrm{i}$.

2. 复数代数形式的除法运算

复数代数形式的除法是难点，其运算往往比较复杂．教师可通过例题给学生演示运算过程，并引导学生理解复数代数形式的除法运算是利用“一对共轭复数之积是实数”进行分母

实数化，从而转化成乘法运算的过程．需特别指出的是，如果分母是一个纯虚数，则分子分母同乘以 i 即可．

例题提示与补充

例 1 本题编写目的是帮助学生把握分母实数化的实质特征，锻炼复数计算能力．教学中要提醒学生注意运算结果应为 $a+bi$ 形式．

注意：在没有特殊要求的情况下，复数运算的最终结果要用代数形式表示．

例 2 本题编写目的是使学生熟悉复数除法运算在电工学中的应用，并提高复数代数形式除法运算能力．本题计算较烦琐，需要用计算器．教师应认真引导学生动手操作，以提高学生的运算能力、计算工具的使用能力．

补充例题 1 计算 $\left(\dfrac{1-\mathrm{i}}{1+\mathrm{i}}\right)^{2\,000}$．

本题编写目的是提高学生复数乘除运算的能力，学生应熟记并学会应用一些结论，如 $(1+\mathrm{i})^2=2\mathrm{i}$，$(1-\mathrm{i})^2=-2\mathrm{i}$，$(1+\mathrm{i})(1-\mathrm{i})=2$，$\dfrac{1-\mathrm{i}}{1+\mathrm{i}}=-\mathrm{i}$，$\dfrac{1+\mathrm{i}}{1-\mathrm{i}}=\mathrm{i}$，虚数单位 i 的运算规律等，同时让学生体会一题多解．

解法一 原式 $=\left[\dfrac{(1-\mathrm{i})^2}{(1+\mathrm{i})(1-\mathrm{i})}\right]^{2\,000}=\left[\dfrac{-2\mathrm{i}}{2}\right]^{2\,000}=(-\mathrm{i})^{2\,000}=[(-\mathrm{i})^2]^{1\,000}=1$．

解法二 原式 $=\dfrac{(1-\mathrm{i})^{2\,000}}{(1+\mathrm{i})^{2\,000}}=\dfrac{(-2\mathrm{i})^{1\,000}}{(2\mathrm{i})^{1\,000}}=1$．

解法三 原式 $=\left[\left(\dfrac{1-\mathrm{i}}{1+\mathrm{i}}\right)^2\right]^{1\,000}=\left(\dfrac{-2\mathrm{i}}{2\mathrm{i}}\right)^{1\,000}=1$．

补充例题 2 复数 $\dfrac{(2+2\mathrm{i})^4}{(1-\sqrt{3}\mathrm{i})^5}=$（ ）．

A. $1+\sqrt{3}\mathrm{i}$　　B. $-1+\sqrt{3}\mathrm{i}$　　C. $1-\sqrt{3}\mathrm{i}$　　D. $-1-\sqrt{3}\mathrm{i}$

本题编写目的是使学生熟悉并学会使用 1 的三个立方根：1，$-\dfrac{1}{2}+\dfrac{\sqrt{3}}{2}\mathrm{i}$，$-\dfrac{1}{2}-\dfrac{\sqrt{3}}{2}\mathrm{i}$．

分析 $2+2\mathrm{i}=2(1+\mathrm{i})$，可利用 $(1+\mathrm{i})^2=2\mathrm{i}$ 计算．

$1-\sqrt{3}\mathrm{i}$ 与 $-\dfrac{1}{2}+\dfrac{\sqrt{3}}{2}\mathrm{i}$ 形式接近，可考虑把 $1-\sqrt{3}\mathrm{i}$ 化为 $-2\left(-\dfrac{1}{2}+\dfrac{\sqrt{3}}{2}\mathrm{i}\right)$ 后，运用 1 的立方根的特性解题．

解 原式

$$
\begin{aligned}
&=\frac{2^4(1+\mathrm{i})^4}{-2^5\left(-\frac{1}{2}+\frac{\sqrt{3}}{2}\mathrm{i}\right)^5}\\
&=-\frac{1}{2}\times\frac{(2\mathrm{i})^2\left(-\frac{1}{2}+\frac{\sqrt{3}}{2}\mathrm{i}\right)}{\left(-\frac{1}{2}+\frac{\sqrt{3}}{2}\mathrm{i}\right)^6}\\
&=-\frac{1}{2}\times(-4)\left(-\frac{1}{2}+\frac{\sqrt{3}}{2}\mathrm{i}\right)
\end{aligned}
$$

$=-1+\sqrt{3}\mathrm{i}.$

所以本题应选 B.

3. 复数三角形式的乘除运算

复数三角形式的乘除运算中，教师可以引导学生用两种方法求解：方法一，先化成代数形式，再乘除；方法二，先乘除，再转化为代数形式，两种方法互相验证，可略去公式的证明.

例题提示与补充

例 本题编写目的是让学生熟悉并掌握复数三角形式的乘除运算法则及棣莫弗公式.

补充例题 设复数 $z_1=2\left(\cos\frac{\pi}{6}+\mathrm{i}\sin\frac{\pi}{6}\right)$, $z_1=4\left(\cos\frac{\pi}{3}+\mathrm{i}\sin\frac{\pi}{3}\right)$, 求 z_1z_2.

本题编写目的一是让学生进一步熟悉复数代数形式的乘法运算，二是让学生发现复数三角形式的乘法法则，三是体现两种方法能互相验证.

解法一
$$\begin{aligned}z_1z_2&=2\left(\cos\frac{\pi}{6}+\mathrm{i}\sin\frac{\pi}{6}\right)\times 4\left(\cos\frac{\pi}{3}+\mathrm{i}\sin\frac{\pi}{3}\right)\\&=(\sqrt{3}+\mathrm{i})(2+2\sqrt{3}\mathrm{i})\\&=(2\sqrt{3}-2\sqrt{3})+(6+2)\mathrm{i}\\&=8\mathrm{i}.\end{aligned}$$

解法二
$$\begin{aligned}z_1z_2&=2\left(\cos\frac{\pi}{6}+\mathrm{i}\sin\frac{\pi}{6}\right)\times 4\left(\cos\frac{\pi}{3}+\mathrm{i}\sin\frac{\pi}{3}\right)\\&=8\left[\left(\cos\frac{\pi}{6}\cos\frac{\pi}{3}-\sin\frac{\pi}{6}\sin\frac{\pi}{3}\right)+\left(\cos\frac{\pi}{6}\sin\frac{\pi}{3}+\sin\frac{\pi}{6}\cos\frac{\pi}{3}\right)\mathrm{i}\right]\\&=8\left[\cos\left(\frac{\pi}{6}+\frac{\pi}{3}\right)+\mathrm{i}\sin\left(\frac{\pi}{6}+\frac{\pi}{3}\right)\right]\\&=8\mathrm{i}.\end{aligned}$$

*8.3 复数的极坐标形式和指数形式

学习目标

1. 知道复数的极坐标形式.
2. 知道复数的指数形式.
3. 了解复数不同形式之间的转换.
4. 了解复数指数形式和极坐标形式的乘除运算法则.
5. 了解复数乘法运算的几何意义.

教学重点与难点

重点：

1. 复数的极坐标形式.
2. 复数的指数形式.

3. 复数几种形式下的乘除运算.

难点：

1. 复数各种形式之间的相互转换.
2. 复数乘法的几何意义.

教学方法提示

本节要讲授的复数的两种形式本身理解起来并不困难，只是一种固定的写法，但复数的模和辐角对复数的确定起着决定性作用，只有准确求出模和辐角的值才能按规定格式写出指数形式和极坐标形式.

到本节复数的五种表示形式就全部讲解完毕. 教师要充分发挥学生的主观能动性，引导学生自己总结复数各种表示形式的记忆特征、各形式之间的关系和互相转换方法. 同时也要多给学生时间做复数各形式之间转换的题目，使学生能灵活应用复数各种形式，并能熟练掌握各形式之间的相互转换.

教学参考流程

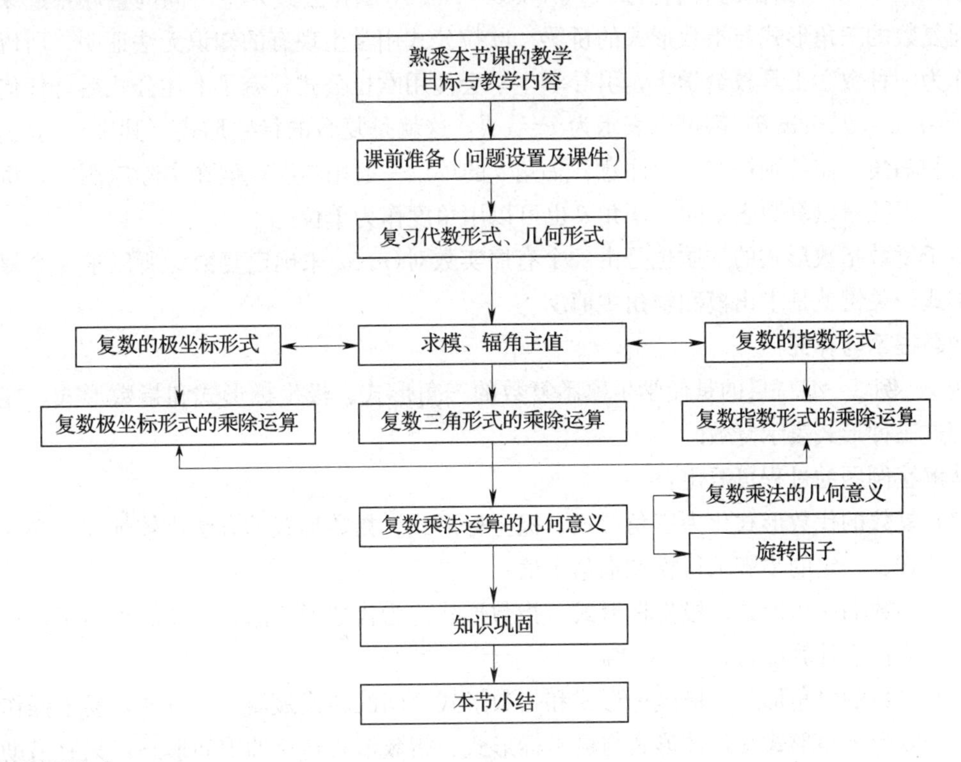

课程导入

回顾已学过的复数的三种表示形式——代数形式、几何形式、三角形式，其中三角形式的关键是模和辐角. 讲解复数另有的两种表示形式——极坐标形式和指数形式. 这两种复数表达形式因其形式简洁而在电工学中更多使用。

知识讲授

1. 复数的极坐标形式

在完成复数的三角形式学习后，学生已掌握每一个不为 0 的复数有唯一的模与辐角主值，即确定了一个复数的模和辐角，就能确定这个复数. 在此基础上，介绍复数的极坐标形式——$z=r\underline{/\theta}$（实部 $a=r\cos\theta$，虚部 $b=r\sin\theta$）. 说明极坐标形式表示复数的简便性，并强调θ的单位可以用弧度制，也可以用角度制，可以是正角，也可以是负角. 为确保一一对应，θ 通常取辐角主值 $0\leqslant\theta<2\pi$（电工学中取$-\pi<\theta\leqslant\pi$）.

例题提示与补充

例 1 本题编写目的是使学生熟悉复数的极坐标形式. 先由复数的代数形式求出复数的模、辐角主值，之后把二者代入极坐标形式 $z=r\underline{/\theta}$ 即可.

例 2 本题编写目的是使学生掌握复数的三角形式、代数形式、极坐标形式之间的相互转换.

2. 复数的指数形式

欧拉在 1748 年给出的著名公式 $e^{i\theta}=\cos\theta+i\sin\theta$（欧拉公式）把不同的量联系起来，成为沟通复数的三角形式与指数形式的桥梁. 欧拉公式用学生现有的知识无法证明，所以在此只能作为一种数学工具教给学生，引导学生学会使用欧拉公式. 有了上述公式后，任何一个复数 $z=r(\cos\theta+i\sin\theta)$ 都可以表示为 $z=re^{i\theta}$，这就是复数的指数形式，其中 r，θ 仍为复数的模和辐角. 需特别提醒学生注意：辐角 θ 的单位一般用弧度，但在实际应用时，例如电工学中，正弦量以复数表示时，辐角 θ 也可以用角度作为单位.

由于复数指数形式的本质也是由一个有序实数对(r,θ)来确定复数，所以求一个复数的指数形式，关键就是求出模和辐角主值.

例题提示与补充

例 1、例 2 编写目的是使学生熟悉复数的三角形式、极坐标形式和指数形式，能较好地运用这三种形式表示复数.

从解答例题的过程可看出：

(1) 复数的代数形式化为三角形式、极坐标形式、指数形式的方法比较烦琐，必须按照相应的公式、一定的步骤求得模和辐角主值；

(2) 复数的三角形式、极坐标形式、指数形式化为代数形式的方法就简单多了，只要把三角函数值代入计算即可；

(3) 复数的三角形式、极坐标形式和指数形式之间的转换最简单、方便，易于操作；

(4) 复数三角形式是代数形式与极坐标形式、指数形式转换的中间形态，只有借助三角形式才能完成代数形式与极坐标形式、指数形式的互相转换.

3. 复数指数形式和极坐标形式的乘除运算

在学生都熟知公式

$$a^m a^n=a^{m+n},$$

$$\frac{a^m}{a^n}=a^{m-n}\ (a>0),\qquad (m,n\text{是任意实数})$$

$$(a^m)^n=a^{mn}$$

的情况下，提出复数指数形式的乘除运算满足“同底数幂相乘除，底数不变，指数相加减”的运算法则，学生比较容易理解，也能较好地应用于解题.

复数极坐标形式的乘除运算法则与复数三角形式、指数形式运算法则相似，所以可让学生自己动手整理得到极坐标形式的运算法则，并与教材给出的结果对照，加强记忆与理解.

着重指出：三种形式的复数在进行除法运算时，表达式右边的两角差一定是被除数辐角主值减去除数辐角主值.

对于这三种形式的运算法则，要求学生一定要记忆、掌握并能很好地使用，至于其论证过程，不必深究，教师也没必要拓展.

教学中还要指出，复数指数形式、三角形式、极坐标形式的乘除运算从形式上、计算方式上，比代数形式的乘除计算简单得多. 因此，它们广泛运用于电工专业课程的计算中.

例题提示与补充

例 1　本题编写目的是训练复数指数形式的乘除运算能力.

例 2　本题是电工学实际应用题，编写目的是训练复数代数形式及指数形式的综合运算能力.

例 3　编写目的是训练复数极坐标形式的乘除运算能力.

补充例题　已知复数 $z=\frac{\sqrt{3}}{2}-\frac{1}{2}\mathrm{i}$，$\omega=\frac{\sqrt{2}}{2}+\frac{\sqrt{2}}{2}\mathrm{i}$，复数$\overline{z\omega}$，$z^2\omega^3$ 在复平面上所对应的点分别为 P，Q. 求证：$\triangle OPQ$ 是等腰直角三角形（其中 O 为原点）.

分析：从复数的角度，证一个三角形是等腰直角三角形，一是用到模相等，二是用到复数乘法的几何意义——三角形中的角就是两个有共同始点的复数辐角的差.

解　因为

$$z=\frac{\sqrt{3}}{2}-\frac{1}{2}\mathrm{i}=\cos\left(-\frac{\pi}{6}\right)+\mathrm{i}\sin\left(-\frac{\pi}{6}\right),$$

$$\omega=\frac{\sqrt{2}}{2}+\frac{\sqrt{2}}{2}\mathrm{i}=\cos\frac{\pi}{4}+\mathrm{i}\sin\frac{\pi}{4},$$

所以

$$z\omega=\cos\left(-\frac{\pi}{6}+\frac{\pi}{4}\right)+\mathrm{i}\sin\left(-\frac{\pi}{6}+\frac{\pi}{4}\right)=\cos\frac{\pi}{12}+\mathrm{i}\sin\frac{\pi}{12},$$

由此得

$$\overline{z\omega}=\cos\left(-\frac{\pi}{12}\right)+\mathrm{i}\sin\left(-\frac{\pi}{12}\right).$$

又因为

$$\begin{aligned}z^2\omega^3&=\left[\cos\left(-\frac{\pi}{3}\right)+\mathrm{i}\sin\left(-\frac{\pi}{3}\right)\right]\left(\cos\frac{3\pi}{4}+\mathrm{i}\sin\frac{3\pi}{4}\right)\\&=\cos\frac{5\pi}{12}+\mathrm{i}\sin\frac{5\pi}{12},\end{aligned}$$

因此，OP，OQ 的夹角为$\frac{5\pi}{12}-\left(-\frac{\pi}{12}\right)=\frac{\pi}{2}$，即 $OP\perp OQ$.

因为

$$OP=|z\omega|=1,\ OQ=|z^2\omega^3|=1,$$

所以

$$OQ=OP.$$

因此$\triangle OPQ$ 为等腰直角三角形.

4. 复数乘法运算的几何意义

教师通过例题分析作图的过程，启发学生观察图像，发现规律，并引导学生总结出复数 $z_1=r_1(\cos\theta_1+\mathrm{i}\sin\theta_1)$与另一个复数 $z_2=r_2(\cos\theta_2+\mathrm{i}\sin\theta_2)$乘法的几何意义就是把 z_2 所对应的向量按逆时针方向旋转角 θ_1，再把它的长度伸长（$r_1>1$）或缩短（$r_1<1$）到原来的 r_1 倍.

如有学生提出质疑：一定是旋转 z_2 对应的向量吗？可向学生说明：因为复数乘法满足交换律，所以复数乘法的几何意义也可解释为把 z_1 所对应的向量按逆时针方向旋转角 θ_2，再把它的长度伸长（$r_2>1$）或缩短（$r_2<1$）到原来的 r_2 倍. 这也就消除了疑问，使学生能更好地理解复数乘法的几何意义.

特别地，通过分析“试一试”与“想一想”的问题，可以归纳总结如下，视情况让学生记忆：

（1）复数 z 乘以 i，相当于将复数 z 所对应的向量按逆时针方向旋转90°；

（2）复数 z 乘以 i^2，相当于将复数 z 所对应的向量按逆时针方向旋转180°；

（3）复数 z 乘以 i^3（或除以 i），相当于将复数 z 所对应的向量按顺时针方向旋转90°.

旋转因子内容的讲授不需太多，只让学生了解，通过定义明白旋转因子是一个模为 1 的复数，而不是全新的概念.

从复数乘法的几何意义可以看出，原本是代数计算，却可以用向量的旋转和向量的长度变化来解释，这正体现了复数的作用和数形结合思想.

例题提示与补充

例 1 本题编写目的一是练习复数极坐标形式的乘除运算，二是通过作图及其图像分析，整理出复数乘法的几何意义. 其中第二点是本题的重点.

本题需要将复数的乘除运算与复数的模和辐角结合起来求值，可使学生更加深刻理解复数相关概念间的联系.

例 2 本题编写目的是使学生加深对复数乘法的几何意义的理解，并提高应用能力.

8.4 综合例题分析

学习目标

1. 了解本章知识结构.
2. 掌握本章重点与难点.
3. 通过复习，培养学生的综合应用能力.

教学重点与难点

重点：

1. 复数的概念及表示.
2. 复数的加、减、乘、除运算.

难点：

各知识点的综合应用.

教学方法提示

例题讲解与练习相结合. 本节中所举例题均为历届全国成人高考数学试题，通过例题讲解，让学生了解全国成人高考试题所涉及的知识点、试题类型以及试题难度. 知识巩固中的题目可用来检查学生的知识掌握程度.

教学参考流程

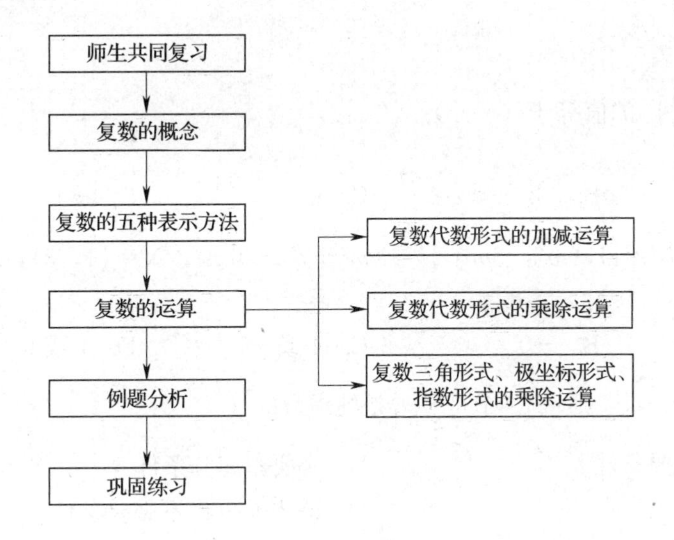

补充例题

例 1 实数 a 分别取何值时，复数 $z=\frac{a^2-a-6}{a+3}+(a^2-2a-15)\mathrm{i}$ 是（1）实数；（2）虚数；（3）纯虚数.

本题编写目的是巩固学生对复数分类的掌握. 需注意 $a+3$ 在分母上，所以解题的前提是 $a\neq-3$.

解： 复数 z 实部 $\frac{a^2-a-6}{a+3}=\frac{(a+2)(a-3)}{a+3}$，虚部 $(a^2-2a-15)=(a+3)(a-5)$.

（1）当 $a=5$ 时，z 是实数；

（2）当 $a\neq5$ 且 $a\neq-3$ 时，z 是虚数；

（3）当 $a=-2$ 或 $a=3$ 时，z 是纯虚数.

例 2 设 $z_1=(m^2-2m-3)+(m^2-4m+3)\mathrm{i}$（$m\in\mathbf{R}$），$z_2=5+3\mathrm{i}$，当 m 取何值时，（1）$z_1=z_2$；（2）$z_1\neq 0$.

分析：复数相等的充要条件提供了将复数问题转化为实数问题的依据，这是解复数问题常用的思想方法，本题可利用复数相等的充要条件列出关于实数 m 的方程，求出 m 值.

解：（1）由已知可得

$$\begin{cases}m^2-2m-3=5,\\ m^2-4m+3=3,\end{cases}$$

解得 $m=4$，即当 $m=4$ 时 $z_1=z_2$.

（2）由 $z_1\neq 0$ 可得

$$m^2-2m-3\neq 0 \text{ 或 } m^2-4m+3\neq 0,$$

解得 $m\neq 3$，即 $m\neq 3$ 时 $z_1\neq 0$.

Ⅲ. 单元测验

一、选择题

1. 复数 $\left(\frac{1-\mathrm{i}}{1+\mathrm{i}}\right)^9$ 的值等于（　　）.

A. $\frac{\sqrt{2}}{2}$　　B. $\sqrt{2}$　　C. i　　D. $-\mathrm{i}$

2. 已知集合 $M=\{1,(m^2-3m-1)+(m^2-5m-6)\mathrm{i}\}$，$N=\{1,3\}$，$M\cap N=\{1,3\}$，则实数 m 的值为（　　）.

A. 4　　B. -1　　C. 4 或 -1　　D. 1 或 6

3. 设复数 $z\neq -1$，则 $|z|=1$ 是 $\frac{z-1}{z+1}$ 是纯虚数的（　　）.

A. 充分不必要条件　　B. 必要不充分条件

C. 充要条件　　D. 既不充分也不必要条件

4. 复数 z 与复平面上的点 Z 对应，z_1，z_2 为两个给定的复数，$z_1\neq z_2$ 且与点 Z_1，Z_2 对应，则满足 $|z-z_1|=|z-z_2|$ 的点 Z 的轨迹是（　　）.

A. 过点 Z_1，Z_2 的直线　　B. 线段 Z_1Z_2 的中垂线

C. 双曲线的一支　　D. 以 Z_1Z_2 为直径的圆

5. 设复数 z 满足条件 $|z|=1$，那么 $\left|z+2\sqrt{2}+\mathrm{i}\right|$ 的最大值是（　　）.

A. 3　　B. 4　　C. $1+2\sqrt{2}$　　D. $2\sqrt{3}$

6. 复平面上的正方形的三个顶点表示的复数分别为 $1+2\mathrm{i}$，$-2+\mathrm{i}$，$-1-2\mathrm{i}$，那么第四个顶点对应的复数是（　　）.

A. $1-2\mathrm{i}$　　B. $2+\mathrm{i}$　　C. $2-\mathrm{i}$　　D. $-1+2\mathrm{i}$

7. 集合 $\{z\,|\,z=\mathrm{i}^n+\mathrm{i}^{-n},n\in\mathbf{Z}\}$，用列举法表示该集合，这个集合是（　　）.

A. $\{0, 2, -2\}$　　B. $\{0, 2\}$

C. $\{0, 2, -2, 2i\}$　　D. $\{0, 2, -2, 2i, -2i\}$

8. z_1，$z_2\in\mathbf{C}$，$|z_1+z_2|=2\sqrt{2}$，$|z_1|=\sqrt{3}$，$|z_2|=\sqrt{2}$，则$|z_1-z_2|=$（　　）.

A. $\sqrt{2}$　　B. $\dfrac{1}{2}$　　C. 2　　D. $2\sqrt{2}$

9. 对于两个复数$\alpha=-\dfrac{1}{2}+\dfrac{\sqrt{3}}{2}i$，$\beta=-\dfrac{1}{2}-\dfrac{\sqrt{3}}{2}i$，有下列四个结论：①$\alpha\beta=1$；②$\dfrac{\alpha}{\beta}=1$；③$\dfrac{|\alpha|}{|\beta|}=1$；④$\alpha^3+\beta^3=1$. 其中正确的结论的个数为（　　）.

A. 1　　B. 2　　C. 3　　D. 4

二、填空题

1. 计算：$\left(-\dfrac{1}{2}+\dfrac{\sqrt{3}}{2}i\right)^{10}-\left(\dfrac{1-i}{\sqrt{2}}\right)^{6}=$__________.

2. 已知复数$z_1=3+4i$，$z_2=t+i$，且$z_1\cdot\overline{z_2}$是实数，则实数t等于__________.

3. 如果复数z满足$|z+1-i|=2$，则$|z-2+i|$的最大值是__________.

4. 已知复数$(x-2)+yi$（x，$y\in\mathbf{R}$）的模为$\sqrt{3}$，则$\dfrac{y}{x}$的最大值是__________，$\dfrac{y+1}{x+1}$的最小值是__________.

三、解答题

1. 设复数$z=\lg(m^2-2m-2)+(m^2+3m+2)i$，试求$m$取何值时，(1) z是实数；(2) z是纯虚数；(3) z对应的点位于复平面的第一象限.

2. 在复数范围内解方程$|z|^2+(z+\overline{z})i=\dfrac{3-i}{2+i}$（i为虚数单位）.

3. 设复数 z 满足 $|z|=1$，且 $(3+4\mathrm{i})z$ 是纯虚数，求 $\bar{z}$.

4. 已知复数 z 满足 $|z|=1+3\mathrm{i}-z$，求 $\frac{(1+\mathrm{i})^2(3+4\mathrm{i})^2}{2z}$ 的值.

5. 已知 $z_1=x^2+\mathrm{i}\sqrt{x^2+1}$，$z_2=(x^2+a)\mathrm{i}$，对于任意实数 x，有 $|z_1|>|z_2|$ 恒成立，试求实数 a 的取值范围.

6. 设关于 x 的方程 $x^2-(\tan\theta+\mathrm{i})x-(2+\mathrm{i})=0$ 有实数根，求锐角 θ 和实数根.

参考答案

一、选择题

1. D 2. B 3. B 4. B 5. B 6. C 7. A 8. A 9. B

二、填空题

1. $-\frac{1}{2}+\frac{\sqrt{3}-2}{2}\mathrm{i}$

2. $\frac{3}{4}$

3. $\sqrt{13}+2$

4. $\sqrt{3}$ $\frac{3-\sqrt{21}}{6}$

三、解答题

1. 解：(1) 由 $\begin{cases} m^2-2m-2>0, \\ m^2+3m+2=0, \end{cases}$ 解得 $m=-2$ 或 -1 时，z 是实数.

(2) 由 $\begin{cases} m^2-2m-2=1, \\ m^2+3m+2\neq 0, \end{cases}$ 解得 $m=3$ 时，z 是纯虚数.

(3) 由 $\begin{cases} m^2-2m-2>1, \\ m^2+3m+2>0, \end{cases}$ 解得 $m>3$ 或 $m<-2$ 时，z 对应的点位于复平面的第一象限.

2. 解：设 $z=x+y\mathrm{i}$ (x，$y\in\mathbf{R}$)，代入方程得

$$x^2+y^2+(x+y\mathrm{i}+x-y\mathrm{i})\mathrm{i}=\frac{(3-\mathrm{i})(2-\mathrm{i})}{(2+\mathrm{i})(2-\mathrm{i})},$$

整理得

$$x^2+y^2+2x\mathrm{i}=1-\mathrm{i},$$

所以

$$\begin{cases} x^2+y^2=1, \\ 2x=-1, \end{cases}$$

解得

$$\begin{cases} x=-\dfrac{1}{2}, \\ y=\pm\dfrac{\sqrt{3}}{2}, \end{cases}$$

所以

$$z=-\frac{1}{2}\pm\frac{\sqrt{3}}{2}\mathrm{i}.$$

3. 解：设 $z=a+b\mathrm{i}$ (a，$b\in\mathbf{R}$)，由 $|z|=1$ 得

$$\sqrt{a^2+b^2}=1.$$

因为

$$(3+4\mathrm{i})z=(3+4\mathrm{i})(a+b\mathrm{i})=3a-4b+(4a+3b)\mathrm{i},$$

且为纯虚数，所以

$$\begin{cases} 3a-4b=0, \\ 4a+3b\neq 0, \end{cases}$$

由此得到方程组

$$\begin{cases}\sqrt{a^2+b^2}=1,\\3a-4b=0,\\4a+3b\neq 0,\end{cases}$$

解得

$$\begin{cases}a=\dfrac{4}{5},\\b=\dfrac{3}{5}\end{cases}\text{或}\begin{cases}a=-\dfrac{4}{5},\\b=-\dfrac{3}{5}.\end{cases}$$

所以

$$\bar{z}=\frac{4}{5}-\frac{3}{5}\mathrm{i}\text{ 或 }\bar{z}=-\frac{4}{5}+\frac{3}{5}\mathrm{i}.$$

4. 解：设 $z=a+b\mathrm{i}$ $(a, b\in\mathbf{R})$，由题可知

$$|z|=1+3\mathrm{i}-z,$$

即

$$\sqrt{a^2+b^2}-1-3\mathrm{i}+a+b\mathrm{i}=0,$$

则

$$\begin{cases}\sqrt{a^2+b^2}+a-1=0,\\b-3=0,\end{cases}$$

解得

$$\begin{cases}a=-4,\\b=3,\end{cases}$$

所以

$$z=-4+3\mathrm{i}.$$

所以

$$\begin{aligned}&\frac{(1+\mathrm{i})^2(3+4\mathrm{i})^2}{2z}\\=&\frac{2\mathrm{i}(-7+24\mathrm{i})}{2(-4+3\mathrm{i})}\\=&\frac{24+7\mathrm{i}}{4-3\mathrm{i}}\\=&3+4\mathrm{i}.\end{aligned}$$

5. 解：由已知得

$$|z_1|=\sqrt{x^4+x^2+1},\ |z_2|=\sqrt{x^4+2ax^2+a^2}.$$

因为对于任意实数 x，恒有 $|z_1|>|z_2|$，即

$$|z_1|^2>|z_2|^2,$$

所以

$$x^4+x^2+1>x^4+2ax^2+a^2,$$

整理得

$$(1-2a)x^2-(a^2-1)>0.$$

因为对于任意实数 x 上式成立，所以有

$$\begin{cases}1-2a>0,\\ \Delta=0-4(1-2a)[-(a^2-1)]<0,\end{cases}$$

即

$$\begin{cases}a^2-1<0\\ 1-2a>0\end{cases}$$

解得

$$-1<a<\frac{1}{2}.$$

6. 解：设方程有实根 a，则原方程可化为

$$a^2-a\tan\theta-2-(a+1)\mathrm{i}=0,$$

所以

$$\begin{cases}a^2-a\tan\theta-2=0,\\ a+1=0,\end{cases}$$

解得

$$\begin{cases}a=-1,\\ \tan\theta=1.\end{cases}$$

所以

$$a=-1,\ \theta=\frac{\pi}{4}.$$

Ⅳ. 拓展知识

实数理论的完善

无理数的发现，击碎了毕达哥拉斯学派“万物皆数”的美梦. 同时暴露出有理数系的缺陷：一条直线上的有理数尽管是“稠密”的，但是它却露出了许多“孔隙”，而且这种“孔隙”多得“不可胜数”. 这样，古希腊人把有理数视为是连续衔接的算术连续性的设想，就彻底破灭了. 它的破灭，对数学的发展起到了深远的影响. 不可通约（分子、分母都是整数的分数）的本质是什么？长期以来众说纷纭. 两个不可通约量的比值也因其得不到正确的解释，而被认为是“不可理喻”的数. 15 世纪达·芬奇把它们称为是“无理的数”，开普勒称它们是“不可名状”的数. 这些“无理”而又“不可名状”的数，虽然在后来的运算中渐渐被使用，但是它们究竟是不是实实在在的数，一直是个困扰人的问题.

中国古代数学在处理开方问题时，也不可避免地碰到无理根数．对于这种“开之不尽”的数，《九章算术》直截了当地“以面命之”予以接受，刘徽注释中的“求其微数”，实际上是用小数来无限逼近无理数．这是一条完成实数系统的正确道路，只是刘徽的思想远远超越了他的时代，而未能引起重视．不过，中国传统数学关注的是数量的计算，对数的本质并没有太大的兴趣．而善于究根问底的希腊人就无法迈过这道坎了．既然不能克服它，那就只好回避它．此后的希腊数学家，如欧多克索斯、欧几里得在他们的几何学里，都严格避免把数与几何量等同起来．欧多克索斯的比例论，使几何学在逻辑上绕过了不可度量的障碍，但这使得以后的很长时间中，几何与算术显著分离．

17 至 18 世纪微积分的发展几乎吸引了所有数学家的注意力，恰恰是人们对微积分的关注，使得实数域的连续性问题再次突显出来．微积分是建立在极限运算基础上的变量数学，而极限运算需要一个封闭的数域，无理数正是实数域连续性的关键．

无理数是什么？法国数学家柯西给出了回答：无理数是有理数序列的极限．按照柯西的极限定义，所谓有理数序列的极限，意为预先存在一个确定的数，当序列趋于无穷时，它与序列中各数的差值可以任意小．但是，这个预先存在的数，又从何而来呢？在柯西看来，有理序列的极限，似乎是预先存在的．这表明，柯西尽管是那个时代大数学家，但仍未能摆脱两千多年来以几何直觉为立论基础的传统观念的影响．

变量数学独立建造完备数域的历史任务，终于在 19 世纪后半叶，由魏尔斯特拉斯、戴德金、康托等人完成了．

1872 年是近代数学史上值得纪念的一年．这一年，克莱因提出了著名的埃尔朗根纲领，魏尔斯特拉斯给出了处处连续但处处不可微函数的例子．也是在这一年，实数的三大派理论：戴德金的“分割”理论，康托的“基本序列”理论，以及魏尔斯特拉斯的“有界单调序列”理论，同时在德国被提出．

建立实数域的目的，是为了给出一个形式化的逻辑定义，它既不依赖几何的含义，又避免用极限来定义无理数的逻辑错误．有了这些理论，微积分中关于极限的基本定理的推导，才不会有理论上的循环．导数和积分从而可以直接在这些定义上建立起来，免去任何与感性认识联系的性质．单独的几何概念是不能给出准确定义的，这在微积分发展的漫长岁月的过程中已经被证明．因此，必要的严格性只有通过数的概念，并且在割断数的概念与几何量观念的联系之后才能完全达到．这里，戴德金的工作受到了高度评价，这是因为，由“戴德金分割”定义的实数，是完全不依赖于空间与时间直观的人类智慧的创造物．

实数的三大派理论本质上是对无理数给出严格定义，从而建立了完备的实数域．实数域的构造成功，使得两千多年来存在于算术与几何之间的鸿沟被完全“填平”，无理数不再是“无理的数”了，古希腊人的算术连续性的设想，也终于在严格的科学意义下得以实现．

复数的扩张

复数概念的进化是数学史中最奇特的一章之一，数系的历史发展完全没有教科书所描述的逻辑连续性．人们没有等待实数的逻辑基础建立之后，才去尝试新的征程．在数系扩张的历史过程中，往往有许多中间地带尚未得到完全认识，而天才的直觉随着勇敢者的步伐已经到达了遥远的前哨阵地.

1545年，此时的欧洲人尚未完全理解负数、无理数，然而他们又面临一个新的“怪物”的挑战. 卡丹在所著《伟大的艺术》中提出一个问题：把10分成两部分，使其乘积为40. 这需要解方程$x(10-x)=40$，他求得的根是$5-\sqrt{15}$和$5+\sqrt{15}$，然后说“不管会受到多大的良心责备，”把$5-\sqrt{15}$和$5+\sqrt{15}$相乘，一定能得到$25-(-15)=40$. 于是他说：“算术就是这样神妙地算下去，它的目标，正如常言所说，是精致又不中用的.” 笛卡尔也抛弃复根，并造出了“虚数”这个名称. 对复数的模糊认识，莱布尼兹的说法最有代表性：“那个介于存在与不存在之间的两栖物，那个我们称之为虚的-1的平方根.”

直到18世纪，数学家们对复数才稍稍建立了一些信心. 因为在数学的任何推理中间步骤中用了复数，其结果都被证明是正确的. 特别是1799年，高斯关于“代数基本定理”的证明必须基于对复数的承认，使复数的地位得到了进一步的巩固. 当然，这并不是说人们对“复数”的顾虑完全消除了.

18世纪是数学史上的“英雄世纪”，人们的热情在于研究如何发挥微积分的威力，去扩大数学的领地，很少有人会对实数系和复数系的逻辑基础而操心. 既然复数至少在运算法则上还是直观可靠的，又何必去自找麻烦呢？

1797年，丹麦的韦塞尔写了一篇论文《关于方向的分析表示：一个尝试》，试图利用向量来表示复数，遗憾的是这篇文章的重大价值直到1897年译成法文后，才被人们发现. 瑞士人阿甘达给出复数的一个稍微不同的几何解释. 他注意到负数是正数的一个扩张，它是将方向和大小结合起来得出的，他的思路是：能否增添某种新的概念来扩张实数系？在使人们接受复数方面，高斯的工作更为有效. 他不仅将$a+bi$表示为复平面上的一点(a, b)，而且阐述了复数的几何加法和乘法. 他认为几何表示可以使人们对虚数真正有一个新的看法，并引进了术语“复数”.

在厘清复数的概念方面，英国数学家哈密顿做了非常重要的工作. 哈密顿关心算术的逻辑，并不满足于几何直观. 他指出：复数$a+bi$不是一个真正的和，加号的使用是历史的偶然，并bi不能加到a上去. 复数$a+bi$只不过是实数的有序数对(a, b)，并给出了有序数对的四则运算，同时，这些运算满足结合律、交换律和分配律. 在这样的观点下，复数就被有逻辑地建立在实数的基础上了.

回顾数系的历史发展，似乎给人这样一种印象：数系的每一次扩充，都是在旧的数系中添加新的元素. 如分数添加于整数，负数添加于正数，无理数添加于有理数，复数添加于实数. 但是，现代数学的观点认为数系的扩张，并不是在旧的数系中添加新元素，而是在旧的数系之外去构造一个新的代数系，其元素在形式上与旧的可以完全不同，但是它包含一个与旧代数系同构的子集. 这种同构必然保持新旧代数系之间具有完全相同的代数构造. 当人们厘清了复数的概念后，产生了新的问题：是否还能在保持复数基本性质的条件下对复数进行新的扩张呢？答案是否定的. 当哈密顿试图寻找三维空间复数的类似物时，他发现自己被迫要做两个让步：第一，新数要包含四个分量；第二，必须牺牲乘法交换率．这两点都是对传统数系的革命．他称这种新的数为“四元数”．四元数的出现昭示着传统观念下数系扩张的结束．1878 年，意大利数学家富比尼证明：具有有限个原始单元的、有乘法单位元素的实系数先行结合代数，如果服从结合律，那就只有实数、复数和实四元数的代数．

数学的思想一旦冲破传统模式的藩篱，便会产生不可估量的创造力．哈密顿的四元数的发明，使数学家们认识到既然可以抛弃实数和复数的交换性去构造一个有意义、有作用的新“数系”，那么就可以较为自由地考虑甚至偏离实数和复数通常性质的代数构造．数系的扩张就此终止，通向抽象代数的大门被打开了．

V．知识巩固与习题册答案

知识巩固答案

8.1　复数的概念

知识巩固 1

1. 实数：$-4i^2=4$；

虚数：$3i$，$-\frac{5}{4}+3i$，$(\sqrt{6}-3)i$；

纯虚数：$3i$，$(\sqrt{6}-3)i$

复数	实部	虚部	复数	实部	虚部
$3i$	0	3	$(\sqrt{6}-3)i$	0	$\sqrt{6}-3$
$-\frac{15}{4}+3i$	$-\frac{15}{4}$	3	$-4i^2$	4	0

2. (1) $m=1$　(2) $m\neq 1$　(3) $m=-4$

3. (1) $\frac{3}{4}$，$-\frac{2}{3}$　(2) 3，2

知识巩固 2

1. 略．

2. $x=\frac{69}{17}$，$y=\frac{24}{17}$

知识巩固 3

1. 略．

2. (1) 关于实轴对称，且 $|z|=|\bar{z}|=\sqrt{13}$．

(2) 关于实轴对称且模相等．

知识巩固 4

（1） $\arg z=0$

（2） $\arg z=\frac{3}{2}\pi$

（3） $\arg z=\frac{\pi}{4}$

知识巩固 5

1. $\frac{8}{7}\pi$

2. （1） $2\sqrt{2}\left(\cos\frac{\pi}{4}+\mathrm{i}\sin\frac{\pi}{4}\right)$

（2） $2\left(\cos\frac{5\pi}{6}+\mathrm{i}\sin\frac{5\pi}{6}\right)$

（3） $2\left(\cos\frac{11\pi}{6}+\mathrm{i}\sin\frac{11\pi}{6}\right)$

（4） $5(\cos\pi+\mathrm{i}\sin\pi)$

（5） $\cos\frac{8\pi}{7}+\mathrm{i}\sin\frac{8\pi}{7}$

3. 41.11 Hz

8.2 复数的四则运算

知识巩固 1

1. 6i

2. （1） $10-2\mathrm{i}$

（2） $14-8\mathrm{i}$

3. （1） $6+2\mathrm{i}$

（2） $-5+2\mathrm{i}$

4. $6.01+\mathrm{j}6.01$，图略.

知识巩固 2

1. （1） $-1\pm\sqrt{5}\,\mathrm{i}$

（2） $\pm3\mathrm{i}$

（3） 1，4

（4） $-\frac{3}{2}$

2. 成立. 因为当 $\Delta=b^2-4ac<0$ 时，

$$x_1+x_2=-\frac{b}{2a}+\frac{\sqrt{-\Delta}}{2a}\mathrm{i}+\left(-\frac{b}{2a}-\frac{\sqrt{-\Delta}}{2a}\mathrm{i}\right)=-\frac{b}{a}.$$

知识巩固 3

1. （1）$-7-3\mathrm{i}$

（2）$-20+15\mathrm{i}$

（3）0

（4）0

2. 31

3. 成立. 因为当 $\Delta=b^2-4ac<0$ 时，

$$\begin{aligned}x_1x_2&=\left(-\frac{b}{2a}+\frac{\sqrt{-\Delta}}{2a}\mathrm{i}\right)\left(-\frac{b}{2a}-\frac{\sqrt{-\Delta}}{2a}\mathrm{i}\right)\\&=\left(-\frac{b}{2a}\right)^2+\left(-\frac{\sqrt{-\Delta}}{2a}\right)^2\\&=\frac{b^2+4ac-b^2}{4a^2}\\&=\frac{c}{a}.\end{aligned}$$

知识巩固 4

1. （1）i

（2）$\frac{3}{2}-\frac{7}{2}\mathrm{i}$

2. （1）$3+\mathrm{j}3$

（2）$\frac{5}{6}+\mathrm{j}\,\frac{5}{6}$

知识巩固 5

$-\frac{3\sqrt{3}}{16}+\frac{9}{16}\mathrm{i}$，$-\frac{\sqrt{3}}{4}+\frac{3}{4}\mathrm{i}$，$\frac{27}{64}$

*8.3　复数的极坐标形式和指数形式

知识巩固 1

1. $24\left(\cos\frac{5\pi}{6}+\mathrm{i}\sin\frac{5\pi}{6}\right)$，$24\mathrm{e}^{\mathrm{i}\frac{5\pi}{6}}$，$24\angle\frac{5\pi}{6}$

2.

a	b	r	θ	$a+b\mathrm{i}$	$r(\cos\theta+\mathrm{i}\sin\theta)$	$r\mathrm{e}^{\mathrm{i}\theta}$	$r\angle\theta$
$-\frac{1}{2}$	$\frac{\sqrt{3}}{2}$	1	$\frac{2}{3}\pi$	$-\frac{1}{2}+\frac{\sqrt{3}}{2}\mathrm{i}$	$\cos\frac{2}{3}\pi+\mathrm{i}\sin\frac{2}{3}\pi$	$\mathrm{e}^{\mathrm{i}\frac{2\pi}{3}}$	$1\angle\frac{2}{3}\pi$
$-\frac{3\sqrt{3}}{2}$	$-\frac{3}{2}$	3	210°	$-\frac{3\sqrt{3}}{2}-\frac{3}{2}\mathrm{i}$	$3(\cos 210^\circ+\mathrm{i}\sin 210^\circ)$	$3\mathrm{e}^{\mathrm{i}\frac{7\pi}{6}}$	$3\angle 210^\circ$
-5	0	5	π	-5	$5(\cos\pi+\mathrm{i}\sin\pi)$	$5\mathrm{e}^{\mathrm{i}\pi}$	$5\angle\pi$
$-\frac{1}{2}$	$-\frac{\sqrt{3}}{2}$	1	$\frac{4}{3}\pi$	$-\frac{1}{2}-\frac{\sqrt{3}}{2}\mathrm{i}$	$\cos\frac{4}{3}\pi+\mathrm{i}\sin\frac{4}{3}\pi$	$\mathrm{e}^{\mathrm{i}\frac{4\pi}{3}}$	$1\angle\frac{4}{3}\pi$
$3\sqrt{2}$	$3\sqrt{2}$	6	$\frac{\pi}{4}$	$3\sqrt{2}+3\sqrt{2}\mathrm{i}$	$6\left(\cos\frac{\pi}{4}+\mathrm{i}\sin\frac{\pi}{4}\right)$	$6\mathrm{e}^{\mathrm{i}\frac{\pi}{4}}$	$6\angle\frac{\pi}{4}$
$\frac{\sqrt{3}}{4}$	$\frac{1}{4}$	$\frac{1}{2}$	30°	$\frac{\sqrt{3}}{4}+\frac{1}{4}\mathrm{i}$	$\frac{1}{2}(\cos 30^\circ+\mathrm{i}\sin 30^\circ)$	$\frac{1}{2}\mathrm{e}^{\mathrm{i}\frac{\pi}{6}}$	$\frac{1}{2}\angle 30^\circ$

知识巩固 2

(1) $30\mathrm{e}^{\mathrm{i}\frac{7\pi}{12}}$

(2) $7\angle\frac{19\pi}{12}$

8.4 综合例题分析

知识巩固

一、选择题

1. C 2. A 3. D 4. D 5. A 6. D

二、填空题

1. $\frac{7}{3}$ $\frac{1}{3}$

2. 1

3. $-1-\mathrm{i}$

4. $-2+2\mathrm{i}$

三、计算题

1. $6+3\mathrm{i}$

2. $31-\mathrm{i}$

3. 0

4. $18+26\mathrm{i}$

5. 0

习题册答案

8.1 复数的概念

习题 8.1.1

A 组

1. 0 a 0 0

2. $\frac{4}{3}$ $-\frac{3}{2}$

3. 实数：$2+\sqrt{2}$，0.618，0，i^2；

虚数：3i，5+2i，$(1+\sqrt{3})i$；

复数：$2+\sqrt{2}$，0.618，3i，0，i^2，5+2i，$(1+\sqrt{3})i$

4. -5，5；$\frac{\sqrt{2}}{2}$，$-\frac{\sqrt{2}}{2}$；$-\sqrt{3}$，0；0，1；0，0

5. (1) $\begin{cases} x=\frac{2}{3} \\ y=\frac{5}{3} \end{cases}$ (2) $\begin{cases} x=2 \\ y=1 \end{cases}$

6. (1) $m=1$ (2) $m\neq1$ (3) $m=-3$

7. $3-j3$ 表示阻抗，$\sqrt{5}$ 表示电阻，$j(6+\sqrt{2})$ 表示感抗，$j^3 2=-j2$ 表示容抗.

B 组

1. B

2. 实数：$m=1$ 或 $m=3$；虚数：$m\neq1$ 且 $m\neq3$；纯虚数：$m=2$；零：$m=3$

3. (1) $n=2$ 时复数是实数，$n\neq2$ 时复数是虚数，$n\neq2$ 且 $m=0$ 时复数是纯虚数.

(2) $n=5$ 或 $n=-2$ 时复数是实数，$n\neq5$ 且 $n\neq-2$ 时复数是虚数，$n\neq5$ 且 $n\neq-2$ 且 $m=\pm2$ 时复数是纯虚数.

4. $z=1-i$

习题 8.1.2

A 组

1. B 2. B 3. D

4. $\left(\frac{1}{2}, -\frac{\sqrt{3}}{2}\right)$

5. 略

6. (1) 8+5i (2) 7i (3) 3 (4) $-3+3i$ (5) $-\frac{1}{3}$ (6) $-6i$

7. (1) $m=-1$ (2) $m=1$ (3) $m<-3$ 或 $m>5$

8. $\begin{cases}x=1,\\y=7\end{cases}$

B组

1. $m=6$ 时点在实轴上；$m=4$ 或 $m=-1$ 时点在虚轴上；$m\geqslant 6$ 时点在上半平面内；$4<m<6$ 或 $m<-1$ 时点在第四象限内.

2. $\begin{cases}x=-3,\\y=8\end{cases}$ 或 $\begin{cases}x=8,\\y=-3\end{cases}$

习题 8.1.3

A组

1. D

2. $6+8i$ 或 $-6+8i$

3. (1) 略.

(2) $\sqrt{2}$，$\sqrt{5}$，13，10，4，$\sqrt{5}$

4. $|z_1|=13>|z_2|=12$

B组

1. (1) 略.

(2) 1，10，$\sqrt{2}$，$\sqrt{6}$，$2\sqrt{13}$，$\sqrt{3}$

2. 以原点为圆心，$|z|$ 为半径的圆

3. $\overrightarrow{OC}=\overrightarrow{OZ_1}+\overrightarrow{OZ_2}=(-3,1)+(5,-3)=(2,-2)$，所以向量 $\overrightarrow{OC}$ 表示的复数是 $2-2i$.

习题 8.1.4

A组

1. 无数　1　$[0,2\pi)$ 或 $[0°,360°)$.

2. (1) 2，$\frac{\pi}{2}$　(2) $\sqrt{3}$，π　(3) 2，$\frac{\pi}{6}$　(4) 2，$\frac{5\pi}{3}$

3. 略

4.

复数 $a+bi$	a	b	$\tan\theta=\frac{b}{a}$	复数对应点所在象限	辐角主值 θ
$-3i$	0	-3	不存在	点 $(0,-3)$ 在虚轴负半轴上	$\frac{3\pi}{2}$
$-2-2i$	-2	-2	1	点 $(-2,-2)$ 在第三象限	$\frac{5\pi}{4}$
$-\frac{1}{2}+\frac{\sqrt{3}}{2}i$	$-\frac{1}{2}$	$\frac{\sqrt{3}}{2}$	$-\sqrt{3}$	点 $\left(-\frac{1}{2},\frac{\sqrt{3}}{2}\right)$ 在第二象限	$\frac{2\pi}{3}$

B组

1. 图 a：$4+3i$；图 b：$-2+2\sqrt{3}i$

2. （1） $|z|=5$，$\tan\theta=\frac{3}{4}$

（2） $|\bar{z}|=4$，$\arg\bar{z}=\frac{4\pi}{3}$

习题 8.1.5

A 组

1. （1） $2+2\sqrt{3}\mathrm{i}$ （2） $-1+\mathrm{i}$ （3） $3\sqrt{3}-3\mathrm{i}$ （4） $-3\mathrm{i}$

2. （1） $z=3\sqrt{2}\left(\cos\frac{3\pi}{4}+\mathrm{i}\sin\frac{3\pi}{4}\right)$

（2） $z=2\left(\cos\frac{11\pi}{6}+\mathrm{i}\sin\frac{11\pi}{6}\right)$

（3） $z=2\left(\cos\frac{2\pi}{3}+\mathrm{i}\sin\frac{2\pi}{3}\right)$

（4） $z=8(\cos\pi+\mathrm{i}\sin\pi)$

3. （1） 不会. 因为$\frac{1}{2\pi\sqrt{LC}}\approx 45.97\ \mathrm{Hz}\neq f$.

（2） $z\approx 123.49(\cos 13.66°+\mathrm{j}\sin 13.66°)\ \Omega$

（3） $|z|\approx 123.49\ \Omega$

B 组

（1） $\cos\frac{16\pi}{9}+\mathrm{i}\sin\frac{16\pi}{9}$

（2） $2\left(\cos\frac{11\pi}{9}+\mathrm{i}\sin\frac{11\pi}{9}\right)$

（3） $\cos\frac{7\pi}{9}+\mathrm{i}\sin\frac{7\pi}{9}$

8.2 复数的四则运算

习题 8.2.1

A 组

1. （1） $9+10\mathrm{i}$ （2） $2-10\mathrm{i}$ （3） $-2\mathrm{i}$

2. （1） $-4-3\mathrm{i}$，图略. （2） 8，图略.

3. （1） 4 （2） $2\sqrt{3}\mathrm{i}$

4. $\begin{cases}x=-4\\y=5\end{cases}$

5. $2-2\mathrm{i}$

6. $\dot{I}_3=0.27-\mathrm{j}6.73$

B 组

1. （1） √ （2） ×

2. 3　4　2

3. 0

4. (1) (3, 1)　(2) (1, 5)

习题 8.2.2

A组

1. (1) 4i　(2) 1　i

2. (1) $\Delta<0$，$x=-2\pm\sqrt{2}\mathrm{i}$

　(2) $\Delta>0$，$x_1=-3$，$x_2=2$

　(3) $\Delta<0$，$x=\pm\frac{\sqrt{3}}{2}\mathrm{i}$

　(4) $\Delta=0$，$x_1=x_2=2$

3. 另一个根为 $3+4\mathrm{i}$，$b=-6$，$c=25$

B组

1. (1) $x=2\pm\mathrm{i}$　(2) $x=\pm\frac{5}{2}\mathrm{i}$

2. $x^2-2x+4=0$

3. $x_1=7+3\mathrm{i}$，$x_2=7-3\mathrm{i}$

习题 8.2.3

A组

1. (1) $19+17\mathrm{i}$

　(2) 2

　(3) $8+4\mathrm{i}$

　(4) $-2-11\mathrm{i}$

2. $z_1z_2=11-10\mathrm{i}$，$z_1\bar{z}_1=13$

3. $-1-2\sqrt{2}\mathrm{i}$

4. (1) $-\mathrm{i}$

　(2) 1

　(3) 1

　(4) 0

B组

1. (1) $\bar{z}=3-4\mathrm{i}$

　(2) $\bar{z}=-5-12\mathrm{i}$

2. (1) $-25\mathrm{i}$

　(2) 10

3. $\begin{cases}x=3,\\y=-2\end{cases}$ 或 $\begin{cases}x=-3,\\y=2\end{cases}$

4. (1) 证明：左边$=1+\left(-\frac{1}{2}+\frac{\sqrt{3}}{2}\mathrm{i}\right)+\left(-\frac{1}{2}+\frac{\sqrt{3}}{2}\mathrm{i}\right)^2$

$=1+\left(-\frac{1}{2}+\frac{\sqrt{3}}{2}\mathrm{i}\right)+\left(-\frac{1}{2}-\frac{\sqrt{3}}{2}\mathrm{i}\right)$

$=0$

=右边.

(2) 证明：左边$=\left(-\frac{1}{2}+\frac{\sqrt{3}}{2}\mathrm{i}\right)^3$

$=\left(-\frac{1}{2}+\frac{\sqrt{3}}{2}\mathrm{i}\right)\left(-\frac{1}{2}+\frac{\sqrt{3}}{2}\mathrm{i}\right)^2$

$=\left(-\frac{1}{2}+\frac{\sqrt{3}}{2}\mathrm{i}\right)\left(-\frac{1}{2}-\frac{\sqrt{3}}{2}\mathrm{i}\right)$

$=\frac{1}{4}+\frac{3}{4}$

$=1$

=右边.

习题 8.2.4

A 组

1. (1) $-\frac{1}{5}+\frac{2}{5}\mathrm{i}$

(2) $-1+\mathrm{i}$

(3) $\frac{1}{2}-\frac{1}{2}\mathrm{i}$

(4) 1

(5) i

(6) $\frac{18}{65}-\frac{1}{65}\mathrm{i}$

2. (1) $8-\mathrm{j}$

(2) $\frac{22}{13}+\mathrm{j}\frac{6}{13}$

B 组

1. (1) $\frac{7}{25}-\frac{49}{25}\mathrm{i}$

(2) 0

2. $z=5-\frac{5}{2}\mathrm{i}$

习题 8.2.5

A 组

(1) 2i

(2) i

(3) 16

(4) $\frac{\sqrt{6}}{2}+\frac{\sqrt{2}}{2}\mathrm{i}$

(5) $\frac{\sqrt{3}}{3}+\frac{1}{3}\mathrm{i}$

B组

1. (1) 2

   (2) 1

   (3) $-1-\sqrt{3}\mathrm{i}$

2. 80

3. $n=3k$，$k\in\mathbf{N}^*$

*8.3 复数的极坐标形式和指数形式

习题 8.3.1

1. D

2. 5　$\frac{3\pi}{4}$　$5\left(\cos\frac{3\pi}{4}+\mathrm{i}\sin\frac{3\pi}{4}\right)$　$5\angle\frac{3\pi}{4}$　$-\frac{5\sqrt{2}}{2}+\frac{5\sqrt{2}}{2}\mathrm{i}$

3. $2\mathrm{e}^{\mathrm{i}\frac{5}{6}\pi}$　$2\left(\cos\frac{5\pi}{6}+\mathrm{i}\sin\frac{5\pi}{6}\right)$　$2\angle\frac{5\pi}{6}$

4. $7\left(\cos\frac{\pi}{3}+\mathrm{i}\sin\frac{\pi}{3}\right)$　$\frac{7}{2}+\frac{7\sqrt{3}}{2}\mathrm{i}$.

5. (1) $-\frac{\sqrt{6}}{2}+\frac{\sqrt{6}}{2}\mathrm{i}$

   (2) $\frac{3}{2}-\frac{\sqrt{3}}{2}\mathrm{i}$

   (3) $-4-4\sqrt{3}\mathrm{i}$

   (4) $-\frac{3}{10}\sqrt{3}+\frac{3}{10}\mathrm{i}$

6. $\mathrm{e}^{\mathrm{i}\pi}=\cos\pi+\mathrm{i}\sin\pi=-1$

习题 8.3.2

1. 逆　90°　逆　180°　逆　270°

2. $z_1z_2=5\sqrt{3}\mathrm{e}^{\mathrm{i}\frac{17\pi}{12}}$，$\frac{z_1}{z_2}=\frac{\sqrt{3}}{3}\mathrm{e}^{\mathrm{i}\frac{11\pi}{12}}$，$(z_1z_2)^6=421\ 875\mathrm{e}^{\mathrm{i}\frac{\pi}{2}}=421\ 875\mathrm{i}$

3. $z_1z_2=12\sqrt{2}\angle\frac{10\pi}{3}$，$\frac{z_1}{z_2}=\frac{2}{3}\sqrt{2}\angle\frac{\pi}{3}$，$z_2^4=324\angle 0=324$

4. (1) $\frac{7}{18}e^{i\frac{7\pi}{20}}$

(2) $\frac{9}{32}e^{-i\frac{3\pi}{4}}$

(3) $\frac{3}{8}\angle 75°$

复习题

一、填空题

1. $2-3i$ 4 13

2. 0 0 0

*3. $7\left(\cos\frac{11\pi}{6}+i\sin\frac{11\pi}{6}\right)$ $7e^{i\frac{11\pi}{6}}$ $7\angle\frac{11\pi}{6}$

4. $6+2i$

5. 二

二、选择题

1. A 2. D 3. A *4. B 5. B

三、解答题

1. 模为$\frac{1}{3}$，辐角主值为$\frac{2\pi}{3}$.

2. (1) $a=6$ 时，复数是实数.

(2) $a\neq 6$ 且 $a\neq -1$ 时，复数是虚数.

(3) 实数 a 取任何值，复数都不可能是纯虚数.

3. (1) $(x+2i)(x-2i)$

(2) $(a+bi)(a-bi)(a-b)(a+b)$

(3) $(a+b+ci)(a+b-ci)$

(4) $(x+1+\sqrt{2}i)(x+1-\sqrt{2}i)$

4. (1) $\bar{z}=\frac{12}{17}+\frac{3}{17}i$

(2) $\bar{z}=\frac{1}{6}-\frac{\sqrt{3}}{6}i$

5. (1) $4\sqrt{3}-4i$

*(2) $\frac{4}{9}$

*(3) $\frac{1}{4}-\frac{\sqrt{3}}{4}i$

(4) -30

测试题

一、选择题

1. B　2. B　3. B　4. D　5. C　6. D　7. A　8. D　9. A　10. D

二、填空题

1. $\sqrt{2}$　$\frac{\pi}{4}$　$\sqrt{2}\left(\cos\frac{\pi}{4}+\mathrm{i}\sin\frac{\pi}{4}\right)$　$\sqrt{2}\mathrm{e}^{\mathrm{i}\frac{\pi}{4}}$　$\sqrt{2}\angle\frac{\pi}{4}$

2. 1

3. 5　7　$5-7\mathrm{i}$

4. $-5-8\mathrm{i}$

三、解答题

1. (1) $-2-13\mathrm{i}$

(2) $\frac{7}{2}-\frac{7}{2}\mathrm{i}$

(3) $\left(\frac{1+\mathrm{i}}{1-\mathrm{i}}\right)^8=\left(\frac{2\mathrm{i}}{-2\mathrm{i}}\right)^4=1$

(4) $\left|\frac{(1-2\mathrm{i})\cdot(-3+4\mathrm{i})^3}{(5+12\mathrm{i})^2}\right|=\frac{|(1-2\mathrm{i})|\cdot|-3+4\mathrm{i}|^3}{|5+12\mathrm{i}|^2}=\frac{\sqrt{5}\times5^3}{13^2}=\frac{125\sqrt{5}}{169}$

(5) $\frac{-\mathrm{i}}{\cos120^\circ-\mathrm{i}\sin120^\circ}=\frac{-\mathrm{i}\ (\cos120^\circ+\mathrm{i}\sin120^\circ)}{1}=-\mathrm{i}\left(-\frac{1}{2}+\frac{\sqrt{3}}{2}\mathrm{i}\right)=\frac{\sqrt{3}}{2}+\frac{1}{2}\mathrm{i}$

(6) $\left(\cos\frac{2\pi}{3}+\mathrm{i}\sin\frac{2\pi}{3}\right)^{100}\left(\cos\frac{2\pi}{3}-\mathrm{i}\sin\frac{2\pi}{3}\right)$

$=\left[\left(\cos\frac{2\pi}{3}+\mathrm{i}\sin\frac{2\pi}{3}\right)^3\right]^{33}\left(\cos\frac{2\pi}{3}+\mathrm{i}\sin\frac{2\pi}{3}\right)\left(\cos\frac{2\pi}{3}-\mathrm{i}\sin\frac{2\pi}{3}\right)$

$=1^{33}\left(\cos^2\frac{2\pi}{3}+\sin^2\frac{2\pi}{3}\right)$

$=1$

2. (1) $x_1=-3-\mathrm{i}$，$x_2=-3+\mathrm{i}$

(2) $x_1=-2\sqrt{2}\mathrm{i}$，$x_2=2\sqrt{2}\mathrm{i}$

(3) 设 $z=x+y\mathrm{i}$ (x，$y\in\mathbf{R}$)，则方程可化为$\sqrt{x^2+y^2}+x-y\mathrm{i}=2+\mathrm{i}$，即

$\begin{cases}\sqrt{x^2+y^2}+x=2,\\-y=1,\end{cases}$ 解得$\begin{cases}x=\frac{3}{4},\\y=-1.\end{cases}$ 所以，$z=\frac{3}{4}-\mathrm{i}$.

3. (1) $m=-1$ 或 $m=7$ 时，复数是实数.

(2) $m\neq-1$ 且 $m\neq7$ 时，复数是虚数.

(3) $m=-2$ 时，复数是纯虚数.

(4) $m=7$ 时，复数是 0.

第 9 章　排列组合与概率统计

Ⅰ. 概　　述

一、教学目标和要求

1. 通过实例，总结出分类加法计数原理、分步乘法计数原理；能根据具体问题的特征，用分类加法计数原理或分步乘法计数原理解决一些简单的实际问题.

2. 通过实例，理解排列的概念；能利用计数原理推导排列数公式，会使用计算器计算排列数，会运用排列的知识解决一些简单的实际问题.

3. 通过实例，理解组合的概念；能利用计数原理推导组合数公式，会使用计算器计算组合数，会运用组合的知识解决一些简单的实际问题.

4. 了解二项式定理，会用二项式定理的性质与通项公式解决一些简单的问题.

5. 理解随机现象、随机事件的概念，会判断日常工作中的一些现象、事件是否为随机现象、随机事件.

6. 理解随机事件的概率的概念，会用频率来估计一些随机事件的概率.

7. 理解等可能概率模型，会用等可能事件的概率公式求一些简单随机事件的概率.

8. 理解相互独立事件的意义，会用相互独立事件的概率乘法公式计算一些事件的概率.

9. 会计算随机事件在 n 次独立重复试验中恰好发生 k 次的概率（伯努里概型）.

10. 在对具体问题的分析中，理解取有限值的离散型随机变量及其分布列的概念；理解超几何分布，认识分布列对于刻画随机现象的重要性.

11. 理解离散型随机变量数学期望的意义，会根据离散型随机变量的分布列求出它的数学期望值.

12. 理解总体和样本的概念，会使用计算器计算样本平均数和样本方差.

二、内容安排说明

本章知识结构图：

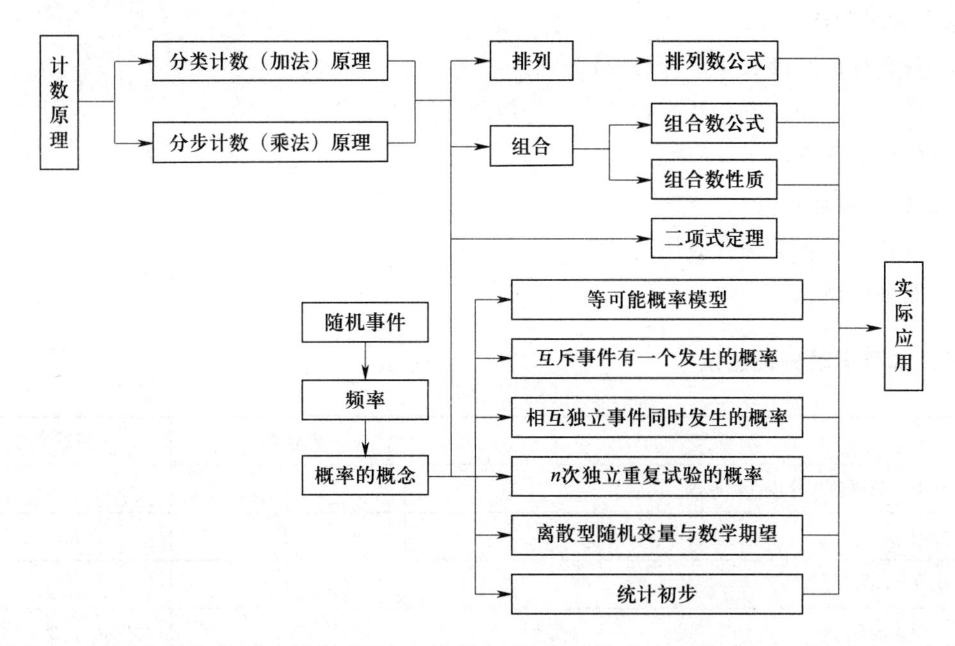

分类加法计数和分步乘法计数是处理计数问题的两种基本思想方法．教学中，应引导学生根据计数原理分析、处理问题，而不应机械地套用公式．同时，在这部分教学中，应避免烦琐的、技巧性过高的计数问题．

排列、组合是两类特殊而重要的计数问题，解决它们的基本思想和工具就是两个计数原理．教材通过具体实例得出排列、组合的概念；应用分步计数原理得出排列数公式；应用分步计数原理和排列数公式推出组合数公式．对于排列与组合，有两个基本想法贯穿始终，一是根据某类问题的特点和规律寻找简便的计数方法，就像乘法作为加法的简便运算一样；二是注意应用两个计数原理思考和解决问题．

排列、组合作为一种重要的数学方法，是进一步学习概率等数学知识的基础．

研究一个随机现象，就是要了解它所有可能出现的结果和每一个结果出现的概率，分布列描述了离散型随机变量取值的概率规律，二项分布和超几何分布是两个应用广泛的概率模型，要通过实例引入这两个概率模型，而不是追求形式化的描述．教学中，应引导学生利用所学知识解决一些实际问题．

概率论是研究现实世界中随机现象规律的科学，在自然科学和经济中都有广泛的应用，同时也是数理统计的理论基础．

在统计知识的教学中，应引导学生体会统计的作用和基本思想，统计的特征之一是通过部分的数据来推测全体数据的性质．教学时应引导学生根据实际问题需求选取的样本，计算样本方差，进而用样本来估计总体．

本章共有四部分内容：第一部分重点介绍两个计数原理与排列、组合的有关知识及其应用；第二部分介绍二项式定理的相关运算；第三部分重点介绍随机事件及几种典型概率模型的计算；第四部分介绍简单的数理统计知识.

本章教学重点：

1. 分类计数原理和分步计数原理.
2. 排列与组合的概念及排列数与组合数的计算公式.
3. 概率的概念.

本章教学难点：

1. 排列与组合的综合应用.
2. 概率的概念.

三、本章学时分配建议

章节	基本课时	拓展课时
9.1　分类计数原理与分步计数原理	2	
9.2　排列	2	
9.3　组合	2	
9.4　二项式定理	2	2
9.5　随机事件的概率	2	
9.6　互斥事件有一个发生的概率	2	
9.7　相互独立事件同时发生的概率	1	
9.8　n次独立重复试验的概率	1	
9.9　离散型随机变量及其数学期望	2	
9.10　统计初步	1	
9.11　综合例题分析	3	

Ⅱ. 教材分析与教学建议

9.1　分类计数原理与分步计数原理

学习目标

1. 掌握分类加法计数原理、分步乘法计数原理.
2. 会用分类加法计数原理和分步乘法计数原理解决一些简单的实际问题.
3. 培养学生分析问题的能力.

教学重点与难点

重点：

1. 分类计数原理与分步计数原理.

2. 两个原理的应用.

难点：

1. 正确理解“完成一件事情”的含义.

2. 根据问题的实际特征，正确区分“分类”与“分步”.

教学方法提示

通过讲解与讨论相结合的方法，让学生正确理解“完成一件事情”的含义，从而掌握分类计数原理与分步计数原理及其区别，并通过实例分析和知识巩固的训练使学生达到掌握的目的.

教学参考流程

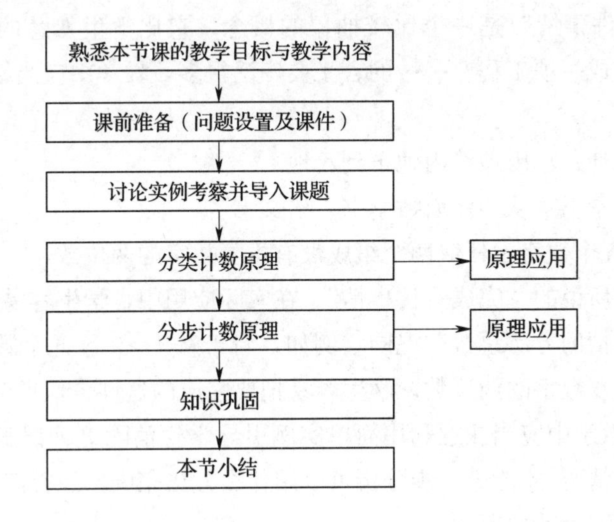

课程导入

生活中，人们经常会遇到各种计数问题. 当面对一个复杂的计数问题时，人们往往通过分类或分步将它分解为若干个简单的计数问题，在解决这些简单问题的基础上，将它们整合起来而得到原问题的答案，这也是在日常生活中常用的思想方法. 通过对复杂计数问题的分解，将综合问题化解为单一问题的组合，再对单一问题各个击破，可以达到以简驭繁、化难为易的效果，这就是本节要学习的计数原理.

• “实例考察”的设置目的：

(1) 引导学生理解两个计数原理.

(2) 使学生了解计数原理在生活中的应用.

• “实例考察”的教学注意点：

（1）要让学生理解问题1中虽然交通工具不同，但每一种交通工具每一个班次都能完成从甲地到乙地的任务；

（2）要让学生理解问题2中从甲地到达丙地需要两个步骤，即必须经过乙地，才能到达丙地，这是问题的一个关键点.

知识讲授

由于两个计数原理的理解并不困难，关键是根据具体问题的特征选择对应的原理，特别是综合应用两个计数原理是学生学习的难点. 因此，本节采取先通过典型的、学生熟悉的实例，经过抽象概括而得出两个计数原理，然后安排例题，引导学生逐步体会两个计数原理的基本思想及应用方法.

教学中，应注意结合实例阐述两个计数原理的基本内容，分析原理的条件和结论，特别要注意使用对比的方法，引导学生认识它们的异同.

分类计数原理与分步计数原理，都是讨论“完成一件事情”的所有不同方法种数的问题. 这里，“完成一件事情”是一个比较抽象的概念，它比学生熟悉的解应用题中遇到的“完成一件工作”“完成一项工程”……的含义要广泛得多，教学中应当结合实例让学生进行辨析. 例如：

（1）从甲地到乙地；从甲地经丙地再到乙地.

（2）从中任取一本书；从中任取数学书、语文书各一本.

（3）从1～9这九个数字中任取两个组成没有重复数字的两位数.

这些都是原理中所说的“完成一件事情”. 在实际应用中，学生容易把“完成一件事情”与“计算完成这件事情的方法总数”混同. 例如，对于从1～9这九个数字中任取两个，共可组成多少个没有重复数字的两位数，学生容易把要完成的这件事情理解成为“求满足条件的两位数的个数”. 教学中应当注意利用简单实例引导学生消除这种误解. 只有准确理解了什么叫“完成一件事情”，才能进一步分析可以用什么方法完成，是否需要分类或分步完成，最终确定到底应该用哪个计数原理.

两个计数原理的区别在于：分类计数原理与“分类”有关，类与类之间互不相容，用任何一类中的任何一种方法都可以完成这件事；分步计数原理与“步骤”有关，只有依次完成每一个步骤，才能完成这件事情.

在讲解分类计数原理时，除教材“实例考察”中问题1的例子外，还可以让学生思考以下例子：统计本班的学生人数，可以按男女分类，分别统计出男生人数和女生人数，然后相加；也可以按小组分类，分别统计每一个小组的人数，然后相加；或者按住宿生和走读生分类，分别统计住宿生人数和走读生人数，然后相加. 根据以上计数方法，最后给出分类计数原理的概念.

分类计数原理的要点是：如果计数对象可以分成若干类，使得每两类没有公共元素，则计数对象的总数等于各类元素数目之和.

分类计数原理中的“完成一件事有 n 类办法”是对完成这件事的所有方法的一个分类. 分类时，首先要根据问题的特点确定一个分类的标准，然后在确定的分类标准下进行分类. 一般地，标准不同，分类的结果也不同. 其次分类时要注意满足：完成这件事的任何一种方法必属于某一类，而且分别属于不同类别的方法都是不同的方法，即应用分类计数原理时要做到“不重不漏”. 只有满足这些条件，才能用分类计数原理. 分类计数原理又称加法原理.

在讲解分步计数原理时，除教材“实例考察”中问题 2 的例子外，还可以让学生思考这样的例子：一个班级有男生 25 人，女生 15 人，现选男生 1 人，女生 1 人参加学校活动，共有多少不同的选法？先从男生中确定 1 人，共有 25 种方法，再从女生中确定 1 人，则确定女生共有 15 种方法（或者交换男女选择顺序亦可），所以共有 $25\times15=375$ 种，最后给出分步计数原理.

分步计数原理的要点是：如果计数对象可以分成若干步骤去完成，并且对于每一步都有若干种完成方式，则依次计算完成各步的方法数目，它们的乘积便是要计算的对象的总数.

分步计数原理中的“一件事需要分成 n 个步骤完成”是指完成任务这件事的任何一种方法，都需要分成 n 个步骤. 分步时要根据问题的特点确定一个分步的标准，标准不同，分成的步骤数也会不同. 一个合理的分步应当满足：第一，完成这件事情必需且只需连续做完所分步骤，即分别从各个步骤的多种方法中选一种完成该步骤的方法，将各步骤的完成方法依次串联在一起就得到完成这件事情的一种方法；第二，完成任何一个步骤可选用的方法个数与其他步骤所选用的方法无关. 简而言之，就是应用分步计数原理时要做到“步骤完整”. 分步计数原理又称乘法原理.

例题提示与补充

例 1 编写目的是让学生熟悉分类计数原理与分步计数原理. 其中，第（1）题只要选 1 名优秀毕业生即可完成这件事；第（2）题中只有选完 4 名优秀毕业生才能完成这件事.

例 2 编写目的是让学生熟悉分步计数原理. 由于每个人都有三种出拳方法，因为出拳可以相同，所以方法数为 $3\times3=9$ 种.

补充例题 1 如图 9-1 所示，写出从甲地到丁地共有多少种走法.

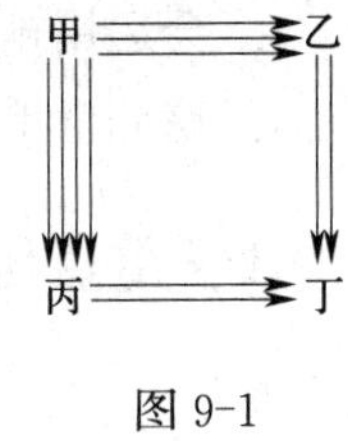

图 9-1

本题编写目的是让学生掌握分类计数原理与分步计数原理的区别以及它们的综合应用.

解 从甲地到丁地共有两类走法，第一类是从甲经过乙到丁地，第二类是从甲经过丙到丁地，而每一类走法都分两步完成，所以从甲地经过乙到丁地共有 $3\times2=6$ 种方法. 从甲经过丙到丁地共有 $4\times2=8$ 种方法. 因此，从甲地到丁地的方法共有

$$N=3\times2+4\times2=14\text{（种）}.$$

补充例题 2 由 0，2，3，4 四个数字可以组成多少个没有重复数字的三位数？

本题编写目的是告诉学生划分步骤的方法，又为推导下一节学习排列数计算公式做

准备.

讲解时，可以从学生书写三位数字的习惯（先写百位数字，再写十位数字，最后写个位数字）得出组成一个三位数要经过的三个步骤：第一步确定百位数字；第二步在确定百位数字之后确定十位数字；第三步在完成第一、第二步之后，再确定个位数字. 也就是说，要组成一个三位数，必须经过以上三个步骤. 这就确定了这个问题可以运用分步计数原理来解.

完成第一个步骤的方法是在 0，2，3，4 四个数字中选一个作为百位数字，由于 0 不能作百位数字，所以只能在 2，3，4 三个数中任选一个数字，共有三种方法，即 $n_1=3$ 种. 完成第二个步骤的方法种数，就是在百位数字确定之后，在其余的数字中（包括 0 在内）选取十位数字，由图 9-2 可以看出，不论把哪一个数字作为百位数字，其十位数字的选取总有三种方法，也就是完成第二个步骤的方法种数为 $n_2=3$ 种. 同理，对于每一个十位数确定后，个位数完成共有 $n_3=2$ 种.

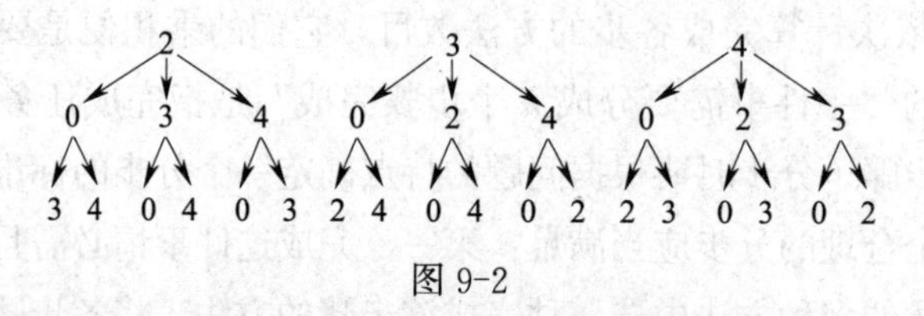

图 9-2

解 根据分步计数原理，可得组成三位数的方法种数为

$$N=n_1\times n_2\times n_3=3\times3\times2=18.$$

9.2 排　　列

学习目标

1. 通过实例分析，理解排列的概念.
2. 掌握排列数的计算公式，会用计算器计算排列数.
3. 会运用排列的知识，解决一些简单的实际问题.
4. 培养学生分析问题和解决问题的能力.

教学重点与难点

重点：

1. 排列的概念.
2. 运用排列的知识，解决一些简单的实际问题.

难点：

1. 排列数的概念.
2. 有关排列的简单应用.

教学方法提示

通过具体实例由简单的排列问题（如：组成三位数，照相等问题）引导学生理解排列与顺序的关系，从而引入排列的概念，应用分步计数原理推导排列数的计算公式，通过实例讲解与巩固练习使学生达到掌握的目的.

教学参考流程

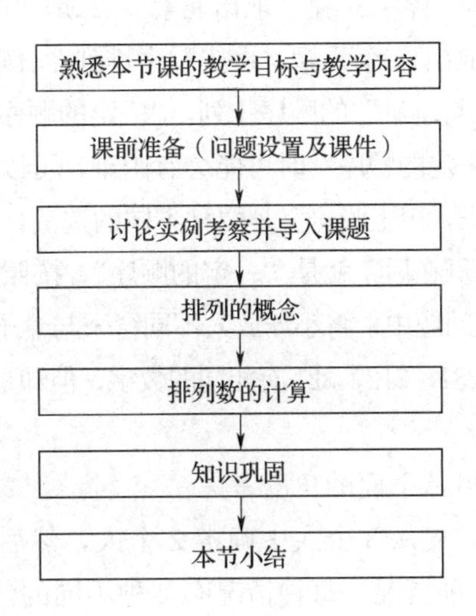

课程导入

排列与组合是两类特殊的计数问题，是典型的两个计数原理的应用. 排列数的计算公式的推导过程是分步计数原理的一个重要应用，同时，排列数公式又是推导组合数公式的主要依据. 所以在本节中，将重点讨论排列的概念、排列数的计算公式及其简单应用.

• “实例考察”的设置目的：

（1）使学生复习分步计数原理.

（2）使学生探求排列的意义.

（3）培养学生由特殊到一般的抽象思维能力.

• “实例考察”的教学注意点：

（1）要确定好“完成一件事”的内容. 在安排班次问题中，主要是从三人中确定两人值班问题；而在放置小球问题中，主要是从四个小球中选三个小球分别放置在三个盒子中的问题.

（2）在分步计数时，要先选择好分步标准.

知识讲授

1. 排列与排列数的概念

教材对“实例考察”中两个求排列数的具体问题进行了详细的分析，其目的在于：

（1）提供排列概念的具体例证，为学生概括排列的概念提供背景支持.

(2) 以具体问题为载体，给出求排列数的方法，使学生经历求排列数的主要过程，积累求一般的排列数公式的经验.

(3) 给出了直观的、能够帮助学生分析问题、理清思路的表格，使学生体会表格在解决计数问题中的作用.

(4) 使学生体会在列举时做到“既不重复也不遗漏”，培养学生有序、全面地思考问题的习惯.

排列的定义中包含两个基本内容：一是“取出元素”，二是“按一定的顺序排列”. 因此，排列要完成的“一件事情”是“取出 m 个元素，再按顺序排列”. 例如“安排班次”问题中选出 2 个人，按“早班与晚班”“晚班与早班”的顺序排列，“一定的顺序”就是与位置有关，不考虑顺序就不是排列. 学生在理解“一定的顺序”时可能会有困难，可以这样向学生解释：由于“甲上早班，乙上晚班”与“乙上早班，甲上晚班”是两种不同的选法，因此一种选法与两名工人的顺序有关，这样，“早班在前，晚班在后”就是“一定的顺序”，按照这个顺序排列，就有 6 种不同的排法. 同样地，“放置小球”问题中，将小球放入不同盒子与盒子顺序有关，尽管取 1，2，3 号小球放置时，123，132，213，231，312，321 有相同的数字，但却是互不相同的，因为它们的顺序不同.

“实例考察”中的问题也可从下面的角度考虑：

(1)“安排班次”问题中，先从 3 个人中确定 2 个人，然后再确定上班的顺序，确定上班的人有甲乙、甲丙、乙丙 3 种情况，每种情况有 2 种不同的顺序，所以共有 6 种排法.

(2)“放置小球”问题中，先从 4 个小球中取出 3 个小球，有 123，124，134，234 共 4 种不同情况，然后每一种情况中都有 6 种不同顺序，所以共有 24 种不同的放法.

这样思考也为以后推导组合数的计算公式打下基础.

为了让学生充分理解排列的概念，教学中教师应多举与顺序有关和无关的例子让学生辨析，如：从 1，2，3 中每次取出 2 个数相乘有多少个不同的积，与顺序无关，而取出 2 个数相除有多少个不同的商，就与顺序有关；多个国家的足球队进行比赛，如果不分主客场就与顺序无关，分主客场就与顺序有关. 还可以举以下例子：(1) 从学生中选班干部（不考虑顺序）和选出的干部进行分工（需考虑顺序）；(2) 照相问题（需考虑顺序）；(3) 电话号码问题（需考虑顺序）；(4) 车票问题（需考虑顺序），票价问题（不考虑顺序）；(5) 演出节目单设置（需考虑顺序）.

2. 排列数公式

在排列数概念的教学中，要注意引导学生区分排列数与一个排列两个概念. 一个排列是指“从 n 个不同元素中取出 m 个元素，按照一定的顺序排成一列”，这不是一个数；排列数是指“从 n 个不同元素中取出 m 个元素的所有排列的个数”，这是一个自然数. 例如，从 a，b，c 中任取 2 个元素的排列有 ab，ba，ac，ca，bc，cb 等，其中每一个都叫一个排列，共有 6 个，6 就是从 a，b，c 中任取 2 个的排列数.

在推导 $A_n^m=n(n-1)\cdots(n-m+1)$ 时，可以从 n 到 $n-1$，到 $n-2$，…，到 $n-m+1$ 来说明为什么第 m 个位置共有 $n-m+1$ 种填法. 这是学生容易忽视的地方. 得到公式后要提醒学生注意，公式中的 n，m 都是自然数，而且 $m\leqslant n$.

导出公式 $A_n^m=n(n-1)\cdots(n-m+1)$后，要引导学生对公式的特点进行分析，以帮助学生正确地记忆公式．这个公式的特点是：右边第一个因数是 n，后面每个因数都比它前面一个因数少 1，最后一个因数是 $n-m+1$，共 m 个连续的正整数相乘．当 n，m 较小时，只要根据这些特点就能很快写出算式，如 $A_{10}^4=10\times9\times8\times7$．如果 n，m 较大时，学生容易把最后一个因数写错，教学时应当提醒学生注意.

公式 $A_n^m=\dfrac{n!}{(n-m)!}$ 主要有两个作用：

（1）当 n，m 较大时，由于计算器上可直接计算相应的阶乘数，因此用上面的公式计算排列数较为方便；

（2）对含有字母的排列数的式子进行变形和论证时，写成这种形式有利于发现相互之间的关系.

对于阶乘的概念，只要说明 $n!$ 是从 1 到 n 共 n 个连续的正整数的乘积即可．在阶乘的运算中，要防止出现类似 $(2n)!=2!\,n!$ 的错误.

特别地，规定 $0!=1$．教学时可以向学生说明，这是数学研究中为了方便而做的一种规定，这样，诸如 $A_n^m=\dfrac{n!}{(n-m)!}$，$C_n^m=\dfrac{n!}{m!\,(n-m)!}$ 等公式在 $n=m$ 时就都有意义了.

例题提示与补充

例 1　编写目的是让学生熟悉排列数 A_n^m 的计算公式，同时也让学生学会用计算器计算排列数.

例 2　编写目的是让学生加深对排列数 A_n^m 的计算公式的理解，它表示 m 个连续自然数的乘积，而且 $0<m\leqslant n$，所以本题中 $n=0$ 应舍去.

例 3　编写目的是让学生熟悉实际背景下排列数的应用以及排列的计数方法.

例 4　编写目的是让学生学会应用分类计数原理与排列的计数方法．由于表示信号有用一面旗、两面旗或三面旗共三类方法．而在用两面旗或三面旗表示信号时旗的颜色的不同顺序可以表示不同的信号，因此这是一个排列问题．所以共有 $A_3^1+A_3^2+A_3^3=15$ 种.

例 5　编写目的是使学生增强对排列计数方法及分类计数原理、分步计数原理的应用能力．本题给出的三种解法是解排列问题的三种基本方法.

解法 1 是将三位数分成三类，分别是不含 0，十位数含 0 和个位含 0 三种情形，依据分类计数原理将各类的方法数相加即到三位数的个数.

解法 2 是将组成三位数分步完成，先确定百位数，再确定剩下两位，依据分步计数原理相乘得到三位数的个数.

解法 3 是一种逆向思维方法，先求不加限制条件时的排列数，再减去不符合条件的排列数．实际上，本题还有其他的思考方法，从这个简单的例子可以让学生看到，排列问题可以从不同角度思考，具有很大的灵活性．因此学习排列知识时，应当学会多角度分析与思考问题，这对提高思维能力很有帮助，后面的组合问题的解答也有类似的情况.

例 6　编写目的是让学生了解排列数的实际应用．教学中可以向学生介绍生活中密码的长度对密码被破译的影响，登录网址、电子邮箱等的密码尽可能要长一些，由数字、字母等不同符号组成，用来增加安全性.

9.3 组　　合

学习目标

1. 通过实例分析，理解组合的概念.
2. 掌握组合数计算公式，会用计算器计算组合数.
3. 了解组合数性质：$C_n^m=C_n^{n-m}$（n，$m\in\mathbf{N}^*$，$m\leqslant n$）.
4. 会运用排列、组合的知识，解决一些简单的实际问题.
5. 培养学生分析问题和解决问题的能力.

教学重点与难点

重点：

1. 组合的概念.
2. 组合数的计算公式.
3. 运用组合的知识，解决简单的实际问题.

难点：

1. 排列与组合的区别.
2. 组合知识的简单应用.

教学方法提示

运用类比的方法，让学生比较排列与组合的区别，在比较中理解组合的概念，运用分步计数原理推导出组合数的计算公式，通过例题讲解与知识巩固训练使学生达到掌握的目的.

教学参考流程

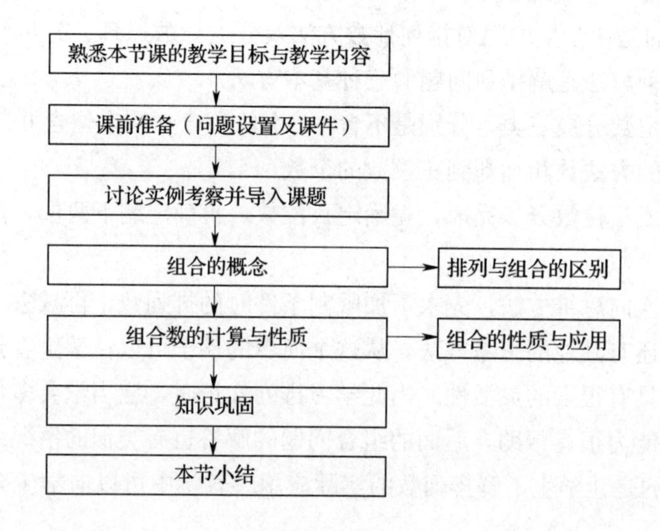

课程导入

本节中，将学习另一种特殊的计数问题，即组合的有关知识及其简单应用，并将组合与前一节排列知识进行综合应用，解决生活中简单的计数问题.

• “实例考察”的设置目的：

(1) 引导学生理解组合的概念.

(2) 培养学生由特殊到一般的抽象能力.

• “实例考察”的教学注意点：

让学生理解相互握手或值班是不分顺序的，即与顺序无关，只要参与即可，这是两个实例的共同点.

知识讲授

1. 组合与组合数的概念

教材通过“实例考察”中的两个问题引出了组合的概念，在讲解组合的概念时要抓住两个要点：一是取出的元素，二是不考虑顺序. 所以不同的组合元素必定不完全相同，元素相同但顺序不同的组合则是同一个组合.

排列概念与组合概念的共同点是，都要“从 n 个不同元素中，任取 m 个元素”，不同点是排列要“按照一定的顺序排成一列”，而组合却是“不考虑顺序组成一组”. 因此，在分析具体问题时，应当启发学生抓住“顺序”这个关键区分排列问题与组合问题.

教学中，应充分利用“实例考察”中问题 2，引导学生进行认真分析. 在比较这两个问题时应当强调在上一小节的问题 1 里，“甲早班乙晚班”与“乙早班甲晚班”是两种不同的选法，是排列问题；而在本小节里，只要从 3 人中选出 2 人，选出的 2 人地位相同，不存在前后顺序，是组合问题.

为了让学生充分理解组合的概念，教学中教师可以将前面讲排列问题时的例子让学生再重新判断一次. 还可以通过以下两个例子进行比较练习：(1) 从本班 40 名学生中选 2 名去参加校长座谈会，共有多少种选法？(2) 从本班 40 名学生中选 2 名分别去参加校长座谈会、系主任座谈会，共有多少种选法？问题 (1) 由于 2 名学生参加同一座谈会，与顺序无关，所以是组合问题，问题 (2) 由于 2 名学生参加不同的座谈会，显然与顺序有关，所以是排列问题.

在组合数的概念的教学中，要注意引导学生区分组合数与一个组合两个概念. 一个组合是指“从 n 个不同元素中取出 m 个元素合成一组”，这不是一个数；组合数是指“从 n 个元素中取出 m 个元素的所有组合的个数和”，这是一个自然数. 例如，从 a，b，c 中任取 2 个元素的组合有 ab，ac，bc，其中每一个都称为一个组合，共有 3 个组合，3 就是从 a，b，c 中任取 2 个元素的组合数.

例题提示与补充

例 编写目的是使学生进一步理解组合的概念，区分与排列的区别，学会组合数的表示方法.

2. 组合数公式

掌握了组合的概念后，再进一步考虑“实例考察”中的握手问题，尝试通过计算组合数得到选法种数之和，由此引出组合数的计算公式的推导.

组合数公式的推导过程体现了众多数学思想方法的应用. 教学的关键是引导学生研究组合与排列的关系，排列可以分为“先取元素，再做全排列”两个步骤.

在上一节的“实例考察”中已经知道，小球的放法共有 A_4^3 种，它的计算思路可依据分步计数原理分成两步：第一步“求组合数，共有组合数 C_4^3”；第二步“求全排列 A_3^3”，所以 $A_4^3=C_4^3\cdot A_3^3$. 这样更清楚地揭示出组合与排列的关系，从而利用这种对应关系和已知的排列数公式得到组合数公式，即

$$C_n^m=\frac{A_n^m}{A_m^m}=\frac{n(n-1)\cdots(n-m+1)}{m!},$$

其中 $m=1，2，3，\cdots，n$.

在教学中，应强调这种分两步解决问题的思路，在解应用题时非常重要.

对于 $C_n^0=1$，应向学生强调指出，它与 $0!=1$ 一样，是一种规定，而且这种规定是合理的.

对于 n，m 数值较大时，应教会学生使用计算器计算组合数.

例题提示与补充

例 1 编写目的是让学生熟悉组合数的计算公式.

例 2 编写目的让学生能区别排列与组合，排列与顺序有关，组合与顺序无关.

例 3 编写目的让学生熟悉运用组合数公式解决简单实际问题的方法.

例 4 编写目的是让学生熟悉组合的应用，并复习分类计数原理与分步计数原理，掌握解决问题的思路. 学会从多个不同角度思考问题，如第（4）题，可以分类讨论，也可以用逆向思维的方法思考.

3. 组合数的性质

教师通过引导学生观察教材知识巩固 2 中 C_{12}^4 与 C_{12}^8 的特点，从而推导组合数的性质，即 $C_n^m=C_n^{n-m}$，为了公式的完整性，前面已经补充过 $C_n^0=1$，即 $n=m$ 时，$C_n^n=C_n^0=1$.

例题提示与补充

例 1、例 2 编写目的是让学生熟悉组合数的计算公式的性质及其应用. 由例 1 可以分析得出，当 $m>\frac{n}{2}$ 时，公式 $C_n^m=C_n^{n-m}$ 的使用能够简化计算. 例 2 中应考虑有两种情况，即 $n=3n-2$ 和 $10-n=3n-2$，然后分别求出 n.

补充例题 已知 $C_{20}^m=C_{20}^{m-10}$，求 m.

本题编写目的是让学生熟悉组合数的计算公式的性质及其应用.

解 因为 $m=m-10$ 无解，所以由 $C_{20}^m=C_{20}^{20-m}$ 及已知可得

$$C_{20}^{20-m}=C_{20}^{m-10},$$

所以 $20-m=m-10$，解得 $m=15$.

9.4 二项式定理

学习目标

1. 通过实例分析，了解二项式定理.
2. 会用二项式定理及通项公式进行有关计算及简单应用.
3. 培养学生的观察能力和归纳能力.

教学重点与难点

重点：

1. 二项式定理及相关概念.
2. 二项式定理的性质.
3. 运用二项式定理，解决简单的实际问题.

难点：

1. 求二项展开式的项.
2. 二项式系数与二项展开式中项的系数的区别.

教学方法提示

通过“实例考察”中问题的分析与总结，让学生进行观察比较，从中寻找规律，最后教师小结得出二项式定理，通过例题讲解与知识巩固训练使学生达到掌握的目的.

教学参考流程

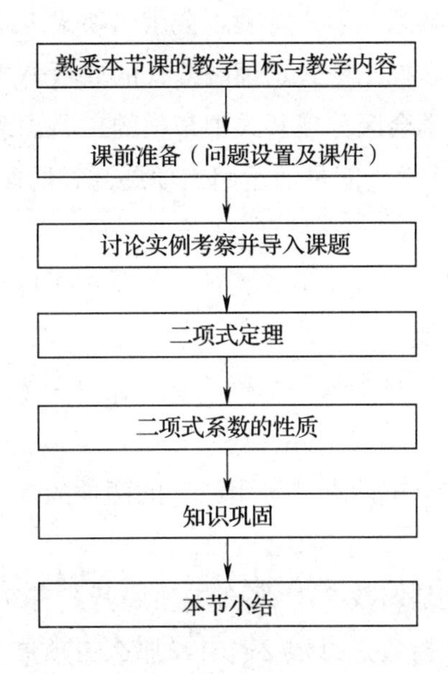

课程导入

在初中阶段，学生学习过多项式的乘法．当$(a+b)^n$中的n较小时，容易通过多项式计算得到结果，但当n较大时，应用多项式的乘法计算比较烦琐．本节中将应用前面学过的排列组合知识讨论$(a+b)^n$的一般展开式，这就是二项式定理，并应用二项式定理解决一些简单的实际问题．

• “实例考察”的设置目的：

(1) 引导学生理解$(a+b)^n$展开式的一般规律；

(2) 培养学生由特殊到一般的观察能力与归纳能力．

• “实例考察”的教学注意点：

让学生注意观察展开式中的每一项的指数之和、每一个未知数的指数变化规律，并用前面学过的排列组合知识去归纳总结展开式各项的系数．

知识讲授

1. 二项式定理

教材通过“实例考察”导出二项式定理，在讲解二项式定理时应注意以下几点：

(1) 二项式定理就是$(a+b)^n$的一般展开式；

(2) 展开式共有$n+1$项，二项式系数分别为C_n^0，C_n^1，…，C_n^r，…，C_n^n；

(3) 通常用第$r+1$项表示其通项公式$T_{r+1}=C_n^r a^{n-r}b^r$；

(4) 展开式的每一项中a的指数依次从n下降到0，b的指数依次从0上升到n.

例题提示与补充

例 1 编写目的是让学生熟悉二项式定理，会用二项式定理展开$(a+b)^n$.

例 2 编写目的是让学生掌握二项式定理展开式的通项公式的应用方法．

例 3 编写目的是让学生学会区分展开式中某项的二项式系数与项的系数．

例 4、例 5 编写目的是让学生能灵活运用二项展开式的通项公式．

2. 二项式系数的性质

教材通过杨辉三角介绍了二项式系数的特征，教学中可以让学生自行总结，并与组合数的性质比较．主要掌握三个性质：

(1) 除每行两端的1以外，每个数字都等于它肩上两个数之和．即

$$C_{n+1}^r=C_n^{r-1}+C_n^r.$$

(2) 在二项展开式中，与首末两端“等距离”的两项的二项式系数相等．即

$$C_n^r=C_n^{n-r}.$$

(3) 如果二项式的幂指数是偶数$2n$，那么二项展开式有$2n+1$项，且中间一项的二项式系数最大；如果二项式的幂指数是奇数$2n-1$，那么二项展开式有$2n$项，且中间两项的

二项式系数相等并且最大. 二项式系数从首项到中间一项逐渐增大，从中间一项到末项逐渐减小.

杨辉在1261年著的《详解九章算法》中关于杨辉三角的记载，远早于欧洲1654年的“帕斯卡三角”，教学中可进行适当的爱国主义教育，起到基础教学中的课程思政的作用.

例题提示与补充

例1 编写目的是让学生熟悉二项式系数的特点和性质.

例2、例3 编写目的是让学有余力的学生灵活掌握二项式系数的性质及其简单的实际应用.

9.5 随机事件的概率

学习目标

1. 通过日常生活中的实例，了解随机现象、随机事件的概念.

2. 通过具体问题数据的收集和分析，展示频率出现稳定性的现象.

3. 理解随机事件概率的概念.

4. 正确理解随机事件发生的不确定性以及频率的稳定性，知道可用频率作为非等可能事件概率的估计值.

5. 正确理解等可能事件的概率，掌握求等可能事件概率的一些常用方法，如排列组合的方法、枚举法等.

教学重点与难点

重点：

1. 随机事件、概率的概念.
2. 等可能事件的概率.

难点：

1. 频率与概率的区别和联系.
2. 等可能事件的概率计算.

教学方法提示

通过大量的实例分析、讨论，帮助学生理解确定性现象与随机现象的区别，进而理解随机事件、必然事件、不可能事件的概念，频率与概率的概念及它们的联系与区别. 通过简单随机事件的概率计算，使学生加深理解概率的概念及意义. 其中，随机试验的次数不同，随机事件发生的频率可能不同，但概率不变，这是学生难以理解的地方，教学中应引起重视.

教学参考流程

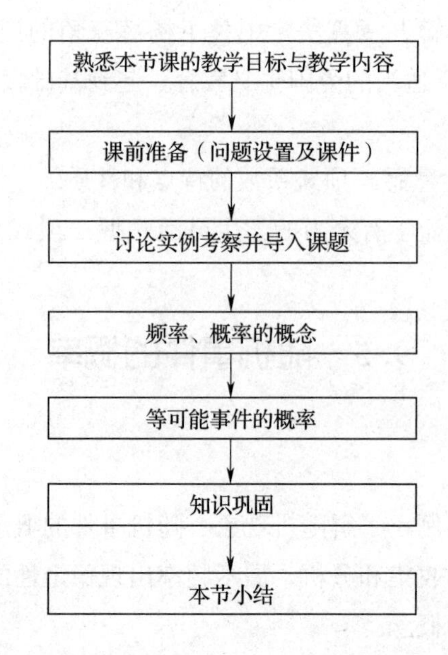

课程导入

在初中，已经学习过确定性现象和随机现象的概念，也学习了一些简单的随机现象发生的可能性大小，本节中将进一步研究这些随机现象发生的规律和发生的条件.

• “实例考察”的设置目的：

(1) 通过试验理解确定现象与随机现象的概念；

(2) 通过试验培养学生的学习兴趣，提高学生探究问题的能力.

• “实例考察”的教学注意点：

(1) 抛掷硬币的试验应在相同的条件下进行，且不受外界环境的影响，如：没有风，桌面平整且硬币一定落在桌面上；

(2) 有关种子发芽的试验应提前一周让学生试验，并让学生观察记录在不同条件下种子发芽的情况.

知识讲授

1. 随机现象和随机事件

由日常生活常识和实验可知，“实例考察”中第一个事件是必然发生的，第二个事件是不可能发生的，而第三个事件有可能发生，也有可能不发生. 人们将必然发生的现象与不可能发生的现象统称为“确定性现象”，而第三个事件称为“不确定现象”，不确定现象就是本节学习的主要内容. 教材还列举了一些例子：买一张奖券可能中奖，也可能不中奖；定点罚球，可能罚中，也可能罚不中等，来说明随机现象的概念.

讲解随机现象的概念时，必须注意一点：在相同条件下，试验的所有可能的结果都应该是可知的，只是不能预测某次试验的具体结果．例如掷骰子试验，试验的所有结果都是出现从1点到6点中的一个，但在掷一次时，事先并不能确定会出现几点．

为了让学生更好地观察、分析随机现象具有偶然性的特点，在此还可以列举一些日常生活中的例子：

(1) 下棋谁赢谁输；

(2) 袋中装有红、白、黄三种大小一样的球，从中任意取出一个，取出的球是哪种颜色的；

(3) 判断电灯能否正常照明．

随机事件是一个重要的概念，讲解时要讲清定义中的“在相同条件下”“每一种可能的结果称为随机事件”的含义，还应强调每次试验的结果在试验前是不能预先知道的．随机事件的个数可以是有限个，也可以是无限多个．

例题提示与补充

例1、例2 编写目的是使学生进一步理解并区分随机事件、必然事件、不可能事件等基本概念．

补充例题 指出下列事件是必然事件、不可能事件，还是随机事件：

(1) 同性电荷相互排斥．

(2) 手电筒的电池没电，灯泡发亮．

(3) 从一副扑克牌中任抽一张，得到黑桃K．

(4) 一个电影院某天的上座率超过50%．

本题编写目的是让学生理解并区分随机事件、必然事件、不可能事件等基本概念．

解 (1) 是必然事件；(2) 不可能事件；(3) (4) 是随机事件．

2. 概率的概念

讲解概率的概念之前一定先讲清频率的概念与计算方法，为此可以先带领学生完成本节后面的实践内容，让学生讨论以下问题：

(1) 当试验次数 n 不同时，正面向上的频率是否相同；

(2) 虽然试验次数不同，但正面向上的频率的共同特点是什么．

通过上面的讨论，给出概率的定义．

对于给定的随机事件 A，如果随着试验次数的增加，事件 A 发生的频率 $\frac{m}{n}$ 稳定在某个常数上，就把这个常数称为事件 A 的概率，记作 $P(A)$．

根据上述概率定义，必然事件的概率等于1，即 $P(\Omega)=1$，不可能事件的概率 $P(\varnothing)=0$．

而对于一般的随机事件 A，则有

$$0 \leqslant P(A) \leqslant 1.$$

也就是说，任何事件的概率都是区间 $[0,1]$ 内的一个数，它度量该事件发生的可能性．

如：随机事件A=｛硬币正面向上｝发生的概率为$P(A)=\frac{1}{2}$．又如：随机事件B=｛抽到优等品｝发生的概率$P(B)=0.95$．

例题提示与补充

例　编写目的是让学生学会计算随机事件发生的频率，并根据频率估计概率值，同时进一步区分频率与概率．

补充例题　某地区从某年起的新生婴儿数及其中的男婴数见下表．

时间范围	1年内	2年内	3年内	4年内
新生婴儿数/人	5 544	9 607	13 520	17 190
男婴数/人	2 883	4 970	6 994	8 892
男婴出生频率				

解答以下问题：

(1) 填写表格中的男婴出生频率．

(2) 这一地区男婴出生的概率约为多少（保留两位小数）？

本题编写目的是让学生掌握随机事件频率的计算，区分频率与概率的不同．

解 (1) 每年频率计算见下表．

时间范围	1年内	2年内	3年内	4年内
新生婴儿数/人	5 544	9 607	13 520	17 190
男婴数/人	2 883	4 970	6 994	8 892
男婴出生频率	0.520 0	0.517 3	0.517 3	0.517 3

(2) 由上表可知男婴出生的概率为0.52．

3．等可能事件的概率

• “实例考察”的设置目的：

(1) 通过实验理解等可能事件的概念；

(2) 通过实验培养学生的学习兴趣和问题探究的能力．

• “实例考察”的教学注意点：

(1) 抛掷硬币的实验应在相同的条件下，且不受外界环境的影响，如：没有风，桌面平整且硬币一定会落到桌面上；

(2) 让学生总结实例中实验的特征（结果的个数和每个结果的概率）．

教材对“实例考察”中的例子进行了详细的分析，发现在抛掷骰子实验中，共有6种不同的结果，且每一种结果出现的概率都是$\frac{1}{6}$，为了进一步介绍等可能概率模型的概念，教师可以再举例说明，比如：在抛掷硬币的实验中，共有两种不同的结果，即正面与反面，且可通过多次实验，发现正面与反面出现的概率是相等的．

由上面的实例，首先给出基本事件的概念，即随机试验中，每一个随机试验的结果都称为一个基本事件.

由此教师总结出等可能概率模型的特征：

(1) 随机试验的结果（基本事件的个数）只有有限个；

(2) 每一个结果出现的可能性是相等的.

由此推出等可能事件概率计算公式

$$P(A)=\frac{m}{n},$$

其中 m 为随机事件 A 中所含基本事件的个数，n 为在随机试验中所有基本事件的总数.

对于简单的试验，全部基本事件以及某一事件所含的基本事件都可以一一列出，但对于复杂的试验，则需要用到排列组合的知识.

例题提示与补充

例 1、例 2　编写目的是让学生熟悉等可能事件的概率计算方法. 由于基本事件的总数较少，可以一一列举，相对较简单.

教材左侧“想一想”：例 2 用排列与组合知识还有如下解法：

出现的点数种数有 $C_6^1=6$ 种，出现的点数为偶数的种数为 $C_3^1=3$ 种，所以，出现点数为偶数的概率为 $P(B)=\frac{3}{6}=\frac{1}{2}$.

例 3　编写目的是让学生学会用前面学过的排列组合知识计算等可能事件的概率.

例 4　编写目的是让学生学会用前面学过的组合知识计算较复杂的等可能事件的概率. 本题是一道综合应用题，注意排列、组合知识与概率知识的综合应用.

9.6　互斥事件有一个发生的概率

学习目标

1. 理解互斥事件和对立事件的概念.
2. 理解互斥事件有一个发生的概率.
3. 掌握互斥事件的概率的加法公式.
4. 培养学生分析问题的能力.

教学重点与难点

重点：

1. 互斥事件的概念.
2. 互斥事件有一个发生的概率的加法公式及简单应用.

难点：

判断两个事件是否为互斥事件.

教学方法提示

通过“实例考察”，让学生理解互斥事件的概念，同样利用实例中随机事件概率的计算，让学生发现互斥事件概率计算的规律，从而找到互斥事件有一个发生的概率计算公式，通过进一步举例和知识巩固让学生理解和掌握公式.

教学参考流程

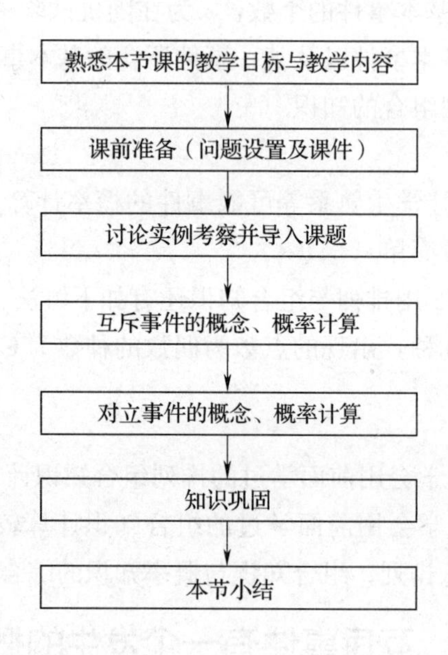

课程导入

前面学习了等可能事件发生的概率计算方法，对于两个不能同时发生的随机事件其中有一个事件发生的概率如何计算，将在本节中进一步介绍.

• “实例考察”的设置目的：

(1) 通过实例分析，初步了解互斥事件的概念；

(2) 通过实例分析，进一步培养学生的学习兴趣和探究问题的能力.

• “实例考察”的教学注意点：

(1) 每次摸出球的数量为 1；

(2) 可以让学生思考若每次摸出 2 个球会是什么结果?

知识讲授

1. 互斥事件

通过“实例考察”可以看出，互斥事件是两个不可能同时发生的事件，也称互不相容事件. 从集合的角度看，n 个事件彼此互斥，是指由各个事件所含的结果组成的集合彼此互不相交.

实例中的互斥事件有一个发生的概率可以从两个角度计算：

（1）利用等可能事件概率计算；

（2）分别计算两个互斥事件发生的概率，再求和.

从实例中可以看出，两个互斥事件有一个发生的概率为

$$P(A+B)=P(A)+P(B).$$

可以进一步推广，对于 n 个互斥事件有一个发生的概率为

$$P(A_1+A_2+\cdots+A_n)=P(A_1)+P(A_2)+\cdots+P(A_n).$$

2. 对立事件

讲解对立事件的概念要讲清楚两点：

（1）对立事件是互斥事件；

（2）在一次随机试验中，两个互斥事件有一个必然会发生.

由以上两点，可以得出对立事件的概率加法公式

$$P(A)+P(\bar{A})=P(A+\bar{A})=1.$$

例题提示与补充

例 1 编写目的是让学生进一步理解互斥事件与对立事件的概念.

例 2 编写目的是让学生熟悉互斥事件有一个发生的概率计算公式，了解概率在生活中的具体应用.

例 3 编写目的是让学生熟悉互斥事件有一个发生的概率计算公式及其应用. 本例题应用了两种解法，分别采用正向思维和逆向思维. 有时对于正向求解较为复杂的问题，应用逆向思维求解往往能起到事半功倍的效果，教学中应尽量让学生理解并掌握.

9.7 相互独立事件同时发生的概率

学习目标

1. 理解相互独立事件与互斥事件的概念的区别.
2. 掌握相互独立事件同时发生的概率的乘法公式及其应用.
3. 培养学生分析问题和解决问题的能力.

教学重点与难点

重点：

1. 相互独立事件的概念.
2. 相互独立事件同时发生的概率的乘法公式.

难点：

1. 相互独立事件的判断；

2. 相互独立事件与互斥事件的区别，即互斥事件是指两个随机事件不可能同时发生，而相互独立事件是指随机事件发生的结果互不影响.

教学方法提示

通过“实例考察”理解相互独立事件的概念，分析相互独立事件同时发生的概率之间的关系，从而引出相互独立事件同时发生的概率的乘法公式. 通过例题分析进一步巩固概率的乘法公式及其应用.

教学参考流程

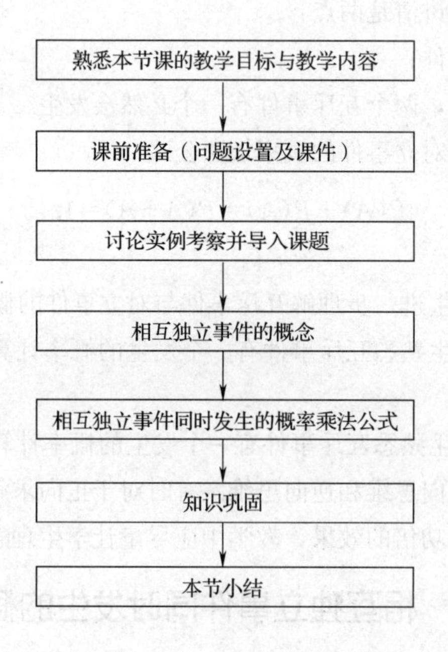

课程导入

前面一节中，学生学习了互斥事件的概念以及互斥事件中有一个事件发生的概率的计算. 事实上，在随机事件中，两个随机事件除了互斥的关系，还有相互独立的关系，本节将学习相互独立事件的概念以及相互独立事件同时发生的概率计算.

• “实例考察”的设置目的：

(1) 通过实例分析，初步了解相互独立事件的概念；

(2) 通过实例分析，进一步培养学生的学习兴趣和探究问题的能力.

• “实例考察”的教学注意点：

(1) 强调“从甲坛子里摸出 1 个球”与“从乙坛子里摸出 1 个球”相互独立且同时发生；

(2) 让学生思考若从一个坛子中分两次摸球，每次放回与不放回对结果有无影响.

知识讲授

1. 相互独立事件

由“实例考察”中的例子可以看出，从“甲坛子里摸出1个球，得到白球”这一事件与“从乙坛子里摸出一个球，得到白球”这一事件是互不影响、互不干扰的，即相互独立的. 从而给出相互独立事件的概念.

一般地，当事件A，B相互独立时，A与$\overline{B}$，$\overline{A}$与B，$\overline{A}$与$\overline{B}$也都是相互独立的.

教材中运用两种方法计算了从甲乙两个坛子中同时摸出白球的概率，得到

$$P(A \cdot B)=P(A) \cdot P(B),$$

为计算相互独立事件同时发生的概率提供具体实例.

2. 相互独立事件同时发生的概率

由“实例考察”中的例子可以看出，从甲、乙两个坛子各摸出一个球的随机事件总数为20，而同时为白球的随机事件数为6，应用等可能事件发生的概率计算方法得出，同时摸出白球的概率为0.3，而从甲坛中摸出白球的概率为0.6，从乙坛中摸出白球的概率为0.5，从而得出两个相互独立事件同时发生的概率，等于每一个事件发生的概率的积，即

$$P(A \cdot B)=P(A) \cdot P(B).$$

上述公式可推广到n个相互独立事件的概率计算：

如果事件A_1，A_2，…，A_n相互独立，那么这n个事件同时发生的概率，等于每个事件发生的概率的积，即

$$P(A_1 \cdot A_2 \cdot \cdots \cdot A_n)=P(A_1) \cdot P(A_2) \cdot \cdots \cdot P(A_n).$$

例题提示与补充

例1 编写目的是让学生熟悉相互独立事件的概念，掌握相互独立事件同时发生的概率计算方法. 本例题中，要让学生理解“同时”“都”“恰好”“至少”“至多”等词的含义，学会应用逆向思维的方式解决问题，这样往往能收到事半功倍的效果.

例2 编写目的是让学生了解相互独立事件在实际生活中的具体应用.

9.8 n次独立重复试验的概率

学习目标

1. 理解独立重复试验的概念.
2. 掌握独立重复试验模型的概率计算方法.

教学重点与难点

重点：

1. 独立重复试验的概念.

2. 独立重复试验模型的概率计算公式.

难点：

独立重复试验的确定.

教学方法提示

通过“实例考察”的学习，让学生理解独立重复试验的概念，应用相互独立事件同时发生的概率公式可以推导 n 次独立重复试验的概率计算公式.

教学参考流程

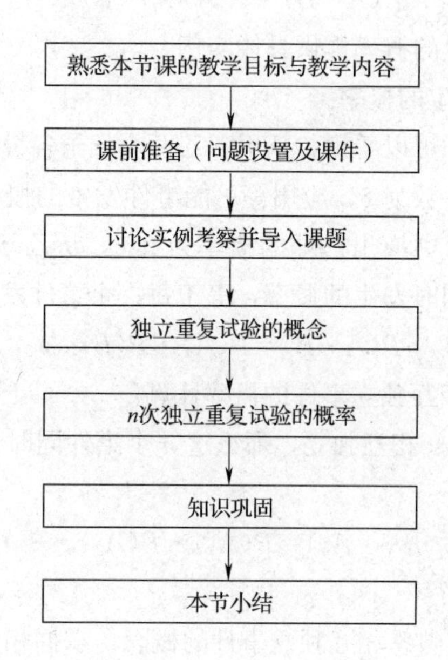

课程导入

前面学习了相互独立事件同时发生的概率计算，本节将学习 n 次独立重复试验的概率计算.

• “实例考察”的设置目的：

(1) 通过实例分析，初步了解独立重复事件的含义；

(2) 通过实例分析，进一步培养学生的学习兴趣和探究问题的能力.

• “实例考察”的教学注意点：

引导学生利用穷举法列出所有可能结果.

知识讲授

1. 独立重复试验

由“实例考察”可知，射击手各次射击之间是没有影响的，即相互独立的. 而每一次射击的结果只有两种，即射中与未射中．像这样，在相同的条件下，重复地做 n 次试验，如果每次试验是相互独立的，并且每一次试验只有两个可能的结果，那么这样的 n 次试验，就称为 n 次独立重复试验或 n 重伯努利试验．在讲解概念时，讲清三点：

（1）重复试验是在相同的条件下进行的．

（2）每一次试验只有两种结果．如：抛硬币时的正面与反面，天气预报中的准确与不准确，医学中疫苗的有效与无效，矿井中安全指示灯的亮与暗，大型电气设备中电气元件的有效与无效等．

（3）在 n 次独立重复试验中，事件 A 恰好发生 $k(0\leqslant k\leqslant n)$ 次的概率问题称为独立重复试验模型或伯努利概型．

2．独立重复试验模型的概率

通过“实例考察”中实例的概率计算，可以推导出：

如果在 1 次试验中某事件发生的概率是 p，那么在 n 次独立重复试验中这个事件恰好发生 k 次的概率为

$$P_n(k)=C_n^k p^k(1-p)^{n-k}.$$

例题提示与补充

例 1　编写目的是让学生熟悉独立重复试验的概念以及独立重复试验模型的概率的计算方法．本例题中第（2）题要求学生理解“至少”的含义并掌握其概率计算方法．

例 2　编写目的是让学生熟悉独立重复试验模型的概率计算方法，计算时要先求出在一次试验中随机事件发生的概率，然后再应用公式计算．

例 3　编写目的是让学生进一步掌握独立重复试验模型的概率的应用以及计算方法．

9.9　离散型随机变量及其数学期望

学习目标

1．理解随机变量、离散型随机变量的概念．

2．了解离散型随机变量的分布列，会求离散型随机变量的分布列．

3．理解离散型随机变量的数学期望的概念及其计算方法．

教学重点与难点

重点：

1．离散型随机变量的分布列．

2．离散型随机变量的数学期望．

难点：

离散型随机变量的有关应用．

教学方法提示

通过“实例考察”的学习，寻找利用简单的表示方法表示随机试验的结果，从而引入随机变量的概念，并利用具体实例强化概念，通过学过的概率知识讲解离散型随机变量的分布列和数学期望的概率及其计算方法.

教学参考流程

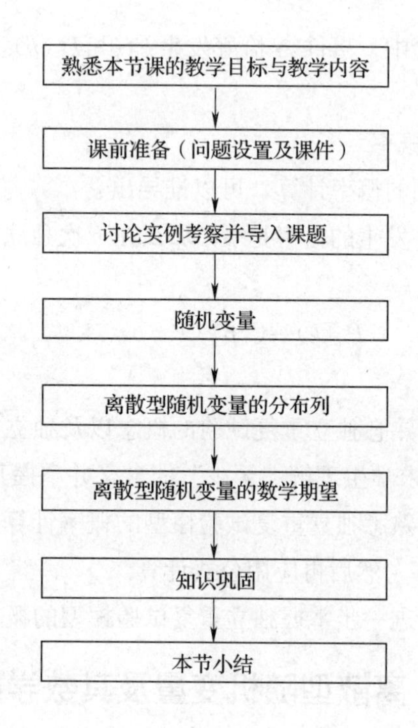

课程导入

前面讲解随机事件时，通常用大写的字母表示一个随机事件，而在每一次随机试验中有许多结果，本节中将学习用随机变量表示随机试验的结果，并学习和讨论离散型随机变量的分布列与数学期望.

• “实例考察”的设置目的：

（1）让学生了解随机试验的结果也可用具体的实数表示；

（2）随机试验的结果虽然可以用一个变量表示，但无规律可循，随机试验前无法预先确定其值.

• “实例考察”的教学注意点：

（1）让学生区分随机变量与函数变量；

（2）了解随机变量的特点.

知识讲授

1. 随机变量

在讲解随机变量时应清楚以下几点：

（1）随机变量是用来表示随机试验的结果的量，随机变量的值在试验前无法预知.

（2）用来表示函数关系的变量与随机变量不同. 函数实际上是两个或多个变量之间的一种关系，在函数关系中，一旦某一个变量的值确定，则另一个变量的值也随之确定，而随机变量的值是不能确定的.

（3）与函数关系有所区别，随机变量通常用希腊字母（η，ξ，μ，…）表示.

（4）随机变量分为离散型随机变量和连续型随机变量. 例如：打靶射击中的环数就是离散型随机变量，灯泡的使用寿命就是连续型随机变量.

2. 离散型随机变量的分布列

由于离散型随机变量的结果个数有限，因此可以将它们每一个结果取值与相应的概率列成表格，即离散型随机变量的分布列.

讲解中，应强调两点：

（1）$P_i \geqslant 0$，$i=1$，2，…；

（2）$P_1+P_2+\cdots=1$.

例题提示与补充

例 编写目的是让学生熟悉离散型随机变量的分布列，并学会求离散型随机事件的概率. 本例中各随机变量即随机事件是互斥关系，因此可以用互斥事件的概率的加法公式求和计算.

3. 离散型随机变量的数学期望

离散型随机变量的数学期望又称为平均数或均值，它反映了离散型随机变量的平均水平. 教材通过具体的实例计算介绍离散型随机变量的数学期望的含义与计算方法.

例题提示与补充

例 1 编写目的是让学生熟悉离散型随机变量的数学期望的计算.

例 2 编写目的是让学生进一步掌握离散型随机变量的分布列，并学会计算离散型随机变量的数学期望.

例 3 编写目的是让学生灵活运用离散型随机变量分布列的性质以及数学期望的计算公式.

9.10 统计初步

学习目标

1. 了解总体、个体和样本的概念.
2. 会用计算器计算样本数据的平均数与方差.
3. 了解统计知识在生活中的具体应用.

教学重点与难点

重点:

样本数据的平均数与方差.

难点:

样本数据的方差计算.

教学方法提示

先通过复习回顾初中学过的统计知识，让学生了解总体与样本的概念，然后通过“实例考察”中的问题引入本节课的内容，介绍样本数据的平均数与方差的计算方法，通过例题讲解与知识巩固让学生熟悉与掌握使用计算器计算数据的平均值与方差.

教学参考流程

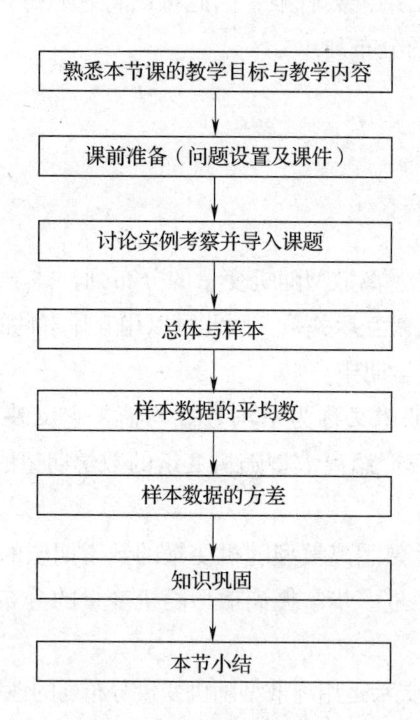

课程导入

在初中，学生已经学过统计中的一些基本概念与计算，如总体、个体、样本等，那么如何研究总体的数字特征，它们与样本的数字特征之间有哪些关系呢，本节将进一步学习样本的数字特征，并用它们反映总体的数字特征.

- “实例考察”的设置目的:

(1) 让学生了解生活中的统计知识的应用;

（2）由具体实例导入课题，激发学生的学习兴趣和求知欲.

• “实例考察”的教学注意点：

（1）让学生学会计算平均值；

（2）观察平均值与每个试验数据之间的关系.

知识讲授

1. 总体和样本

为了研究总体的数字特征，对总体中个体进行一一考察是不现实的，因此在现实中，是从总体中抽取一部分个体作为样本获取数据，并通过这些数据对总体进行分析和推断.

要使样本及样本数据能很好地反映总体的特征，必须合理地抽取样本，通常采用简单随机抽样的方法. 抽样中，样本中的每个个体必须从总体中随机地取出，不能有人为的“偏好”，也就是必须满足下面两个条件：

（1）总体中的每个个体都有被抽到的可能（等可能事件）；

（2）每次抽样在相同的条件下独立进行（独立事件）.

2. 样本数据的平均数与方差

教学中，应注意以下几点：

（1）了解平均数和方差公式的形式，尤其是样本方差计算中要用到平均数.

（2）样本方差的符号是 S^2，在计算器中用 σ^2 表示.

（3）教会学生使用计算器进行样本数据的平均数与方差的计算. 由于学生的计算器型号不同，操作也有所不同. 要先进入统计状态，再进行计算.

例题提示与补充

例 编写目的是让学生熟悉使用计算器计算样本数据的平均数与方差.

9.11 综合例题分析

学习目标

1. 了解本章知识结构.
2. 掌握本章重点与难点.
3. 通过复习，培养学生的综合应用能力.

教学重点与难点

重点：

1. 分类计数原理和分步计数原理.
2. 排列与组合的概念及排列数与组合数的计算公式.
3. 概率的概念.

难点：

1. 排列与组合的综合应用.

2. 概率的计算.

教学方法提示

例题讲解与练习相结合．本节中所举例题均为历届全国成人高考数学试题，通过例题讲解，让学生了解全国成人高考试题所涉及的知识点、试题类型以及试题难度．知识巩固中的题目可用来检查学生的掌握程度．

Ⅲ．单元测验

一、选择题

1. 一个商店销售某种型号的电视机，其中本地产品有 4 种，外地产品有 7 种，要买 1 台这种型号的电视机，有（　　）种不同的选法.

A. 28　　B. 16　　C. 49　　D. 11

2. 若 x，y 分别在 0，1，2，…，9，10 中取值，则点 $P(x, y)$ 在第一象限的个数是（　　）.

A. 100　　B. 121　　C. 110　　D. 10

3. $10\times9\times8\times7$ 等于（　　）.

A. A_{10}^{7}　　B. A_{10}^{3}　　C. $10!-7!$　　D. A_{10}^{4}

4. 某班星期一上午要排语文、数学、体育、外语 4 门课，要求体育课不在第一节也不在第四节，排课方式共有（　　）种.

A. 12　　B. 20　　C. 22　　D. 24

5. 平面内 4 点中，任意 3 点不共线，那么它们可连成（　　）条线段.

A. 4　　B. 6　　C. 24　　D. 无数

6. 从 2，3，5，7，11 这 5 个数中任意取出 2 个相加，可以得到（　　）个不同的和.

A. 20　　B. 2　　C. 10　　D. 5

7. 下面事件是随机事件的有（　　）.

①连续两次掷一枚硬币，两次都出现正面朝上　②异性电荷，相互吸引　③在标准大气压下，水在 1℃ 结冰

A. ②　　B. ③　　C. ①　　D. ②③

8. 下列叙述随机事件的频率与概率的关系中哪个是正确的（　　）.

A. 频率就是概率

B. 频率是客观存在的，与试验次数无关

C. 随着试验次数的增加，频率一般会越来越接近概率

D. 概率是随机的，在试验前不能确定

9. 将一枚均匀的硬币连抛 2 次，则所有等可能的结果是（　　）.

A. 正反，正正，反反　　　　B. 正反，反正

C. 正反，正正，反反，反正　　　　D. 正正，反反

10. 从编号分别为 1，2，3，…，10 的大小相同的 10 个球中任取 1 球，取到的球是偶数号的概率为（　　）.

A. $\frac{5}{11}$　　B. $\frac{1}{5}$　　C. $\frac{2}{5}$　　D. $\frac{1}{2}$

11. 从 6 名同学中选出 4 人参加数字竞赛，其中甲被选中的概率为（　　）.

A. $\frac{1}{3}$　　B. $\frac{1}{2}$　　C. $\frac{3}{5}$　　D. $\frac{2}{3}$

12. 抛掷一个均匀的正方体玩具（每一面上分别标有数字 1，2，3，4，5，6），它落地时向上的数是 3 的概率是（　　）.

A. $\frac{1}{6}$　　B. $\frac{1}{3}$　　C. 1　　D. $\frac{1}{2}$

13. $\left(x^2-\frac{1}{x}\right)^{10}$（$x\neq0$）的展开式中，$x^5$ 的系数是（　　）.

A. C_{10}^5　　B. $-C_{10}^5$　　C. 1　　D. -1

二、填空题

1. 完成一项工作有三种方法，有 6 人会第一种方法，有 5 人会第二种方法，有 4 人会第三种方法，选出 1 个人来完成这项工作，共有________种选法.

2. 5 人站成一排照相留念，某人必须站在中间，那么排法共有________种.

3. 已知 $A_n^2=56$，那么 $n=$________.

4. 某铁路段上有间距不等的 9 个车站，任意 2 个车站间均售卖车票，若票价仅与车站间距离有关，则共有________种不同的票价.

5. 有数学、物理、化学、语文和外语 5 本课本，从中任取 1 本，取到的课本是理科课本的概率为________.

6. 同时掷两颗大小不同的骰子，则点数之和为 5 的概率为________.

7. 二项式$\left(x^2-\frac{1}{x}\right)^4$的展开式中含 x^2 项的系数是________.

三、解答题

1. 从 6 名运动员中选出 4 人参加 4×100 米接力赛，问：

(1) 若运动员甲起跑好，必须跑第一棒，则共有多少种参赛方案？

(2) 若运动员乙、丙起跑都不好，不能跑第一棒，则共有多少种参赛方案？

2. 在10件产品中，有8件正品，2件次品，从中任取3件，求下列事件的概率：

(1) 恰有1件次品；

(2) 恰有2件次品；

(3) 3件都是正品；

(4) 至少有1件次品.

3. 1头病牛服用某药品后被治愈的概率是95%，试计算服用这种药的4头病牛中至少有3头被治愈的概率.

附参考答案

一、选择题

1. D 2. A 3. D 4. A 5. B 6. C 7. C 8. C 9. C 10. D 11. D 12. A 13. B

二、填空题

1. 15

2. 24

3. 8

4. 36

5. 0.6

6. $\frac{1}{9}$

7. 6

三、解答题

1. （1）$N=A_5^3=60$

（2）$N=A_4^1A_5^3=240$

2. （1）$P=\frac{C_2^1C_8^2}{C_{10}^3}=\frac{7}{15}$

（2）$P=\frac{C_2^2C_8^1}{C_{10}^3}=\frac{1}{15}$

（3）$P=\frac{C_8^3}{C_{10}^3}=\frac{7}{15}$

（4）$P=1-\frac{C_8^3}{C_{10}^3}=1-\frac{7}{15}=\frac{8}{15}$

3. 0.99

Ⅳ. 拓展知识

二项式定理史略

翻开数学历史的画卷，我们会发现，某一个命题或一个公式从产生到完备，从特殊到一般，往往要走过几百年甚至几千年的漫长旅程，不同民族、不同时期的数学家们都对它做出过贡献. 二项式定理就是其中的一例.

早在公元前3世纪，古希腊数学家欧几里得在《几何原本》中有如下命题：将任意一条线段分割成两段，则整段上的正方形等于两分段上的正方形与两分段所构成矩形的二倍之和. 若以a，b表示两分段长，则上述命题就是

$$(a+b)^2=a^2+b^2+2ab. \quad ①$$

在中国，成书于公元1世纪的《九章算术》提出了世界上最早的计算多位正整数开平方、开立方的一般程序，其中有公式①以及公式

$$(a+b)^3=a^3+3a^2b+3ab^2+b^3 \quad ②$$

的应用. 不难从几何图形上得出公式①和公式②的直观证明.

公元5世纪，印度数学家阿耶波多在其数学著作中也给出了求平方根和立方根的方法

对于三次以上的开方，11世纪中叶，中国数学家贾宪给出了直到六次幂的二项式系数表（图9-3）. 其中第i层即为$(a+b)^{i-1}$展开式的系数. 贾宪称整张数表为“开方作法本原”，今称“贾宪三角”. 但贾宪未给出二项式系数的一般公式，因而未能建立一般正整数次幂的二项式定理. 贾宪的数学著作已失传，13世纪数学家杨辉在《详解九章算法》中引用了开方作法本原图，注明此图出“《释锁算书》，贾宪用此术”，因而流传至今. 只是后人往往因此把它误称为“杨辉三角”.

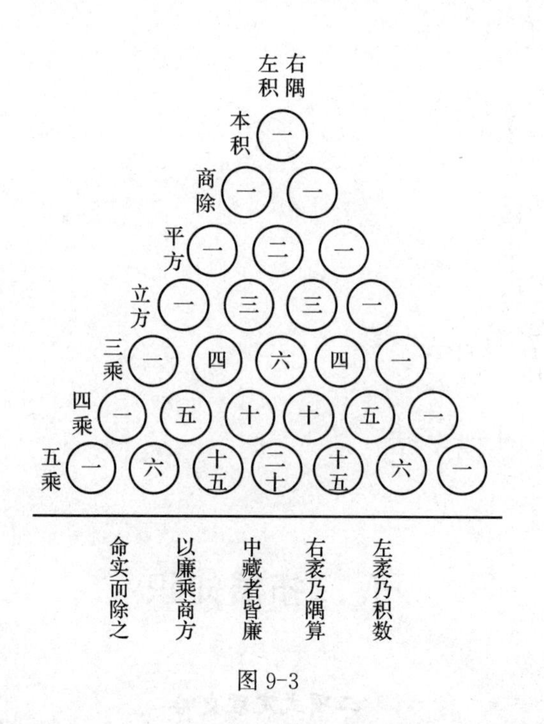

图 9-3

14 世纪初，数学家朱世杰在《四元玉鉴》中复载此图，但增了两层，并添了两组平行斜线（图 9-4）. 由此可推知，朱世杰已总结出贾宪三角中相邻两层的关系：自第二层始，各层上每一数都是其上两数之和. 用今天的组合数公式来表示，这就是：

$$C_N^r = C_{N-1}^{r-1} + C_{N-1}^r. \quad ③$$

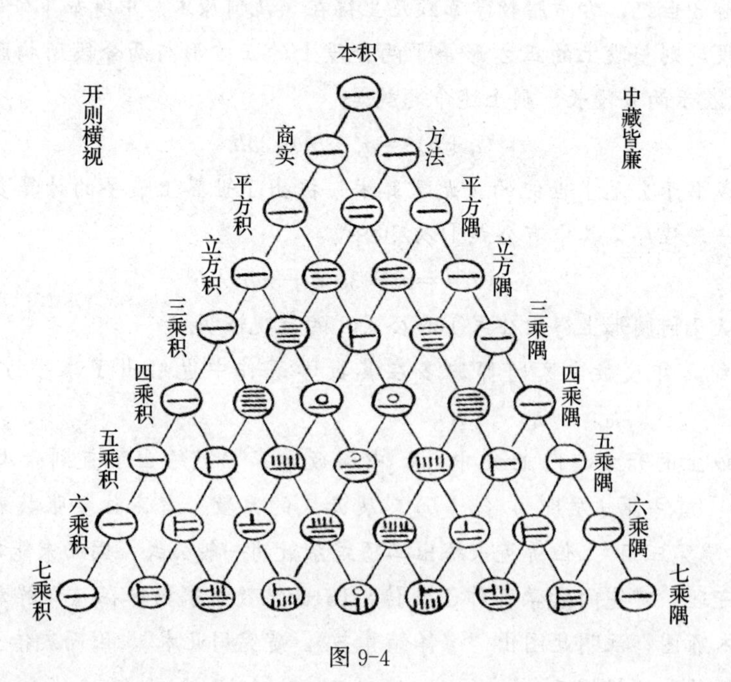

图 9-4

阿拉伯数学家奥马·海亚姆在约11世纪末将印度人的开平方、立方运算推广到任意高次，因而研究了高次幂二项展开式. 奥马·海牙姆的原著已失传，13世纪，阿拉伯数学家阿尔·徒思在其《算板与沙盘算法集成》一书中给出高次幂开方近似公式：

$$\sqrt[n]{a^n+r}=a+\frac{r}{(a+1)^n-a^n}. \quad ④$$

阿尔·徒思根据二项展开式计算公式④右边第二项，给出了到12次幂的二项式系数表，并注意到了公式④.

15世纪，另一位阿拉伯数学家阿尔·卡西在其所著《算术之钥》中介绍开任意高次幂方法，给出二项式系数的两种造表法，一种是利用性质公式③，另一种则与贾宪的方法完全相同. 他给出了到9次幂的数表.

到了1654年，法国数学家帕斯卡在《论算术三角形》一文中详细论述了二项式系数的性质和应用. 该文在他去世后的1665年在巴黎发表. 如图9-5所示，过任一点0作纵横相互垂直的两直线，从0开始分别在两直线上依次截取等长线段，记分点为1，2，3，…. 然后连接两线上同序号的分点，得到一系列等腰直角三角形011，022，033，…. 分点连线11，22，33，…是它们的底边. 又过分点作两直线的平行线，两组平行线相交构成许多小正方形，帕斯卡称之为"单元". 对角被同一底边穿过的单元称为"同底单元"，同底单元中与底边两端等距的两个单元称为"互反单元".

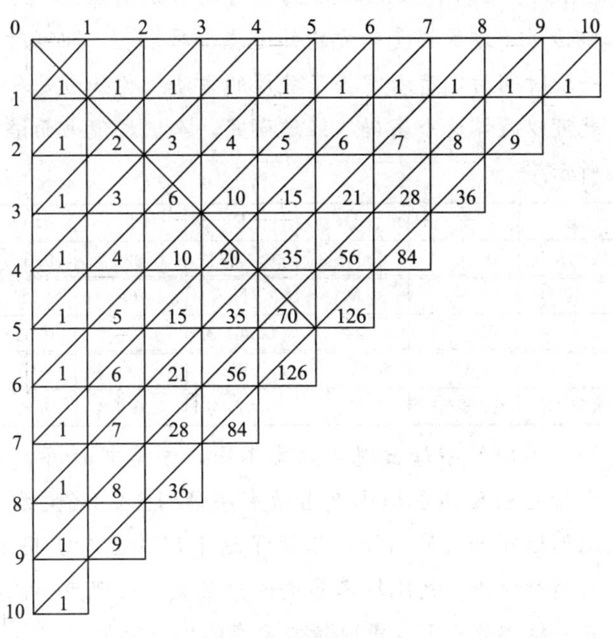

图9-5　帕斯卡三角

在位于第一行和第一列的单元中放入任意正整数，帕斯卡称之为"生成元"。其他每个单元中的数（也直接称作单元）等于同行中前一单元和同列中上一单元之和。若以$a_{p,q}$表示位于第p行第q列的单元，则上述规则就是

$$a_{pq}=a_{p,q-1}+a_{p-1,q}\ (p,\ q=1,\ 2,\ \cdots). \quad ⑤$$

帕斯卡指出，n 次幂二项式系数恰好是算术三角形第 $n+1$ 条底边上的各单元. 这样，帕斯卡最早建立了正整数次幂的二项式定理：

$$(a+b)^n=a^n+C_n^1a^{n-1}b+C_n^2a^{n-2}b^2+\cdots+C_n^{n-1}ab^{n-1}+b^n\ (n\in\mathbf{N}). \quad ⑥$$

帕斯卡还研究了二项式系数在自然数幂和、组合理论及概论计算等方面的应用，他的工作在数学史上具有十分重要的意义.

概率与密码

从古到今，在军事、政治、经济等方面，文件的保密性很重要. 如果文件泄密，那么可能会导致战役的失败、经济上的重大损失，甚至会导致国家的灭亡. 为了保证安全，保密文件的传送经常用密文的方式进行.

密文的设计通常利用密码转换，以传送命令“We will start the fight at eleven o'clock on Wednesday.”（我们将在星期三的11点开战）为例，显然，在传送过程中应当做到：即使敌方得到这个命令也不知道其含义. 最早的加密方法是著名的古罗马军事家和政治家凯撒发明的. 他设计了把密文中的每个字母按字母次序后移三位的字母代替的方法. 用此方法编译上面的命令，得到“Zh zloo vwduw wkh iljkw dw hohyhq r' forfn rq Zhgqhvgdb.”. 如果不知道替换规则，很难理解其中的含义. 后来有人使用把26个字母分别对应1～26个自然数或其他代码等方法传送密文，只要传送一方和接受一方均知道这个对应表，即可对密文解密.

这种方法使用了一段时间后，有人掌握了破译的方法. 你知道是如何破译的吗？用现阶段掌握的概率知识，就可以破译这个密码. 经过研究，人们发现书面语言中字母以基本固定的频率出现，如下表所示.

字母	A	B	C	D	E	F	G	H	I
频率	0.081 6	0.015 5	0.022 3	0.046 3	0.123 1	0.023 7	0.019 8	0.067 1	0.066 9
字母	J	K	L	M	N	O	P	Q	R
频率	0.000 8	0.006 8	0.035 4	0.027 3	0.067 3	0.079 5	0.015 6	0.000 6	0.055 5
字母	S	T	U	V	W	X	Y	Z	
频率	0.057 8	0.097 7	0.028 1	0.011 2	0.027 8	0.001 4	0.020 6	0.000 4	

从上表中可以看到，不同的字母出现的频率不同，这是书面语言的一个重要特征. 例如，通常在文章中，字母E出现的平均比例占所有字母的12.3%左右，字母T占9.8%左右，而字母J的出现比例远小于1%. 如果掌握了这个规律，对于用上面的方法加密的密文，通过对文中字母的频率分析，就比较容易破译出密文. 出现频率最高的字母，无论在编译中使用什么字母，它一般都表示E，出现频率次高的字母大概是T.

上面编译密码方法的共同特点是一个字母对应另一个确定的字母，当收到的只是短短的一句话时，要找出这种对应关系是比较困难的. 但如果文件比较大，或者经常收到一个地方的密文，经过一段时间的积累，就可以利用对字母的频率分析，得到字母与密码的对应关系，这样编译的密码就容易被破译了.

为了使密码更难被破译，人们发明了许多反破译的方法. 利用随机序列就是一种极为重要的方法，其原理是：利用取值于1～26之间的整数值随机序列，使每个字母出现在密码中的概率都相等. 一种理论上不可破译的密码是“一次性密码本（用后即销毁的）”. 在实际应用中，这种密码本是伪随机序列，序列中的每一个数都是1到26之间的整数. 例如，若组成这个密码本的伪随机序列为：12，16，5，7，21，19，15，13，4，14，11，10，16，24，18，15，19，11，5，…，要发送的命令是“We will start the fight at eleven o’clock on Wednesday.”，那么在We这个词中，W对应于12，就按字母顺序用W后面第12个字母I表示W，e对应于伪随机数16，就用e后面第16个字母u表示e，will编译过程为w+5→b，i+7→p，l+21→g，l+19→e. 全句的密文为“Iu bpge…”. 这样一来，对方再想通过分析每个字母出现的频率来破译密码就不可能了，因为在密文中每个字母出现的频率几乎相等.

密码虽然神秘，但只要掌握一些概率的知识，就能编译它. 概率的应用是不是很奇妙？你还能发现概率在其他方面的应用吗？

V. 知识巩固与习题册答案

知识巩固答案

9.1 分类计数原理与分步计数原理

知识巩固

1. （1）15 （2）120
2. 9，20
3. 90

9.2 排列

知识巩固1

1. （1）是排列问题，排列数为A_5^5.

（2）不是排列问题.

（3）是排列问题，排列数为A_{10}^2.

（4）不是排列问题.

2. （1）abc，acb，bac，bca，cab，cba，A_3^3

（2）ab，ac，ad，ae，bc，bd，be，cd，ce，de，ba，ca，da，ea，cb，db，eb，dc，ec，ed，A_5^2

知识巩固2

1. （1）120

（2）3 024

（3）5 040

（4）25 200

2. $n=5$

3. 60.

4. （1）$A_5^1 A_4^3=120$

（2）$A_5^1+A_5^2+A_5^3+A_5^4+A_5^5=325$

5. （1）$A_6^6=720$

（2）$A_2^2 A_5^5=240$

9.3　组合

知识巩固 1

1. （1）C_6^2

（2）C_{60}^5

（3）C_{19}^{10}，C_{50}^{20}

（4）C_{16}^2-16

2. （1）*ab*，*ac*，*ad*，*ae*，*bc*，*bd*，*be*，*cd*，*ce*，*de*

（2）*abc*，*abd*，*acd*，*bcd*

知识巩固 2

1. （1）35　（2）495　（3）495　（4）15

2. $C_8^2-C_3^2+1=26$

3. $C_5^2=10$

4. 220

5. 6

知识巩固 3

1. （1）$C_{100}^{97}=C_{100}^3=161\ 700$

（2）$C_{30}^{27}=C_{30}^3=4\ 060$

2. $n=7$

9.4　二项式定理

知识巩固 1

1. $(p+q)^6=p^6+6p^5q+15p^4q^2+20p^3q^3+15p^2q^4+6pq^5+q^6$；

$(p-2q)^5=p^5-10p^4q+40p^3q^2-80p^2q^3+80pq^4-32q^5$

2. $280a^3b^4$

3. $\frac{15}{4}$

4. 40，10

知识巩固 2

1. $1\ 120x^4y^4$

2. 12

3. $-1\ 024$

4. 因为 $C_n^0+C_n^1+C_n^2+\cdots+C_n^n=2^n$，$C_n^0+C_n^2+\cdots=C_n^1+C_n^3+\cdots$，所以 $C_n^0+C_n^1+C_n^2+\cdots+C_n^n=(C_n^0+C_n^2+\cdots)+(C_n^1+C_n^3+\cdots)=2(C_n^0+C_n^2+\cdots)=2^n$，则 $C_n^0+C_n^2+\cdots+C_n^n=\frac{2^n}{2}=2^{n-1}$

5. $C_{13}^1+C_{13}^3+C_{13}^5+\cdots+C_{13}^{13}=2^{13-1}=2^{12}=4\ 096$

9.5 随机事件的概率

知识巩固 1

(1) 随机事件
(2) 必然事件
(3) 随机事件
(4) 不可能事件
(5) 必然事件
(6) 随机事件

知识巩固 2

1. 不正确，频率不一定等于概率.
2. 气象局的观点是明天本地区下雨的机会是 70%.
3. (1) 0.9，0.95，0.88，0.91，0.89，0.91
   (2) 0.9

实践活动

略

知识巩固 3

1. (1) 4 种
   (2) 2 种
   (3) $\frac{1}{2}$
   (4) 错，因为有正反、反正两种情况.
2. (1) $P(A)=\frac{C_2^1C_8^2}{C_{10}^3}=\frac{7}{15}$
   (2) $P(B)=\frac{C_2^2C_8^1}{C_{10}^3}=\frac{1}{15}$
   (3) $P(C)=\frac{C_8^3}{C_{10}^3}=\frac{7}{15}$

（4）$P(D)=\frac{C_2^1C_8^2+C_2^2C_8^1}{C_{10}^3}=\frac{8}{15}$

3. （1）$\frac{1}{27}$　（2）$\frac{1}{9}$　（3）$\frac{8}{9}$

9.6　互斥事件有一个发生的概率

知识巩固

1. 互斥事件不一定是对立事件，对立事件一定是互斥事件，举例略.
2. （1）A 与 B 是互斥事件，也是对立事件.
   （2）A 与 C 不是互斥事件.
   （3）B 与 C 不是互斥事件.
3. （1）0.82　（2）0.38　（3）0.24
4. 不对，原因略.
5. （1）0.96　（2）0.04

9.7　相互独立事件同时发生的概率

知识巩固

1. $\frac{1}{3}$，$\frac{2}{3}$，否
2. 0.93
3. （1）0.06　（2）0.56　（3）0.44
4. 0.072 9

9.8　n 次独立重复试验的概率

知识巩固

1. （1）是　（2）不是
2. 0.31，0.16
3. 0.051 2
4. 0.141 6，0.008 8，0.990 9.

9.9　离散型随机变量及其数学期望

知识巩固 1

（1）ξ 可取 1，2，3，4，5，6，7，8，9，10.

$\xi=1$　表示取出 1 号卡片

$\xi=2$　表示取出 2 号卡片；

……

$\xi=10$　表示取出 10 号卡片

(2) ξ 可取 0，1，2，3.

$\xi=0$　表示含有 0 个白球；

$\xi=1$　表示含有 1 个白球；

$\xi=2$　表示含有 2 个白球；

$\xi=3$ 表示含有 3 个白球

(3) η 可取 1，2，3，…，n，…

$\eta=1$　表示第 1 次就命中目标；

$\eta=2$　表示第 1 次未命中目标，第 2 次命中目标；

$\eta=3$　表示前 2 次未命中目标，第 3 次命中目标；

………

$\eta=n$　表示前 $n-1$ 次都未命中目标，第 n 次才命中目标.

………

知识巩固 2

1. 罚球 1 次的得分分布列见下表.

ξ	1	0
P	0.7	0.3

2. 所取球号的分布列见下表.

ξ	0	1	2	3	4	5	6	7	8	9
P	0.1	0.02	0.04	0.06	0.08	0.1	0.12	0.14	0.16	0.18

取得的球号是偶数的概率是 0.5.

知识巩固 3

1. 不是，举例略.
2. 2.3
3. 0
4. 2

9.10　统计初步

知识巩固

1. 略.
2. 87.6，66.84

9.11　综合例题分析

知识巩固

一、选择题

1. C　2. B　3. D　4. B　5. D　6. D　7. C　8. C

二、填空题

1. 0.432

2. 62.25

3. 47.6

4. 0.3

习题册答案

9.1 分类计数原理与分步计数原理

习题 9.1.1

A 组

1. C 2. C

3. 9 24

4. 10 24

5. 35

6. (1) 15 (2) 120

7. 10^4

8. 5^3

9. 240

B 组

1. 60

2. 183

3. 32

4. 6

9.2 排列

习题 9.2.1

A 组

1. B

2. (1) 是排列问题，排列数为A_{20}^{2}.

   (2) 不是排列问题.

   (3) 是排列问题，排列数为A_{10}^{3}.

   (4) 是排列问题，排列数为A_{10}^{2}.

3. 红绿黄，红黄绿，绿红黄，绿黄红，黄红绿，黄绿红. 共有 $A_3^3=6$ 种不同的信号.

4. 23，24，25，26，34，35，36，45，46，56，32，42，52，62，43，53，63，54，

64，65. 共可组成 $A_5^2=20$ 个两位数.

5. 略.

B组

1. C

2. 6 种

3. 略.

4. 6 个

5. 略.

习题 9.2.2

A组

1. D　2. C　3. D　4. A

5. 6

6. 8

7. (1) 32 760

(2) 970 200

(3) 1 568

(4) 3

8. $A_7^5+5A_7^4=3A_7^4+5A_7^4=8A_7^4=A_8^5$

9. 2，6，24，120，720，5 040，40 320

10. 18

B组

1. 5 040

2. 15

3. 120，24

4. (1) 3 628 800

(2) 120 960

9.3 组合

习题 9.3.1

A组

1. (1) 是组合问题，组合数为 C_{60}^{30}.

(2) 是组合问题，组合数为 C_{10}^{2}.

(3) 是排列问题，排列数为 A_3^2.

(4) 是组合问题，组合数为 C_8^3.

(5) 是组合问题，组合数为 C_7^3.

2. 共10个，列举略.

3. 5个，分别是4，6，8，10，12.

B组

1. （1）$C_4^2=6$，列举略.

（2）$A_4^2=12$，列举略.

2. （1）AB，BC，AC

（2）$\overrightarrow{AB}$，$\overrightarrow{BA}$，$\overrightarrow{BC}$，$\overrightarrow{CB}$，$\overrightarrow{AC}$，$\overrightarrow{CA}$

习题 9.3.2

A组

1. C

2. 10

3. 210

4. 406

5. （1）15　（2）210　（3）148　（4）31

6. （1）6　（2）12

7. 49

8. 8，7（提示：本题需要先简单介绍子集和真子集的概念.）

B组

1. （1）9　（2）10

2. 127

3. 14 163 456

4. 15 504，3 876

习题 9.3.3

A组

1. 8

2. （1）45

（2）19 600

（3）161 700

（4）32

3. 2或4

B组

1. （1）2　（2）9

2. （1）$\frac{1}{2}(n^3-n)$　（2）$n(n-1)$

实践活动

略.

9.4　二项式定理

习题 9.4.1

A组

1. $T_{r+1}=C_n^r a^{n-r}b^r$　$T_5=C_n^4 a^{n-4}b^4$

2. 1，$-20x$，$180x^2$，$-960x^3$

3. 36　4 608

4. D

5. B

6. $a^4+4a^3+6a^2+4a+1$

7. -252

B组

1. D

2. $2+20a+5a^2$

3. 70

4. 165

习题 9.4.2

1. 126

2. 11

3. $\frac{6}{11}$

4. A

5. A

6. 120

7. 14 或 23

9.5　随机事件的概率

习题 9.5.1

1. （1）在一定条件下进行试验或观察会出现不同的结果，而且事先均无法预料会出现哪一个结果，这种现象

（2）在一定条件下，随机现象的每一种可能结果被

（3）在一定条件下必然要发生的事件　Ω

（4）在一定条件下不可能发生的事件　$\varnothing$

2. （1）必然事件

（2）随机事件

（3）不可能事件

(4) 随机事件

(5) 随机事件

(6) 必然事件

(7) 随机事件

习题 9.5.2

1. 0.91

2. (1)

时间范围	1 年内	2 年内	3 年内	4 年内
新生婴儿数 n	5 554	9 607	13 520	17 190
男婴儿数 m	2 883	4 970	6 994	8 892
男婴出生频率 $\frac{m}{n}$	0.52	0.52	0.52	0.52

(2) 0.52

3. 略

实践活动

略

习题 9.5.3

A 组

1. C 2. C 3. C 4. D 5. D

6. 1 0

7. $\frac{1}{10}$

8. $\frac{1}{4}$

9. (1) $\frac{1}{2}$ (2) $\frac{7}{50}$

10. 均为 $\frac{3}{8}$

11. (1) $\frac{1}{8}$ (2) $\frac{7}{8}$ (3) $\frac{3}{4}$

B 组

1. C 2. A

3. $\frac{1}{2}$ $\frac{2}{5}$

4. $\frac{2}{3}$

5. $\frac{4}{19}$

6. $\frac{2}{3}$

7. (1) $\frac{C_{50}^{3}}{C_{80}^{3}}=\frac{245}{1\ 027}$

(2) $\frac{C_{50}^{2}C_{20}^{1}}{C_{80}^{3}}=\frac{1\ 225}{4\ 018}$

(3) $\frac{C_{50}^{1}C_{20}^{1}C_{10}^{1}}{C_{80}^{3}}=\frac{125}{1\ 027}$

8. (1) $\frac{1}{5}$ (2) $\frac{2}{5}$ (3) $\frac{2}{5}$

实践活动

略

9.6 互斥事件有一个发生的概率

A组

1. (1) 互斥事件，不是对立事件

(2) 不是互斥事件

(3) 不是互斥事件

(4) 互斥事件，也是对立事件

2. 80%

3. 0.3

4. $\frac{2}{3}$

5. 0.58

6. $\frac{1}{2}$

B组

1. D

2. $\frac{5}{6}$

3. (1) 0.52 (2) 0.29

4. $\frac{17}{45}$

9.7 相互独立事件同时发生的概率

习题 9.7.1

1. 0.56

2. 0.729

3. C

4. C

5. C

6. C

7. D

8. B

9. $\frac{2}{15}$

10. $\frac{3}{5}$

11. 0.497

12. 0.086

9.8　n次独立重复试验的概率

1. 0.36

2. $\frac{1}{4}$

3. 0.33

4. A

5. A

6. 0.986 0

7. 0.234 4

8. (1) 0.328　(2) 0.072 9

9. 0.386 4

9.9　离散型随机变量及其数学期望

A组

1. 随机事件结果　按一定次一一列出

2. 可能取值　概率

3. (1) $P_i \geqslant 0$，$i=1, 2, \cdots, n$

   (2) $P_1+P_2+\cdots+P_n=1$

4. 89

5. $-\frac{1}{3}$

6. 分布列为

ξ	阴天	晴天	下雨
P	0.5	0.2	0.3

7. (1) 分布列为

ξ	0	1	2
P	$\frac{15}{22}$	$\frac{10}{33}$	$\frac{1}{66}$

(2) P(含有组长)$=\frac{7}{22}$

(3) 期望值为$\frac{1}{3}$.

8. 分布列为

ξ	2	3	4	5	6	7	8	9	10	11	12
P	$\frac{1}{36}$	$\frac{1}{18}$	$\frac{1}{12}$	$\frac{1}{9}$	$\frac{5}{36}$	$\frac{1}{6}$	$\frac{5}{36}$	$\frac{1}{9}$	$\frac{1}{12}$	$\frac{1}{18}$	$\frac{1}{36}$

期望值为 7.

B 组

1. 分布列为

ξ	1	2	3	4	5	6	…	17	18	19	20
P	$\frac{1}{20}$	$\frac{1}{20}$	$\frac{1}{20}$	$\frac{1}{20}$	$\frac{1}{20}$	$\frac{1}{20}$	…	$\frac{1}{20}$	$\frac{1}{20}$	$\frac{1}{20}$	$\frac{1}{20}$

期望值为$\frac{21}{2}$.

2. 分布列为

ξ	0	1	2
P	$\frac{1}{22}$	$\frac{9}{22}$	$\frac{6}{11}$

期望值为$\frac{3}{2}$.

9.10 统计初步

1. $\frac{25}{3}$　$\frac{35}{9}$

2. 1 147　6 821

3. 85.5，40.65

复习题

A组

一、选择题

1. A　2. A　3. C　4. D　5. D　6. B　7. B　8. C　9. A　10. C

二、填空题

1. 0.48　2. 0.384　3. 0.1　4. $4a$

三、解答题

1. 3 500　2.（1）$\frac{5}{12}$　（2）$\frac{5}{12}$

3. 分布列为

ξ	0	1	2	3	4	5
P	0.590 49	0.328 05	0.072 9	0.008 1	0.000 45	0.000 01

期望值为0.5.

B组

1.（1）0.1　（2）$\frac{1}{11-k}$

2.（1）0.2　（2）0.2　（3）0.4

测试题

一、选择题

1. C　2. C　3. B　4. D　5. A

二、填空题

1. 6　8　2. 125　3. 64　4. 10　5. -252　6. 0　1　7. 0.25　8. 0.75　9. 0.02　10. 15　11. 9　2　12. $-\frac{1}{3}$

三、解答题

1.（1）148　（2）62　2. $n=15$

3. $T_5=1\ 120x^4y^4$　4. 40，10

5.（1）12　（2）2　（3）$\frac{1}{6}$

6.（1）0.41　（2）0.74

7.（1）分布列为

ξ	0	1	2
P	$\frac{1}{45}$	$\frac{16}{45}$	$\frac{28}{45}$

（2）期望值为$\frac{8}{5}$.